"绿水青山"与"金山银山"的

双向转化在青海的实践与路径研究

"LÜSHUI QINGSHAN" YU "JINSHAN YINSHAN"
DE SHUANGXIANG ZHUANHUA ZAI QINGHAI
DE SHIJIAN YU LUJING YANJIU

杨娟丽◎著

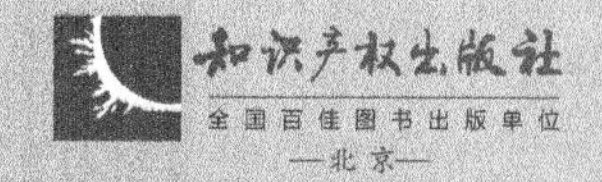

图书在版编目（CIP）数据

“绿水青山”与“金山银山”的双向转化在青海的实践与路径研究 / 杨娟丽著 . —北京：知识产权出版社，2023.4

ISBN 978-7-5130-8701-8

Ⅰ . ①绿…　Ⅱ . ①杨…　Ⅲ . ①生态环境建设—研究—青海　Ⅳ . ① X321.244

中国国家版本馆 CIP 数据核字（2023）第 048686 号

内容提要

本书在习近平生态文明思想和“两山”理论的指引下，结合青海省实际，对省内差异化与特殊性、生态重点与生态难点、建设能力与建设短板进行分析，提出“两山”转化的理论思路，构建了一套行之有效的、适用青海省脆弱生态环境的“两山”双向转换模式，助力实现生态与经济的双赢。

本书适于生态建设相关的从业者、大中专院校相关领域的科研工作者、学生，以及生态建设与“两山”理论的相关研究者参考阅读。

责任编辑：刘晓庆　　　　**责任印制**：孙婷婷

“绿水青山”与“金山银山”的双向转化在青海的实践与路径研究

杨娟丽　著

出版发行：知识产权出版社有限责任公司	网　　址：http：//www. ipph. cn
电　　话：010-82004826	http：//www. laichushu. com
社　　址：北京市海淀区气象路 50 号院	邮　　编：100081
责编电话：010-82000860 转 8073	责编邮箱：laichushu@cnipr. com
发行电话：010-82000860 转 8101	发行传真：010-82000893
印　　刷：北京中献拓方科技发展有限公司	经　　销：新华书店、各大网上书店及相关专业书店
开　　本：787mm × 1000mm　1/16	印　　张：15.25
版　　次：2023 年 4 月第 1 版	印　　次：2023 年 4 月第 1 次印刷
字　　数：210 千字	定　　价：88.00 元

ISBN 978-7-5130-8701-8

目 录

第 1 章 绪 论 / 2

1.1 研究背景 / 2

1.2 研究的目的与意义 / 3

1.3 本书研究的主要观点、主要内容和重难点 / 5

第 2 章 相关理论及文献综述 / 9

2.1 文献综述 / 9

2.2 相关理论 / 19

第 3 章 青海省社会经济发展及绿色生态发展的演进过程 / 28

3.1 青海省社会与经济发展现状 / 28

3.2 青海省生态建设与生态环境保护成效分析 / 30

3.3 青海省经济发展中的生态贡献 / 36

3.4 历史语境下青海省绿色生态发展缘由、路径与青海经验 / 39

3.5 青海省绿色生态实践及其重大意义 / 43

第 4 章 青海省生态文明建设的新阶段与新思路 / 50

4.1 建设“生态友好现代化新青海”提出的战略背景与现实意义 / 50

4.2 “生态友好”理论的相关研究及概念的界定 / 53

4.3 人与自然和谐共生是生态友好的题中应有之义 / 62
4.4 建设生态友好的现代化新青海的前提条件 / 63
4.5 建设生态友好的现代化新青海的科学新内涵 / 64
4.6 建设生态友好现代化新青海的重大意义 / 69
4.7 加快建设生态友好的现代化新青海的难点与困境分析 / 71

第 5 章 "两山"理论在青海省的实践探索与创新应用 / 76

5.1 "两山"理论视角下的青海经济社会发展战略演进进 / 76
5.2 "两山"理论在青海省绿色生态文明建设中的内涵价值 / 81
5.3 "两山"理论对于青海生态建设的重大意义 / 83
5.4 "两山"理论在青海应用实践中的创新与新发展 / 86

第 6 章 东部地区"两山"实践创新基地的实践经验及对青海的启示 / 88

6.1 "两山"实践创新基地概况介绍 / 88
6.2 青海省"两山"创新实践基地现状介绍 / 93
6.3 "两山"实践创新基地的实践经验与创新模式研究 / 95
6.4 "两山"转化路径与典型模式 / 98
6.5 地方特色"两山"转化创新实践可借鉴的经验及对青海的启示 / 100

第 7 章 "两山"转化实践成效评价、实证分析与发展启示 / 105

7.1 民族地区"两山"转化实践成效评价的背景与意义 / 105
7.2 "两山"转化评价指标与成效分析理论综述 / 106
7.3 民族地区"两山"转化的实践概况 / 108
7.4 民族地区"两山"转化成效评价指标体系的构建 / 111
7.5 民族八省区"两山"转化成效评价实证研究 / 116

7.6 民族八省区“两山”转化成效综合评价分析 / 122

7.7 民族地区“两山”转化路径启示 / 127

第 8 章 青海省“两山”转化实践探索、存在的问题及原因分析 / 131

8.1 “两山”转化是青海省绿色生态高质量发展的重中之重 / 131

8.2 青海省“两山”转化的实践探索 / 133

8.3 青海省“两山”转化的理论落地与特色实践 / 138

8.4 青海省“两山”有效转化的瓶颈问题与制约因素分析 / 143

第 9 章 “两山”的双向转化在青海实践中的战略思维与转化机制 / 152

9.1 “两山”双向转化在青海实践中的战略思路 / 152

9.2 建立“两山”双向转化青海路径的长效实践机制 / 168

第 10 章 从“绿水青山”到“金山银山”的双向转化在青海的实践模式与路径 / 180

10.1 青海“两山”双向转化的“八维度”综合协同模式 / 180

10.2 创新“两山”青海实践的宣传传播内容与渠道 / 186

10.3 “绿水青山”到“金山银山”双向转化的路径分析 / 190

10.4 加快青海“两山”双向转化的对策建议 / 204

附 录 / 211

案例一：以绿色发展样板城市打造青海生态新高地 / 211

案例二：“两山”转化路径的青海省农产品品牌创新发展研究 / 221

参考文献 / 234

鉴于青海省在全国乃至世界有着特殊的生态地位及独特的生态环境与生态资源，青海的“两山”转化不能只采用“拿来主义”进行简单的复制，需要结合实际，勇于创新，开发出具有本地特色的“两山”转化模式；同时，结合青海省的基础条件，借鉴和参考其他省区绿色发展的路径和方法，为青海省的“两山”转化提供自我造血能力，从而提高区域协作能力、提升绿色发展能力。本书对青海省的生态建设、“两山”理论应用、“两山”实践及转化的现状、问题进行分析；结合东部地区“两山”实践创新基地的相关实践模式、路径进行借鉴研究；针对民族八省区“两山”转化现状及成效，构建评价指标体系，并进行实证分析；研究青海省“两山”双向转化存在的问题，提出六大战略思路、三大转化机制及转化模式和转化路径，从而为青海省的绿色发展、高质量发展和生态建设的可持续发展提供有效的政策建议与制度保障。

第1章

绪　论

1.1　研究背景

“绿水青山就是金山银山”是习近平生态文明思想的重要科学论断，是践行山水、林田、湖草生命共同体的具体体现，是统筹环境保护与经济发展关系的战略定位。2017年10月，“增强绿水青山就是金山银山的意识”写入《中国共产党章程》，彰显了中国共产党以人民为中心的价值追求和使命宗旨。“绿水青山”指的是自然资源和生态环境的综合体，而“金山银山”则是人类物质财富的集合体。在社会发展过程中，既要让“绿水青山”变成“金山银山”，也要将“金山银山”转化为“绿水青山”，实现“绿水青山”与“金山银山”的双向转化，以达到人与自然的和谐发展。

从2016年习近平总书记考察青海时指出“青海最大的价值在生态、最大的责任在生态、最大的潜力也在生态”，到2021年习近平总书记再次考察青海指出“保护好青海生态环境，是‘国之大者’”，无不体现出总书记对青海的殷殷嘱托和对青海发展的战略指引。五年时间，青海省在生态文明建设中的创新实践和所取得的显著成果，也是习近平生态文明思想在青海大地的具体化实践、特色化应用和持续化创新。青海在已有的历史性成就的基础上，在总书记“国之大者”的引领下，把重大要求转化为推动青海高质量发展的强

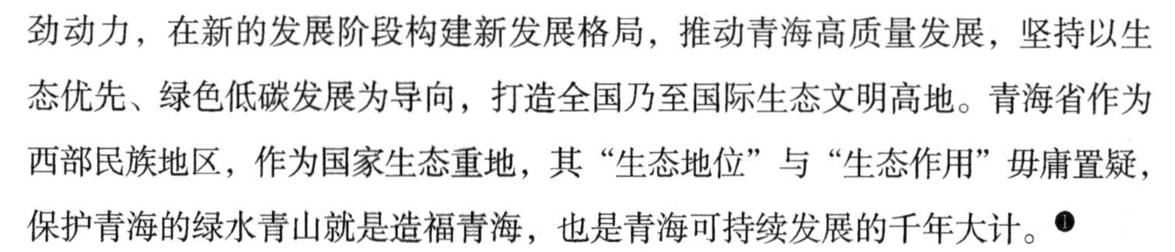

劲动力，在新的发展阶段构建新发展格局，推动青海高质量发展，坚持以生态优先、绿色低碳发展为导向，打造全国乃至国际生态文明高地。青海省作为西部民族地区，作为国家生态重地，其“生态地位”与“生态作用”毋庸置疑，保护青海的绿水青山就是造福青海，也是青海可持续发展的千年大计。[1]

青海的“绿水青山”蕴藏了很大的潜在价值，下一步青海的发展应该是保住“绿水青山”存量、加大“绿水青山”增量、倒逼经济发展方式绿色转型、提高“绿水青山”与“金山银山”的转化率。要将绿水青山的生态文明建设与青海省发展战略紧密融合，向绿色要持续发展的“红利”，通过坚定不移地改革创新，把自身优势显现出来、挖掘出来，将其变成资产、资本、资金，打通“绿水青山”与“金山银山”的双向转化通道，以资金反哺生态、投资生态，建立和保持经济社会发展和自然生态保护“循环圈”的高度平衡，走出一条经济发展和生态文明相辅相成的新路子。[2]

1.2 研究目的与意义

1.2.1 研究目的

青海作为生态大省，肩负着国家重要的生态使命。青海省的生态地位特殊，生态特色显著，用“两山”理论指导青海省的绿色生态发展是极为正确的理论选择。结合青海特殊省情，选择正确的“两山”实践路径，实现“两山”有效的双向转化，能够彰显青海“绿水青山”的大颜值，实现青海“金山银山”的大价值。这个大价值不仅体现在青海省的经济发展水平大幅度提高，各族群众民生向好，更体现在青海的绿水青山在全中国的生态建设中作出的极大贡献，实现应有的价值。本书通过对青海省的生态环境、生态现状进行分析，将“绿

[1] 杨娟丽．为打造全国乃至国际生态文明高地作出西宁贡献 [N]. 青海日报（理论版），2021-11-1.

[2] 杨娟丽．从“绿水青山”到“金山银山”的青海路径 [N]. 青海日报（理论版），2020-3-23.

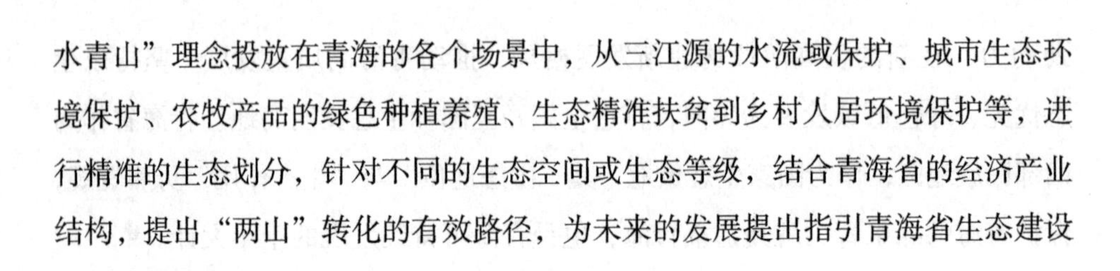

水青山"理念投放在青海的各个场景中，从三江源的水流域保护、城市生态环境保护、农牧产品的绿色种植养殖、生态精准扶贫到乡村人居环境保护等，进行精准的生态划分，针对不同的生态空间或生态等级，结合青海省的经济产业结构，提出"两山"转化的有效路径，为未来的发展提出指引青海省生态建设的战略性目标。

1.2.2 研究意义

1. 研究的理论意义

第一，从研究的学科背景而言，更多的学者都是从马克思主义、社会主义哲学、经济学领域对"两山"理论进行研究，而从管理学学科角度研究"两山"理论在经济领域的应用、管理框架的搭建，"两山"的转化与经济效益的实现路径等现实问题较为缺乏。尤其是"两山"理论在乡村振兴、城乡一体化发展、农旅结合、生态产业发展等方面的运用是薄弱的，而在现实发展中又是急需的。因此，从管理学角度进行"两山"理论的研究具有重要的理论意义。

第二，就青海"两山"理论及实践的研究量、研究与区域的结合度及研究的深入性而言，对"两山"理论的研究还没有形成较为完善的理论体系，缺乏理论研究的系统性与全面性。总体而言，东部地区对"两山"理论的研究内容较多，研究具有一定的深度，这与东部地区是"两山"思想的发源地具有直接关系。东部地区在理论上有相对较为丰富的研究成果，实践上也已经建立了一些明显而有效的"两山"实践基地。本书结合青海的绿色发展实践，针对多民族、生态薄弱等特殊性，有效地确定"两山"的转化模式与路径是一个有意义的研究主题。青海特殊的生态环境使青海的"绿水青山"建设没有更多的样板可以学习和借鉴，许多战略布局、活动、举措都是第一次实施，因此需要秉承实事求是的精神，去调研、去规划、去谋划。

第三，引入社会系统理论。本书提出未来青海发展中需要综合考虑的相

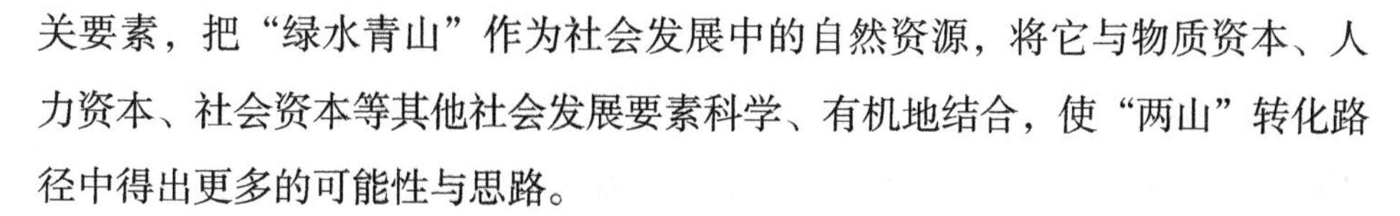
关要素，把“绿水青山”作为社会发展中的自然资源，将它与物质资本、人力资本、社会资本等其他社会发展要素科学、有机地结合，使“两山”转化路径中得出更多的可能性与思路。

第四，从管理学的角度，对“两山”理论在青海的落地生根和转化路径与发展战略进行研究，针对青海省在全国的生态地位及特殊性，研究的领域与视角是一个新的开拓。它既是生态文明视角下民族地区科学发展的逻辑主线，也是乡村振兴战略下民族地区城乡协同发展的思想主线。

2. 研究的现实意义

第一，对青海省“一优两高”[1]战略、“两山”理论的应用及转化具有实践指导意义。对于发达地区的实践经验在青海省不能通篇照抄模仿，因此需要按照区域生态环境品质的优良与否与经济发展水平的高低，来研究不同区域的“两山”关系及转化路径。

第二，结合青海省目前的发展阶段和发展条件，借鉴和参考绿色发展路径和方法，为青海省的“两山”转化提供自力更生的资本，从而增强自我造血能力，通过区域协作提升绿色发展的能力和条件。

1.3 本书研究的主要观点、主要内容和重难点

1.3.1 本书研究的主要观点

本书结合青海的生态文明建设与绿色发展提出“绿色发展新理念、绿色财富新理念和绿色幸福新理念”的生态文明建设思想指导；通过对青海省生态文明建设中出现的问题进行研究，针对青海省为未来绿色发展的趋势，提出

[1] “一优两高”战略是2018年中共青海省委十三届四次全体作出的战略部署，“一优”是指坚持生态保护优先，“两高”是推动高质量发展，创造高品质生活。“一优两高”是要把生态保护优先作为首要前提，把高质量发展作为基本路径，把高品质生活作为根本目标。

“两山”转化的理论思路，以及一套行之有效的、适用青海省脆弱生态环境的“两山”转换模式,实现生态与经济的双赢。将“两山”理论进行落定性的战略、策略与模式研究，与美丽乡村、乡村振兴、绿色城市等内容进行融合与结合性研究，具有一定的现实价值。

1.3.2 本书的内容及框架

本书在“两山”理论及其实践情况分析的基础上，对青海省差异化与特殊性、生态重点与生态难点、建设能力与建设短板进行实际分析。具体对青海省社会经济、生态环境、生态战略政策、“两山”转化实践等进行细致研究，探讨青海省在“两山”转化中的模式、路径与对策。本书的研究框架如下（见图 1-1）。

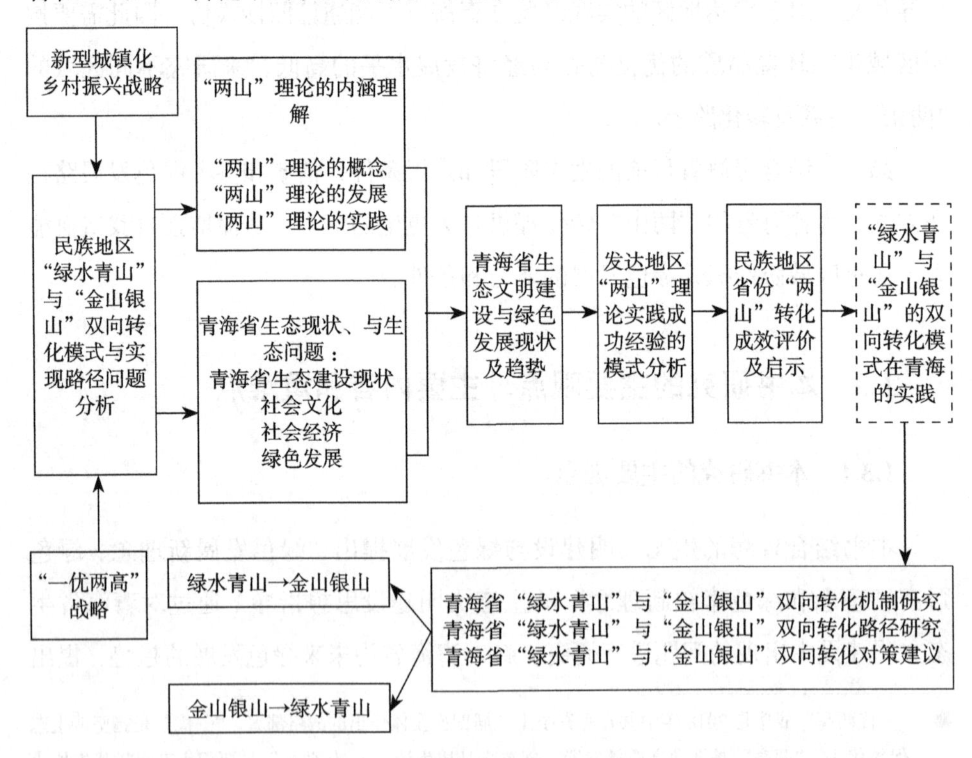

图 1-1 本书主要内容及框架

本书的研究内容分为十章，第一章为绪论，包括研究背景与意义、理论依据、研究方法的选择、技术路线及章节安排等内容；第二章为相关理论及文献综述，包括国外生态文明、生态经济等研究综述、国内生态文明、"两山"理论研究等内容；第三章为青海省社会经济发展及绿色生态发展的演进过程，包括青海省社会与经济发展现状、生态建设与生态环境保护成效分析、青海省经济发展中的生态贡献、历史语境下青海绿色生态发展路径与经验、青海省绿色生态实践及其重大意义；第四章为青海生态文明建设的新阶段与新思路，包括理论内涵、战略背景与现实意义、建设生态友好的现代化新青海的前提条件、难点与困境分析；第五章分析了"两山"理论在青海省的实践探索与创新应用；第六章东部地区"两山"实践创新基地的实践经验及对青海的启示，包括"两山"实践创新基地概况、青海省"两山"创新实践基地介绍、创新基地的实践经验、创新模式和转化路径；第七章为两山"转化实践成效评价、实证分析与发展启示，构建了民族地区"两山"转化实践成效评价，对民族地区的"两山"转化实证研究；第八章为青海省在"两山"转化实践中存在的瓶颈问题及制约因素进行的分析；第九章为"两山"的双向转化在青海实践中的战略思维与转化机制；第十章为从"绿水青山"到"金山银山"的双向转化在青海的实践模式，包括综合协同模式、宣传传播渠道、转化路径与对策。同时，本书还附录了西宁市绿色发展实现"两山"转化和青字号农产品品牌建设实现"两山"转化的两个案例。分别从城市与空间角度以及生态产品与品牌化角度进行了分析。

1.3.3 本书研究的重难点

本书研究的重点体现在三个方面。第一，对青海省的绿色生态发展进行分析，结合不同的生态资源对青海的"绿水青山"向"金山银山"转化的能力与条件进行细致分析，如何在已有客观的条件背景下去践行"两山"理论。第二，对青海省绿色生态发展的演进过程、青海生态文明的新阶段与新思路、“两山”理论在青海省的实践探索与创新应用、东部地区“两山”实践启示、“两山”转化成效评价、青海省“两山”转化问题、“两山”的双向转化的战略思维与转化机制、实践模式与路径对策八大模块内容分析。第三，研究的落脚点放在青海的“两山”双向转化模式与路径分析上，在研究中重点解决青海省“两山”应该如何有效转化，如何再转化与反哺，如何在乡村振兴、美丽乡村、精准扶贫的背景下有效实施地区特色绿色产业、生态产业；又如何把“金山银山”创造的价值与经济效益回馈给“绿水青山”，实现“生态山”的升级版，从产业生态化、生态产业化、三产合一等不同的角度进行分析。

本书的难点表现在以下几个方面。第一，青海省生态环境特殊，每个地区的生态转化条件与转化能力都不同，不同区域的转化对策也有所不同，因此对不同区域生态转化能力的判断是一个难点。第二，将“两山”理论与新型城镇化、乡村振兴等战略相融合。在青海提到“两山”理论与实践转化，更多的目光和注意力都在三江源，但是“两山”理念的溯源地应该在“三农”。习近平总书记在浙江的工作经验，辩证地分析了“绿水青山”与“金山银山”之间的关系，提出“两山”理论就是解决未来中国乡村治理的金钥匙，它是衔接人们幸福美好生活与社会文明永续发展的桥梁。因此，还需要结合青海的乡村振兴现状，结合农业现代化的发展、农村经济发展等相关理论进行实际分析，思考在乡村发展环境下，如何对“两山”理论进行有效转化。第三，适用青海省的“两山”相互转化的特色化模式与路径的设计。如何结合已有成功的“两山”转化模式与路径、案例来研究分析青海省的特色模式。第四，在学习和借鉴东部地区建设经验的基础上，有针对性地提出青海省生态建设有效且有特色的发展规划、创新制度、法治保障体系、“两山”转化标准体系、实践制度改革等方面的具体内容。

第2章

相关理论及文献综述

2.1 文献综述

2.1.1 国内外研究概况

“两山”理论作为中国生态文明建设的重要内容和举措，剖析了环境与经济在演进过程中的相互关系，阐明了人类社会发展的基本规律。“绿水青山就是金山银山”是习近平总书记关于经济发展与生态环境保护双赢理念的生动阐述，这为人与自然由冲突走向和谐指明了发展方向，也为世界生态环境保护与经济发展提供了有效的借鉴思路。

2.1.1.1 国外研究概况

首先，国外的生态文明理论发展史。关于生态文明理论在国外的发展始于1963年美国学生物学家卡逊（Rachel Carson）撰写的《寂静的春天》（*Silent Spring*），掀开了全球生态文明建设探索的序幕。20世纪中叶，生态文明是在对传统工业发展模式和生态危机进行深刻反思的过程中形成的。1972年，瑞典斯德哥尔摩的全球人类环境会议标志着人类生态文明建设步入全球化历程。1992年召开的联合国环境与发展大会，确定了可持续发展的基本战略和思路，加深了人们对资源、环境与经济关系的认识。2002年，可持续发展世界首脑会议将经济发展、社会进步与环境保护作为可持续发展的三大支柱，对传统工业文明进行生态化转型逐渐成为共识。由此可见，国外的生态文明研究要早于国内的研究。美国学者罗伊·莫里森最早提出了生态文明的概念[1]；卡尔认为，生态文明是一种全球性的文明形态，只能产生在工业文明背景下的世界秩序中，但是生态文明会超越并改变这种文明[2]；查伦·斯普瑞特奈克则将生态与经济发展结合起来，提出生态后现代经济的主张[3]；克利福德·柯布从经济视角出发，试图在经济和政治框架中寻求生态文明的实践步骤。蒙格德福指出"强生态系统"具有自我调节及自我更新恢复力的特征，可以作为一个框架来构建未来的生态文明。由此可见，国外的生态文明建设也由概念界定、哲学等领域的思考逐步走向生态在经济视角下的研究。[4]

其次，"两山"理论的概念、地位与国际评价。"两山"理论为开创生态文明新时代、建设美丽中国奠定了思想理论基础。它从不同角度诠释了经济发展与环境保护之间的辩证统一关系，为建设美丽中国提供了科学指南。它的提出和实践既符合中国发展实际，也切合国际生态环境保护与绿色经济发展的历史规律。2016 年，联合国环境规划署发布了《绿水青山就是金山银山：中国生态文明战略与行动》报告，标志着中国生态建设的理念和经验成为世界范围的生态环保和可持续发展的重要借鉴。

2.1.1.2　国内研究概况

首先，关于"两山"理论的提出与发展路径。"两山"理论自习近平

---

[1] Morrison R S. Ecological democracy [M]. Boston：South EndPress，1995：281.

[2] Gare A. Toward an ecological civilization [J]. Process Studies，2010，39（1）：5-38.

[3] 查伦·斯普瑞特奈克，张妮妮 . 生态后现代主义对中国现代化的意义 [J]. 马克思主义与现实，2007（2）：61-63.

[4] Magdoff F. Harmony and ecological civilization：Beyond thecapitalist alienation of nature [J].Monthly Review，2012，64（2）：1-9.

于 2005 年 8 月在浙江安吉首次提出“绿水青山就是金山银山”的论断，到 2006 年不断地深化，实践中辩证认识“两座山”的关系的三个阶段，有了进一步的发展；2013 年 9 月，“两山”的“经济”与“生态”辩证关系不断深化；2015 年 3 月，第一次将“两山”理论写入《关于加快推进生态文明建设的意见》，作为中国生态文明建设的重要指导思想；2017 年 9 月，环保部公布了首批 13 个“两山”实践基地，将“两山”理论推广到实践中去；同年 10 月，将其写入《中国共产党章程》；2018 年 5 月，将“两山”理论引入习近平生态文明思想，成为其重要的组成部分。由此可见，中国的生态实践已经成为中国政府积极参与全球治理举措的重要部分，并从国内辐射到国际大舞台。

其次，关于“两山”理论的研究综述。学术界对“两山”理论展开了深化研究，包括生态观、指导意义和辩证关系论等方面。赵建军等认为这一发展理念为人与自然由冲突走向和谐指明了发展方向，促进了人类与自然双重价值的实现。[1]关于“两山”理论的研究按照内容可以分为以下五类。

第一，马克思主义哲学方面、辩证关系与生态文明建设方面的理论研究。这方面的研究对“两山”理论进行了概念的界定，揭示了其与社会经济的辩证关系等。卢宁认为从“两山”理论到绿色发展，正是马克思主义生产力理论的创新成果。[2]林坚认为“两山”理论深刻揭示了生态环境保护和经济发展之间的辩证统一关系，从哲学角度来看，这种辩证统一关系可进一步分为六对关系和五种思维。[3]杨琼认为“两山”理论的生态哲学内涵为我国的生态文明建设

---

[1] 赵建军，杨博．“绿水青山就是金山银山”的哲学意蕴与时代价值 [J]. 自然辩证法研究，2015，31（12）：104-109.

[2] 卢宁．从“两山”理论到绿色发展：马克思主义生产力理论的创新成果 [J]. 浙江社会科学，2016（1）：22-24.

[3] 林坚，李军洋．“两山”理论的哲学思考和实践探索 [J]. 前线，2019（9）：4-6.

奠定了理论基调，正成为我国生态文明的新思维、新战略、新突破。❶侯子峰从本体论、价值论、认识论、实践论四个方面深度解析了“两山”理论，认为“两山”理论有利于破解经济发展与环境保护的两难悖论，有助于推进美丽中国建设。❷郭静文、胡明辉在回顾马克思主义生态文明发展的基础上，从助力循环经济建设、推动绿色 GDP 政绩观形成、发展人与自然和谐共生文化理念、加强社会纽带、创新社会治理五个方面阐释了“两山”理论的时代价值。❸王玥从马克思主义生态哲学视角分析，运用经济学研究方法，综合论述了“两山”理论的正确性和长远性。❹李好笛从区块链角度辩证分析了“两山”理论，探讨了“绿水青山就是金山银山”中的自然与社会二重性。❺杨锚等认为农业绿色发展的必然性在于我国社会基本矛盾的存在及其转变迫切需要进一步解放生产力和变革生产关系。❻而农业绿色发展是传统农业上的实践，其生产技术、绿色支持政策和保障措施符合我国的客观需要，是由我国农业发展的必经之路所决定的。此外，他还提出了“两山”理论与经济效益的关系是辩证统一的，改善生态环境的本质就是释放绿色生产力。张光紫给予“两山”理论很高的评价，认为它是迄今人类与自然关系的认识、实践与经验教训的总结，是对生态文明时代生产力构成变化趋势的把握，它是中国特色社会主义生态文明建设赖以指导的科学的世界观和方法论。在该领域内，学者们对于

❶ 杨琼 . 生态哲学视阈下的“两山”理论及其实践内涵 [J]. 内蒙古大学学报（哲学社会科学版），2018，50（5）：65-70.

❷ 侯子峰 . 哲学视域下的“绿水青山就是金山银山”理念解析 [J]. 齐齐哈尔大学学报（哲学社会科学版），2019（9）：7-10.

❸ 郭静文，胡明辉 . 习近平“两山”理论：新时代马克思主义生态文明思想 [J]. 北方经济，2019（5）：67-70.

❹ 王玥 .“绿水青山就是金山银山”的马克思生态哲学解读 [D]. 成都：西南财经大学，2019.

❺ 李好笛 .“绿水青山就是金山银山”理念下的自然与社会二重性——基于区块链的唯物辩证法分析 [J]. 四川行政学院学报，2020（1）：18-26.

❻ 杨锚，李景平，赵明，等 . 对农业绿色发展认识和实践的思考 [J]. 农村工作通讯，2020（1）：24-27.

“两山”的辩证关系、对生态文明思维的创新及认识论角度的研究是较为深入而又充实的。[1]

第二，“两山”理论的内涵、绿色发展、基本路径等理论研究。胡咏君解析了生态产品价值实现的内在逻辑和绿色增长的内在机制，梳理形成“两山”理论指导实践发展的基本路径。[2] 付伟、罗明灿首次提出“生态山”与“经济山”并创新性地提出基于“两山”理论的三种绿色发展模式。[3] 张军认为“两山理念”既涉及生态学又涉及经济发展方式、生产力和公共产品等经济学内容。[4]

第三，“两山”转化的政策机制、模式与实现路径研究。周鑫鑫从加强自然保护、“生态 + 产业”、更新经营理念、创新生态岗位、建立长效保障机制五方面提出了“两山”转换路径。[5] 秦昌波、苏洁琼等从生态环境质量差距、“两山”转化通道、制度体系建设、利益引导机制等方面分析了践行“两山”理论面临的挑战，提出了五大机制。[6] 王志平提出加快产业创新是打开“两山”转化通道的基础。[7] 王虎提出了实现产业的生态化、生态的产业化，并大力发展生态产业的具体转化路径。[8] 马中认为要实现“绿水青山”到“金山银山”

---

[1] 张光紫，张森年．“两山”理论的哲学意蕴与实践价值 [J]. 南通大学学报（社会科学版），2018（2）：21-25.

[2] 胡咏君，吴建，等．生态文明建设“两山”理论的内在逻辑与发展路径 [J]. 中国工程科学，2019（5）：151-158.

[3] 付伟，罗明灿，李娅．基于“两山”理论的绿色发展模式研究 [J]. 生态经济，2017，33（11）：217-222.

[4] 张军．“两山”理念的经济学思考 [J]. 中国发展，2018，18（05）：19-24.

[5] 周鑫鑫，葛晴宇，等．“绿水青山就是金山银山”转化路径初探 [J]. 农村经济与科技，2021（11）：23-25 .

[6] 秦昌波，苏洁琼，王倩，等．“绿水青山就是金山银山”理论实践政策机制研究 [J]. 环境科学研究，2018，31（6）：985-990.

[7] 王志平．打开“绿水青山”向“金山银山”的转化通道 [J]. 政策瞭望，2019（10）：28-30.

[8] 王虎，段秀斌，马军．绿水青山与金山银山的转化探析 [J]. 西南林业大学学报（社会科学），2019，3（5）：25-29.

的转换，应以《生态文明体制改革总体方案》为基础和方向，以及绿色生态低碳产业体系，构建系统完整的生态环境保护制度体系，并建立健全"绿水青山"市场机制。❶梁愉立在分析广西生态资源的优势、类型及特点的基础上，探索分析了"绿水青山"转变为"金山银山"的路径及措施。❷王金南、苏洁琼、万军梳理了"两山"理论的阐述与发展历程，剖析了"绿水青山就是金山银山"的理论内涵，并从特色产业体系、生态环境体系、区域合作体系、制度创新体系、生态支付体系五个方面提出了实现"绿水青山就是金山银山"的发展机制。❸

第四，"两山"理论在乡村振兴、扶贫减贫、生态治理等方面实践应用性研究。齐骥认为"两山"理论是对生态环境健康和经济发展繁荣之间关系的高度概括，体现了生态、经济、政治、文化和社会发展"五位一体"的统一，为乡村振兴提供了丰富的文化意蕴。❹何仁伟提出实施乡村振兴战略应积极践行"两山"理论。❺罗成书、周世锋提出要正确理解"两山"理论，并以其为指导推动重点生态功能区转型，推进自然资源管理体制改革。❻贾晓芬、焦欢围绕"绿水青山就是金山银山"的生态治理主题，收集了各地创新生态治理和探索实践的典型案例，概括总结了案例中的成功做法和相关经验，并对"绿水青

❶ 马中.绿色发展：从"绿水青山"到"金山银山"的转化路径和实现机制[J].环境与可持续发展，2020，45（4）：31-33.

❷ 梁愉立.探寻"绿水青山"转化为"金山银山"的有效路径[J].当代广西，2020（06）：54-55.

❸ 王金南，苏洁琼，万军."绿水青山就是金山银山"的理论内涵及其实现机制创新[J].环境保护，2017，45（11）：13-17.

❹ 齐骥."两山"理论在乡村振兴中的价值实现及文化启示[J].山东大学学报（哲学社会科学版），2019（5）：145-155.

❺ 何仁伟.基于"两山"理论的乡村振兴战略研究[J].西昌学院学报（社会科学版），2018，30（3）：82-84.

❻ 罗成书，周世锋.以"两山"理论指导国家重点生态功能区转型发展[J].宏观经济管理，2017（7）：62-65.

山”和“金山银山”的关系进行了反思。[1] 刘良军、郭强认为只有实现“乡村振兴”与“生态优先、绿色发展”的有机融合，将生态优先、绿色发展贯穿乡村振兴的全过程和各方面，才能让乡村振兴可持续，实现“绿水青山就是金山银山”在乡村的转化。[2] 周宏春、江晓军探讨了习近平生态文明思想的主要来源、组成部分与实践指引，认为习近平生态文明思想是我国生态文明建设的基本遵循和行动指南。[3] 杨平以海宁市为例，认为海宁市深刻认识到实施乡村全域土地综合整治与生态修复工程是深入践行习近平总书记“绿水青山就是金山银山”理念的重要抓手。[4] 郑新业等提出了基于“两山”理论绿色减贫的必要性，应该根据不同资源与环境将绿色需求引进来，在充分考虑贫困地区发展诉求、减贫需求的同时注重保护生态环境，在生态环境保护的同时兼顾当地的发展权利。[5] 基于“两山”理论的扶贫对策并提出绿色减贫，首先要大力培训特色农业种养殖产业，推进乡村绿色旅游和教育培训产业；其次要融合生产要素和绿色基础设施，促进绿色农产品走出去；最后要改变农户使用的能源要素，促进生活方式绿色化。

第五，“两山”理论在农业绿色发展、农业品牌化等方面理论性与应用性研究。金书秦等将“两山”理论下农业“绿色”与“发展”之间的辩证关系进行了梳理，将实践囊括成了三个维度，以整体系统观、全要素系统的方式

---

[1] 贾晓芬，焦欢．“绿水青山就是金山银山”：各地探索与实践 [J]. 国家治理，2017（36）：41-48.

[2] 郭强，刘良军．实现“乡村振兴”与“生态优先、绿色发展”的有机融合 [J]. 中共成都市委党校学报，2018（6）：73-78.

[3] 周宏春，江晓军．习近平生态文明思想的主要来源、组成部分与实践指引 [J]. 中国人口·资源与环境，2019，29（1）：1-10.

[4] 杨平．深入实施乡村全域土地综合整治与生态修复工程——海宁市践行“绿水青山就是金山银山”理念高质量打造品质乡村 [J]. 浙江国土资源，2020（9）：33-35.

[5] 郑新业，张阳阳．“两山”理论与绿色减贫——基于革命老区新县的研究 [J]. 环境与可持续发展，2019，44（5）：51-53.

推进农业绿色发展过程。❶郑新业等提出了农业绿色发展的实践途径为最大化农产品、林产品和水产品的产量与销售范围。❷杨锚等则认为对立统一法则能够很好地把握住农业绿色发展的推进，提出绿色农业的发展内涵，根据农业多功能性特点，通过绿色生产新动能来培养新的经济增长点，将"乡愁"变成实实在在的收入。❸韩长赋认为"两山"理论下农产品品牌的发展方向是增加优质、特色、安全的农产品供给，实现由量变到质变的转换。❹郑新业等明确了农产品品牌化的主要困难是非标准化及付出者得到的补偿与成本不匹配。❺高建华对"丽水山耕"品牌赋能作了路线总结，从完善"丽水山耕"品牌顶层设计到创立"丽水山耕"品牌运营机制，进而营造"丽水山耕"品牌大生态圈，最后实施"母子品牌"战略实现共赢。❻

2.1.2 省内外研究概况

2.1.2.1 省外研究概况

就研究的地域性而言，东部地区"两山"理论已经落地、实践创新，并提出了实现"经济山"的社会经济目标与对策，对青海等西部地区的研究较为少。杨加猛等在"两山"理论的指导思想下，提出提升江苏美丽乡村建设成效的策略建议，为建设经济强、百姓富、环境美、社会文明程度高的新江苏

---

❶ 金书秦，韩冬梅．从"两山"理论到农业绿色发展 [J]. 中国井冈山干部学院学报，2020，13（3）：18-24.

❷ 郑新业，张阳阳．"两山"理论与绿色减贫——基于革命老区新县的研究 [J]. 环境与可持续发展，2019，44（5）：51-53.

❸ 杨锚，李景平，赵明，等．对农业绿色发展认识和实践的思考 [J]. 农村工作通讯，2020（1）：24-27.

❹ 韩长赋．大力推进农产品加工业转型升级加快发展 [N]. 农民日报，2017-06-29（001）.

❺ 同❶.

❻ 高建华．丽水山耕："两山"理论 品牌赋能 [J]. 中国品牌，2019（1）：50-51.

提供决策信息和方案参考。[1]付伟等首次提出“生态山”与“经济山”，并系统地阐述了两者之间关系的演化，以云南省 16 个州市作为样本进行实证分析，创新性地提出基于“两山”理论的绿色发展模式。[2]臧玉多等以安徽大别山地区为例阐述了经济发展和生态环境保护之间的辩证统一关系，为欠发达地区经济跨越发展和生态环境保护提供了耦合路径。[3]王志平以丽水为例，提出了打开“绿水青山”与“金山银山”的转化通道。[4]姚亚玲等以南疆生态脆弱区和田地区为例，运用“两山”理论及环境与发展互动关系理论揭示了生态与经济系统影响机制，提出了生态承载力、生态弹性力、经济开发强度与经济开发速度这四个指标构建动态演化模型。[5]

2.1.2.2　省内研究概况

从青海省省内的研究状况来看，关于“两山”理论的研究还有待进一步深入，特别是“两山”理论在青海本省的实证研究仍然较少。杨娟丽明确了青海在践行“两山”理论中所作的努力，并且首次提出了青海治理环境的“加减乘除”思想，以及青海应该从四个方面着手更好地践行“两山”理论。[6]赵永祥从“两山”理论看青海经济社会发展战略演进，提出了青海省生态发展的三个阶段，为青海省生态发展指明了方向。[7]夏连琪等认为，青海省正坚

---

[1] 杨加猛，季小霞 . 基于“两山”理论的江苏美丽乡村建设思路 [J]. 林业经济，2018，40（1）：9-13.

[2] 付伟，罗明灿，李娅 . 基于“两山”理论的绿色发展模式研究 [J]. 生态经济，2017，33（11）：217-222.

[3] 臧玉多，王成周 . 绿色振兴视角下安徽大别山区“绿水青山转化为金山银山”路径研究 [J]. 南方农业，2019，13（18）：169-171.

[4] 王志平 . 打开“绿水青山”向“金山银山”的转化通道 [J]. 政策瞭望，2019（10）：28-30.

[5] 姚亚玲，李青，陈红梅 . 基于“两山”理论的南疆脆弱区生态与经济系统互动效应分析 [J]. 资源开发与市场，2019，35（4）：485-491.

[6] 杨娟丽 . 从“绿水青山”到“金山银山”的青海路径 [N]. 青海日报（理论版），2020-3-23.

[7] 赵永祥 . 从“两山”理论看青海经济社会发展战略演进及启示 [J]. 青海社会科学，2021（1）：71-78.

持走生态良好的文明发展之路，积极践行“两山”理论，并通过专家授课、公众开放日、创作生态文艺作品等方式，提高全民的环保意识。[1]赵建军提出人与自然和谐共生不仅蕴含着生态文明建设的高度紧迫性，并且这一理念也蕴含了生态文明建设的新认识和新实践。我们要始终正确认识人与自然的关系，要尊重自然、敬畏自然、热爱自然，维系与自然相互依存的和谐关系，推动促进人与自然和谐共生。[2]陈奇认为青海应做到保持生态文明建设的战略定力、实现生态产品价值保值增值及让绿水青山颜值更高、金山银山成色更足来为建设美丽中国、实现中华民族的永续发展作出应有贡献。[3]杨娟丽针对习近平总书记再次考察青海时指出“保护好青海生态环境，是‘国之大者’”，以及青海打造全国乃至国际生态文明高地，提出坚持打造西宁绿色发展样板城市为载体，实现八个新高地的内涵式发展。[4]牛丽云针对青海省打造生态文明新高地提出了制度创新的新高地研究。[5]基于以上研究现状和中国目前已有“两山”理论的实践创新与绿色发展进程来看，关于“两山”理论的概念、内涵、生态文明建设、实现路径，以及在乡村振兴、扶贫减贫等方面已有一定的研究；就研究的地域性而言，缺少对西北民族地区的“两山”理论与相关实践的研究；从深度上来看，“两山”的转化路径、转化模式与具体的区域性对策也是较为欠缺的。综合来看，关于“两山”的转化模式与实践性对策的研究则刚刚起步，研究是不足的。而且到目前为止，考虑到从以上方面对西部地区进行研究的资料相对匮乏，更没有学者深入地从“双向转化”的角度对西北民族地区进行探讨和研究，可以说，本书是从“双向转化”的角度以青海省为例进行的

[1] 夏连琪，祁万杰，张继生．青海：让“绿水青山就是金山银山”理念落地生根 [J]. 环境教育，2017（12）：80-83.

[2] 赵建军．深刻理解促进人与自然和谐共生的内涵 [J]. 青海党的生活，2020（10）：11-13.

[3] 陈奇．守住绿水青山底色，筑牢生态安全屏障 [J]. 青海党的生活，2020（10）：7-10.

[4] 杨娟丽．为打造全国乃至国际生态文明高地作出西宁贡献 [N]. 青海日报（理论版），2021-11-1.

[5] 牛丽云．青海打造生态文明制度创新新高地研究 [J]. 青海社会科学，2021（6）：53-61.

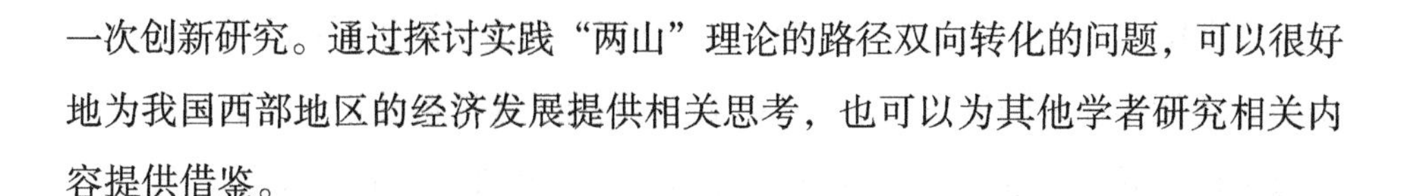
一次创新研究。通过探讨实践“两山”理论的路径双向转化的问题，可以很好地为我国西部地区的经济发展提供相关思考，也可以为其他学者研究相关内容提供借鉴。

2.2　相关理论

2.2.1　“两山”理论

2.2.1.1　“两山”理论的概念及界定

“两山”理论是由时任浙江省委书记的习近平前往浙江湖州安吉余村考察时提出的。“两山”理论一共包含三个层次：第一，既要绿水青山，也要金山银山；第二，宁要绿水青山，不要金山银山；第三，绿水青山就是金山银山。

“两山”理论中的“两山”是指“绿水青山与金山银山”，绿水青山代表的是生态环境并且是未经经济系统利用的生态环境。缪宏认为，绿水青山所属的范畴是生态环境自身而非经济系统利用下的生态环境。[1] 直观而言，绿水青山常指生态环境质量较好的地方，这样的生态资源通常对应更多非货币化的生态服务价值。金山银山则主要指经济系统从利用生态环境中得到的净收益，即经济收入。在立足新时代生态文明建设的当下，若要正确处理好经济发展和生态环境保护之间的关系，则必须坚持“两山”理论。[2]

2.2.1.2　“两山”理论的内涵

张修玉认为，把握“两山”理论的内涵与本意是理解该理论的关键。他认为“绿水青山”的本意所指原为自然生态环境，现在已经扩充到社会生态层面。

[1] 缪宏．关于“两山”理论的对话 [M].《绿色中国・B》，2015，(10)：1-2.

[2] 牛丽云．青海打造生态文明制度创新新高地研究 [J]. 青海社会科学，2021（6）：53-61.

"金山银山"本意为经济效益，现在含义也变得更加宽泛，不仅能体现经济增长，还能体现出民生幸福感。[1]综上，"两山"理论现已从自然视界延伸至社会层面，是社会主义生态文明观的指导思想和理论基础。刘旭东等认为在"两山"理论的经济发展与环境保护的统一性、环境保护优先性与生态向经济的转化性关系中，转化是"两山"理论的核心，是该理论的最终追求。"转化论"不仅追求单一的生态保护或经济发展，而且通过转化手段，追求两方面的和谐与协调发展。它揭示了"两山"理论矛盾统一的哲学内涵，是马克思主义矛盾论中的核心思想。[2]习近平总书记曾在哈萨克斯坦纳扎尔巴耶夫大学发表演讲时回答同学提问时说过："我们既要绿水青山，也要金山银山。宁要绿水青山，不要金山银山，而且绿水青山就是金山银山。"我们要同时兼顾绿水青山与金山银山，使其能够和谐统一的发展。同时，绿水青山是金山银山的发展前提，始终要坚持生态优先的准则。[3]李未名等认为，"两山"理论的内涵在于社会生产力与自然生产力的辩证结合，而不是人类对于自然的主宰。[4]王艳超等则认为习近平总书记提出的"两山"理论是将生态环境视作了一种生态资本，不是一味利用生态资源换取经济发展，生态环境也同样具有价值，只有重视生态资源的保护，才能够可持续性地获得经济效益。[5]

综上所述，不难发现上述学者的观点均认为"两山"理论中的绿水青山是与金山银山具备同等价值的，并且绿水青山还是保障转化成为金山银山的

---

[1] 张修玉．科学揭示""两山"理论"内涵全面推进生态文明建设 [J]. 生态文明新时代，2018（1）：47-52.

[2] 同[1].

[3] 刘旭东，赵梦霖，解佳琦．"两山"理论的"转化"意蕴与绿色大学建设路径探索 [J]. 华北理工大学学报（社会科学版），2022，22（1）：102-107.

[4] 李未名，苏百义．习近平"两山"理论对马克思主义的三大理论创新 [J]. 学理论，2021（12）：7-9.

[5] 王艳超，严卿，崔艳玲．"两山"理论：自然辩证法在当代中国的继承与发展 [J]. 大理大学学报，2021，6（9）：73-79.

先决条件。因此，综合上述学者对于“两山”理论内涵的见解，在本书中对于“两山”理论内涵的定义如下：第一，“两山”理论不仅指自然层面，更包含社会生态层面；第二，该理论同时兼顾绿水青山与金山银山，追求二者之间的和谐统一；第三，转化论是该理论的核心，如何在强调劳动主体健康的前提下，通过转化的手段使绿水青山与金山银山的协调发展是该理论的哲学内涵。

2.2.1.3　“两山”理论的发展

列宁曾用公式作出过一个经典概括：“最高限度的马克思主义 = 最高限度的通俗化。”[1]“两山”理论是习近平总书记对于中国生态文明建设的重要思想，是马克思主义生态思想中国化的最新成果，自然要继续推进马克思主义的大众化与通俗化。当前的“两山”理论是在大众的实践之中不断发展而来，历经了长时间与大范围人民群众的深入实践，并且“两山”理论也在不断面对问题、解决问题的过程中深化，因此具有很强的大众化特点。[2]改革开放以来，随着中国经济的快速发展，在几十年的时间里，中国迅速完成了几百年来其他国家的发展任务，经济总量居世界第二位，取得了举世瞩目的成绩。广泛而长期的发展也带来了一系列矛盾和问题，特别是在许多地方和领域，经济发展与生态环境保护的关系没有得到妥善解决，发达国家近两百年来的环境问题是在中国三十多年的快速发展中产生的。许多学者提出，如果不改变这种旧的经济发展方式，资源环境就难以支撑中国的可持续发展。习近平总书记曾在 2015 年指出，迈向生态文明新时代，建设美丽中国，是实现中华民族伟大复兴中国梦的重要内容。同年，《中共中央 国务院关于加快推进生态文明建设的意见》中提出“要充分认识加快推进生态文明建设的极端重要性和紧迫性，

---

[1] 《列宁全集》第 36 卷，北京：人民出版社，1959：467.

[2] 徐家贵，曾家华 . 论“两山”理论的大众化属性 [J]. 鄱阳湖学刊，2021（5）：5-12，125.

切实增强责任感和使命感，牢固树立尊重自然、顺应自然、保护自然的理念坚持绿水青山就是金山银山”。“两山”理论便由此而生。随后于2017年10月，“必须树立和践行绿水青山就是金山银山的理念”被写进党的十九大报告，全国各地自此开始贯彻“两山”理论。

杜艳春、王倩等清晰地梳理了“两山”理论的发展脉络，认为“两山”理论经历了“理论的提出—理论的完善—理论的深化发展”三个阶段（见图2-1）。[1]

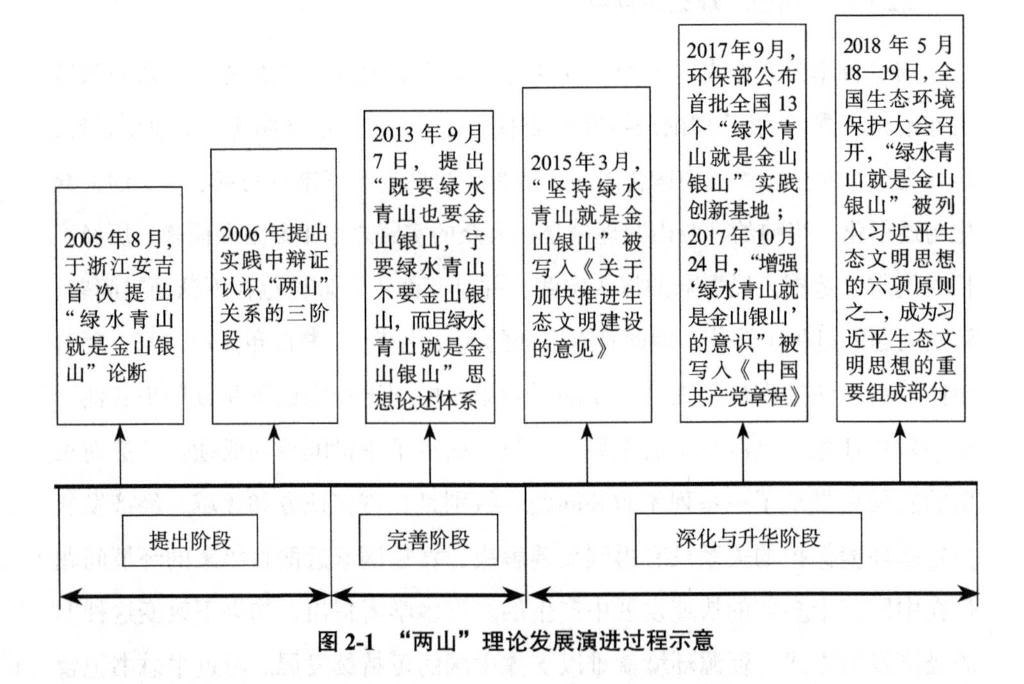

图2-1　“两山”理论发展演进过程示意

其中，理论提出阶段包括2005年习近平在浙江安吉首次提出“绿水青山就是金山银山”的科学论断，以及2006年对其关系三个阶段的新认知；理论完善阶段就是2013年提出的“两山”思想论述体系；理论的深化和升华阶段

[1] 杜艳春，王倩，等．“绿水青山就是金山银山”理论发展脉络与支撑体系浅析[J]环境保护科学，2018（8）．

则包括 2015 年将“两山”写进了生态文明建设意见，2017 年将“两山”写入《中国共产党章程》，并公布了第一批 13 个国家“两山”创新实验基地，2018 年将“两山”理论列入习近平生态文明思想的重要组成部分。

江小莉、温铁军等提出了内隐在“两山”理念中的辩证发展逻辑和价值本体论的范式转换中的问题，依此提出了“两山”三阶段：从穷山恶水到绿水青山——生态赤字恢复、从绿水青山到金山银山——生态价值深化、从金山银山到大金山银山——生态资本深化三个阶段。❶这三个阶段有助于我们在研究中对于“两山”理论在实践中的转化模式、转化实质有更深刻和进一步的认识。同时，他们还对这三个阶段“两山”的转化路径提出了不同模式，从阶段目标、特征、参与主体、杠杆机制、典型做法与典型案例几个方面进行了综合的对比分析。

2.2.1.4 “两山”理论的应用实践

“两山”理论的提出源自浙江，因此浙江践行“两山”理论在全国处于领先水平。很多学者以浙江为切入口，分析了“两山”理论的浙江经验。浙江很好地利用了当地的自然资源，在合理的限度内对其进行了开发，建立了安吉样板、浦江样板、桐庐样板、海岛样板和仙居样板等各具当地特色的项目，为当地群众带来了良好且可持续的经济收入，取得了良好的社会效益。❷随后，“两山”理论在全国各地开始实践，如“两山”理论要求的绿水青山与金山银山的协调发展在四川省甘孜藏族自治州区得到了很好的体现。当地政府通过采用“山顶戴帽子”“山腰挣票子”与“山底填肚子”这类通俗易懂的政策，不仅改善了当地的生态环境，使环境越来越好，同时这样的绿水

❶ 江小莉，温铁军，等．“两山”理念的三阶段发展内涵和实践路径研究 [J] 农村经济，2021（4）.

❷ 张海东，尹峰，等．“两山”理论引领海南自由贸易港高质量发展 [J]. 现代农业，2021（6）：16-19.

青山也为当地政府与居民带来了大量的旅游收入，让老百姓们的生活越过越好。[1]不仅如此，甘孜藏族自治州从绿色矿山、交通建设、清洁能源和生态发展等方面对"两山"理论进行了实践，将政策切实地落在了实处，不但保护了生态资源，同时也通过生态资源带来了大量的经济效益，利于长远发展。[2]此外，"两山"理论的实践也被许多学者和政府工作人员以"两山"创新实践基地的方式挖掘出来，作为经验进行分享。

2.2.1.5 "两山"转化理论

"两山"转化理论是"两山"理论的核心内容，学者们对"转化"实现机制进行了一系列的探索，提出了以下转化的先决条件。第一，优质的绿水青山是实现向金山银山转化的前提与基础。只有当具备优势的绿水青山积累到足够大规模时，才能满足转化的完备条件。第二，转化的关键在于人。习近平总书记曾指出，实现"两山"转化的关键就在于人是否能够发挥主观能动性，只有当人类的思想达到高度一致的情况下，才会形成正确的发展方向与思路。第三，转化过程并不是径行直遂的。从一开始的破坏环境换取经济发展的阶段，逐步发展成为资源破坏与环境治理并举，再到环境与经济发展形成和谐统一，这一过程并不是完全顺利的，这是人与自然关系不断调整、人类不断进行实践反思与改善的过程。第四，转化主体的变化。在没有外界进行干预的前提下，一般认为自然生态系统的演化是一个内生过程。但随着人类的逐步介入，转化主体逐渐从自然生态系统过渡到个体人的参与再到市场、社会、政府等的介入，参与转化的主体也逐步呈现多元化。第五，转化目标是实现"金山银山"与"绿水青山"之间融合统一，实现高质量绿色发

---

[1] 张兵."县乡村三级一体"推动生态文明建设在甘孜藏区应用的研究：以甘孜州白玉县为例 [J]. 绿色科技，2020（18）：270-274.

[2] 张兵. 甘孜州践行"两山"理论的实践分析 [J]. 中国资源综合利用，2021，39（11）：136-138.

展。❶荣开明等指出了“两山”相互转化的实现机制，即在特定的条件之下，绿水青山可以转化成为金山银山。当条件不充分或不完全时，该转化过程难以实现。❷

2.2.2　生态产品

2.2.2.1　生态产品的概念

当前我国学者对于生态产品概念进行了较深入的研究，但由于生态产品会随着我国生态文明建设而不断进行深化，因此目前对于生态产品尚未形成一个统一的概念。同时，随着社会的不断发展，生态产品也呈现出了多样化趋势。2010 年年底印发的《全国主体功能区规划》中首次对生态产品的概念进行了界定，生态产品指的是维系生态安全、保障生态调节功能、提供良好人居环境的自然要素，包括清新的空气、清洁的水源和宜人的气候等。生态产品同农产品、工业品和服务产品一样，都是人类赖以生存和发展所必需的。❸蒋凡等基于对生态产品内涵、价值形成机制与实现逻辑等的分析，认为生态产品是人类通过保护与维护等方式，使生态系统能够维持住自然生态条件和生态服务功能，最终能够通过生态系统提供人类所需的产品。这些产品包括清洁的空气、干净的水源和舒适的气候等。❹任耀武等认为生态产品就是通过可循环进行的生产技术进行生产，对资源无危害的安全可靠产品。❺沈辉、李宁基于广义的生态产品视角将生态产品定义为在保障生态安全的前提条件下，生态系统能够

---

❶ 刘旭东，赵梦霖，解佳琦．“两山”理论的“转化”意蕴与绿色大学建设路径探索 [J]. 华北理工大学学报（社会科学版），2022，22（1）：102-107.

❷ 荣开明，赖传祥．对矛盾转化的若干条件分析 [J]. 黄石师院学报，1983（4）：29-30.

❸ 国务院．国务院关于印发全国主体功能区规划的通知 [Z].2010-11-21.

❹ 蒋凡，秦涛．“生态产品”概念的界定、价值形成的机制与价值实现的逻辑研究 [J]. 环境科学与管理，2022，47（1）：5-10.

❺ 任耀武，袁国宝．初论“生态产品”[J]. 生态学杂志，1992（6）：50-52.

为人类所提供的最终生态系统产品和服务。[1]总体来看，目前我国学术界对于生态产品的概念见解仍不统一，基于众多学者的观点，本书认为生态产品是在不破坏自然资源现状的前提下，能够最终为人类提供对资源无危害的生态系统产品与服务。

2.2.2.2　生态产品的分类

目前，由于学者对于生态产品见解的不一致，现有对于生态产品的分类也不尽相同。曾贤刚等基于生态产品来源的区域不同，将生态产品划分成了全国性、区域性、社区性与私人性质的生态产品。其中，他认为全国性与区域性的生态产品应由政府进行统一供给，而社区性的生态产品应该由社区进行自治提供，私人性质的生态产品则是由市场发挥作用实现供需供给。[2]刘伯恩以联合国《千年生态系统评估报告》中对生态系统服务的内涵作为基础，将生态产品按照产品不同的表现形式分成了生态物质产品、生态文化产品、生态服务产品和自然生态产品四大类，其中自然生态产品是前三类产品的基础。[3]沈辉、李宁根据生态产品具有公共性、外部性、效用性和区域性等特点，将生态产品分为了生态物质产品、调节服务产品和文化服务产品三大类。[4]

综上，由于我国学者对于生态产品的定义不一，其对于生态产品的分类认识也不尽相同。本书采用刘伯恩对于生态产品的分类，将生态产品分为生态物质产品、生态文化产品、生态服务产品和自然生态产品四大类。

[1] 沈辉，李宁．生态产品的内涵阐释及其价值实现 [J]. 改革，2021（9）：145-155.

[2] 曾贤刚，虞慧怡，谢芳．生态产品的概念、分类及其市场化供给机制 [J]. 中国人口·资源与环境，2014（7）：12-17.

[3] 刘伯恩．生态产品价值实现机制的内涵．分类与制度框架 [J]. 环境保护，2020（13）：49-52.

[4] 沈辉，李宁．生态产品的内涵阐释及其价值实现 [J]. 改革，2021（9）：145-155.

2.2.3 绿色发展

2.2.3.1 绿色发展的概念

“绿色发展”一词是联合国开发计划署于 2002 年提出的，这是一种可持续发展的模式，其本质在于生态保护与经济发展的统一性。我国在《中华人民共和国国民经济和社会发展第十二个五年规划纲要》中正式采用了“绿色规划”一词，同时把绿色发展和生态建设从总设计上分为建设资源节约型社会、建设环境友好型社会、发展循环经济、建设气候适应型社会和实施国家综合防灾减灾战略五个方面。尹昌斌等通过对大量文献进行梳理，对农业绿色发展的概念进行了界定。他们认为农业绿色发展就是要逐渐采用高新的农业技术形成现代化生产、流通与营销体系，在生产过程中保障农产品质量并最终实现农业的可持续发展与现代化。[1]刘纪远等结合国内外绿色发展的经验，将自然资本、社会资本、经济资本与人力资本作为核心提出了中国西部地区的发展概念框架。[2]邹巅、廖小平则在前人对绿色发展研究的基础之上提出了自己的定义。他们认为绿色发展是通过绿色创新来达到环境资源利用的最大化、循环化和无公害化，同时不断投资自然资本，厚植发展基础，解放社会生产力，全面构建经济、社会、生态的协调发展，人和自然和谐共融的发展模式，达到绿色富民、绿色兴邦，最终实现人的全面发展和永续发展的模式。[3]

---

[1] 尹昌斌，李福夺，王术，等 . 中国农业绿色发展的概念、内涵与原则 [J]. 中国农业资源与区划，2021，42（1）：1-6.

[2] 刘纪远，邓祥征，等 . 中国西部绿色发展概念框架 [J]. 中国人口·资源与环境，2013，23（10）：1-7.

[3] 邹巅，廖小平 . 绿色发展概念认知的再认知——兼谈习近平的绿色发展思想 [J]. 湖南社会科学，2017（2）：115-123.

第3章

青海省社会经济发展及绿色生态发展的演进过程

3.1 青海省社会与经济发展现状

1999年，党中央启动了西部大开发战略。青海省紧抓机遇，快速发展，取得了令人瞩目的成就。在西部大开发的二十年中，青海省的经济发展呈现出跨越式发展，使全省经济步入持续、快速、稳定、健康发展的“快车道”，实现了从“站起来”到“富起来”再到“强起来”的伟大飞跃。分阶段来看，青海省经济的发展在2001年之前是破冰与复苏期，经济发展缓慢。2001年西部大开发之后，青海借着改革的机遇与春风，经济发生了重大的转变和质的提高。尤其是党的十八大以来，全省深入贯彻习近平新时代中国特色社会主义思想，进一步深化省情认识，坚定践行新发展理念，全面落实“四个扎扎实实”[1]重大要求，深入实施“一优两高”发展战略，奋力开启新青海建设的新征程。

2010年，青海省生产总值迈上千亿元大关；2020年，全省经济总量达到3006亿元，比1949年翻了8.5番。具体来说，2001—2012年，增速均保持两位数，

[1] 2016年8月22日至24日，习近平总书记在青海考察。视察期间，习近平总书记向青海各级党政干部提出：“扎扎实实推进经济持续健康发展，扎扎实实推进生态环境保护，扎扎实实保障和改善民生，扎扎实实加强规范党内政治生活”的要求。

年均增长 11.8%；2013—2020 年，生产总值年均增长 7.2%，经济发展质量逐步提高。三产协同发展支撑经济增长；2001—2019 年，年均贡献率分别由 5.3% 增长到 49.2%。西部大开发期间，青海的基础设施获得明显改善、城乡面貌变化巨大、人民得到的实惠最多。[1]

2020 年，面对全球经济贸易局势日趋紧张、新冠肺炎疫情在全球蔓延及经济不断下行的压力，青海省的发展存在巨大的发展挑战与威胁。面对挑战，青海省坚持稳中求进的工作总基调，统筹推进经济社会发展与疫情防控，经济发展平稳、民生改善显著、发展质量不断提高，坚持新发展理念和供给侧结构性改革，深入实施“五四战略”[2]，不断推进“一优两高”战略，加强“五个示范省”[3]建设，脱贫攻坚任务圆满完成，深入实施乡村振兴战略。青海省不断升级绿色发展方式，加强生态保护、民生保障，持续推进社会治理体系和治理能力现代化，保持经济高质量发展。通过一系列数据来看，可以更直观地了解青海经济发展现状，全省城乡居民可支配收入稳定增加，较上年同期增长 5.8%，工业生产稳定，新兴产业作用明显。例如，新能源装机容量达 2138 万千瓦，在全国各省份中占比最高。

2019 年年底，青海省 42 个贫困县 1622 个贫困村全部脱贫退出[4]，实际减贫 53.9 万人。这标志着青海省的区域性整体贫困问题与脱贫问题实现了历史性的解决与质的突破。在乡村振兴方面，青海省建成 77 个乡村振兴示范村，

---

[1] 青海省统计局 . 中国共产党成立 100 年来青海经济社会发展成就系列 [EB/OL].（2021-06-23）[2022-03-22]. http://tjj.qinghai.gov.cn/infoAnalysis/tjMessage/202106/t20210617_258546.html.

[2] 青海省在 2018 年全省两会提出“五四战略”。“五四战略”是指“四个扎扎实实”“四个转变”“四化同步”“四个更加”“四种本领”。

[3] 2020 年，青海省政府工作报告中，统筹“五个示范省”建设作为全省重点工作任务。这五个示范省分别为建设国家公园示范省、建设国家清洁能源示范省、建设绿色有机农畜产品示范省、创建民族团结进步示范省、创建民族团结进步示范省。

[4] 索端智，等 . 青海蓝书皮 2020—2021 年青海省设计发展形势分析与预测 [M]. 北京：社会科学文献出版社，2021.

2100个美丽乡村；全省累计投资24.8亿元用于全面推进农牧区环境整治，在建制村的污水治理、农村厕所改造等方面取得了一定的成绩。

3.2　青海省生态建设与生态环境保护成效分析

3.2.1　青海省生态环境状况与建设成绩

西部大开发以来，生态文明建设的重要性日益被关注，青海省委、省政府在经济与生态的发展中作出正确的战略决策，提出大力保护生态环境、构筑全国稳固的高原生态安全屏障、发展绿色经济、促进青海经济社会可持续发展、实现生态与经济双赢的发展思路。青海省在生态建设与生态保护的路上一直积极践行生态文明思想，全面贯彻落实习近平总书记视察青海重要讲话精神，立足"三个最大"[1]、省情定位，奋力推进"一优两高"战略实施，聚焦保护"中华水塔"，筑牢国家生态安全屏障，全方位落实生态环境保护重点举措，全力打好污染防治攻坚战，扎实整改生态环保督察问题，严格生态环境执法监管。到2020年，"十三五"生态环境保护目标任务顺利完成，全省生态环境质量持续改善；人民群众生态环境获得感、幸福感、安全感显著增强，生态环境保护工作取得了新成效。

截至2020年12月，青海省全省生态环境稳中向好。在水环境质量方面，61个监测断面水质达到水环境功能目标，达标率为98.4%，地表水整体水质优良（见表3-1）。在环境空气质量方面，环境空气质量达标天数比例为97.2%，同比上升1.1个百分点，西宁市空气质量连续五年居西北省会城市前列；在生态环境状况方面，通过生物丰度、植被覆盖、水网密度、土地胁迫、污染负荷指数综合评价，全省各县（市、区、行委）生态环境状况以"良"为主；与

[1] "三个最大"：2016年8月，习近平总书记在青海视察时强调，"青海最大的价值在生态、最大的责任在生态、最大的潜力也在生态"。

2019 年相比，各县（市、区、行委）生态环境状况指数变化幅度在 –0.55~2.80，生态环境状况良好[1]（见图 3-1）。

表 3-1　2020 年青海省全国重要水功能区水质达标评价表

功能区类型	达标评价			河流长度（湖库面积）达标评价					
	评价数（个）	达标数（个）	达标率（%）	评价河长（km）	达标河长（km）	达标率（%）	评价面积（km²）	达标面积（km²）	达标率（%）
保护区	15	15	100	3654.3	3654.3	100	4340	4340	100
保留区	5	5	100	1939.2	1939.2	100	—	—	—
缓冲区	5	5	100	209.2	209.2	100	—	—	—
饮用水源区	3	3	100	113.6	113.6	100	—	—	—
工业用水区	2	2	100	26.3	26.3	100	—	—	—
农业用水区	9	9	100	703.6	703.6	100	—	—	—
渔业用水区	1	1	100	—	—	—	110	110	100
景观用水区	1	1	100	4.8	4.8	100	—	—	—
过渡区	3	3	100	94.1	94.1	100	—	—	—
合计	44	44	100	6745.1	6745.1	100	4450	4450	100

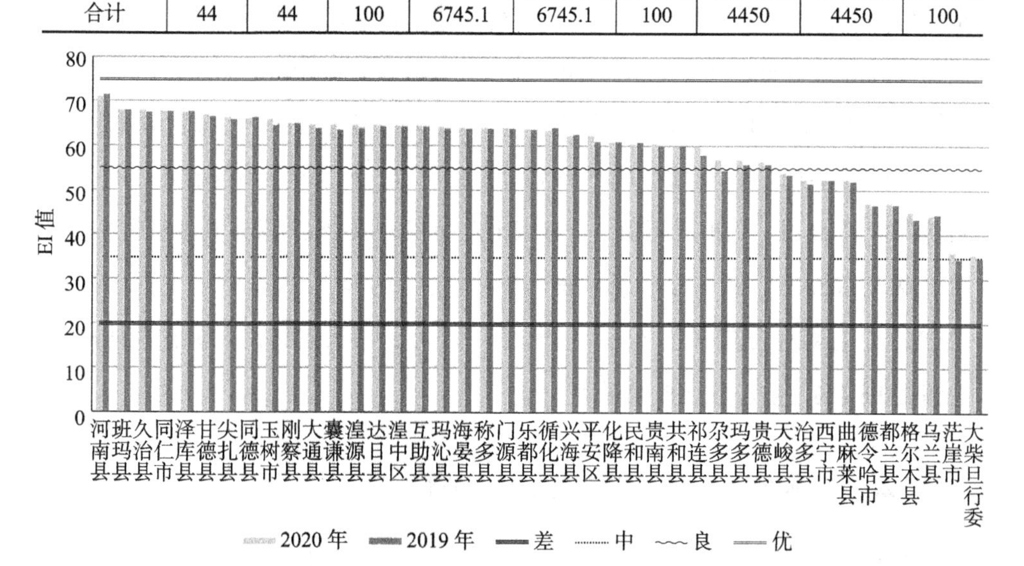

图 3-1　2020 年青海省各县（市、区）生态环境状况指数变化

[1] 青海省生态环境厅 . 2020 年青海省生态环境状况公报 [EB/OL].（2021-06-03）[2022-03-26]. https://sthjt.qinghai.gov.cn/hjzl/qhssthjzkgb/202106/t20210603_114426.html.

青海省重点生态功能区的生态环境状况是青海省生态环境建设的重心，与国家公园的建设成效息息相关。截至 2019 年 12 月，三江源区、青海湖流域、祁连山区域生态环境均保持稳定态势，生态建设效果显著。从相关数据来看，三江源地区水资源总量为 607.58 亿立方米，比多年平均增加 41.3%；乔木林均呈缓慢正增长趋势，灌木林总体呈增长态势；沙化土地植被高度、覆盖度、生物量与往年相比略有增长。青海湖流域水资源总量 42.19 亿立方米，与往年平均总量相比偏多；森林郁闭度及灌木覆盖度、高度、生物量等主要观测指标呈增长态势；湿地植被覆盖度、高度和生物量总体呈增长态势，环湖区域的普氏原羚与鸟类种群数量有所增加，湖内及各支流拥有裸鲤的总尾数为 7.53 亿尾。祁连山区域水资源总量为 113.45 亿立方米，比往年平均增加 57.0%；在草地植被中优势种覆盖度为 22.4%，乔木林和灌木林面积变化不明显，保持稳定。三个区域综合来看，生态环境保护已取得了明显的成效，水资源总量、植被覆盖率、生物多样性等都有明显的上升，环境总体稳定且向好发展。[1]

2007 年，青海省确立生态立省战略，积极实施退耕还林、退牧还草、生态环境综合治理、黄河上游水土保持重点治理、青海湖流域生态保护与综合治理规划、三江源自然保护区生态保护和建设规划等工程项目。2009 年，青海省建立的省级自然保护区 11 处，保护区面积占全省国土总面积的 30.2%，森林覆盖率达 5.2%。

截至 2020 年，青海全省林地面积约 1093.3 万公顷，占全省国土总面积的 15.2%；全省森林覆盖率达 7.5%，全省有 592 万公顷天然林，占全省森林资源总量的 98.4%，生态建设成绩显著。

3.2.2 青海省生态环境保护的举措与保障

“十三五”期间，青海省在生态建设与生态保护上取得了显著的成绩。中

[1] 青海省生态环境厅 . 2019 年青海省生态环境状况公报 [EB/OL].（2020-06-02）[2022-04-20]. https://sthjt.qinghai.gov.cn/hjzl/qhssthjzkgb/202006/t20200602_91879.html.

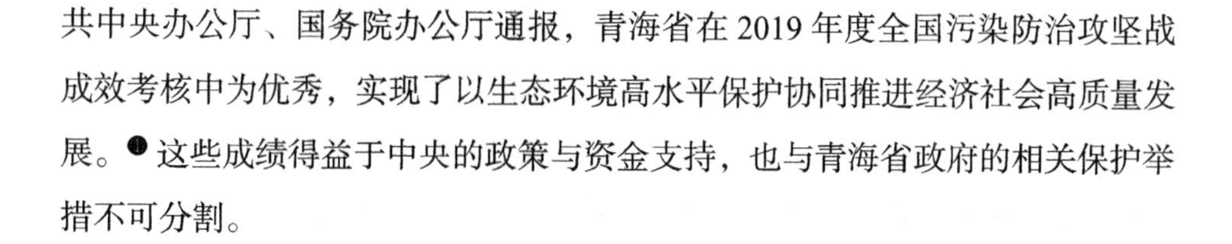
共中央办公厅、国务院办公厅通报，青海省在 2019 年度全国污染防治攻坚战成效考核中为优秀，实现了以生态环境高水平保护协同推进经济社会高质量发展。❶ 这些成绩得益于中央的政策与资金支持，也与青海省政府的相关保护举措不可分割。

3.2.2.1　积极申报生态文明示范区和“两山”实践创新基地

通过积极申报国家层面的生态文明示范区和“两山”实践创新基地，让青海的生态文明建设能在国家高标准下创新实践，结合试点的特色，打造出生态样板，并提供其他地区学习的经验。同时，青海省也积极开展省级生态文明建设示范区创建工作，让生态文明建设在省内成为一种共识，逐渐形成以点带面的效果。截至 2021 年年底，青海省已经创建了 5 个国家生态文明建设示范区和 2 个“两山”实践创新基地，4 县、44 个乡镇和 543 个村成功创建为省级生态文明建设示范县、乡镇、村，这标志着青海省的生态文明建设进入了一个新的阶段。

3.2.2.2　制定并完善各项法规保障生态建设

在生态文明建设中，青海省坚持依法治理、依法建设，相继出台了与生态建设相关的系列法律法规、工作办法和方案，保障了生态建设有法可依。第一，在工作办法方面。例如，针对水环境保护印发《青海省 2020 年度水污染防治工作方案》；针对大气环境印发《2020 年全省大气污染防治工作要点》，制定《2020 年挥发性有机物治理攻坚方案》印发实施《青海省 2020 年控制温室气体排放工作方案》；有序推进全省应对气候变化工作；在农村环境治理中制定发布《农村生活污水处理排放标准》，填补了地方农村生态环境监理标准空白，不断健全生态环境监测标准体系。第二，在环境保护工

❶ 深入贯彻习近平生态文明思想 努力谱写美丽中国建设青海生态环境保护新篇章——访省生态环境厅党组书记、厅长汤宛峰 [N] 青海日报，2021-01-27（08）.

作建设与督查方面。印发《青海省生态环境行政处罚裁量基准规定》《青海省生态环境行政处罚自由裁量标准》《青海省生态环境厅重大行政执法决定法制审核办法》，进一步规范全省生态环境系统公正文明执法。省林业和草原局等7部门联合印发《青海省"绿盾2020"自然保护地强化监督工作方案》，持续开展"绿盾"自然保护地监督检查，省司法、财政部门制定《青海省生态环境损害鉴定评估管理办法》《青海省生态环境损害赔偿资金管理办法》，省高级人民法院和省人民检察院制定相关生态损害的司法保障工作意见与规范等，明确生态环境损害鉴定和赔偿程序，生态环境损害鉴定赔偿工作进一步规范。第三，对企业生态行为的评价方面。印发实施《青海省企业环境信用评价管理办法（试行）》，将第三方环境服务机构纳入评价范围，对省级重点排污单位企业环境信用评价和监督，督促企业认真履行生态环境保护主体责任，持续改进企业环境行为。❶

3.2.2.3　全面细致地推进生态环境保护工作

从各个领域全面细致地推进生态环境建设工作。在水环境方面，持续推进饮用水水源保护攻坚战，划定水源保护区，实施饮用水水源保护区规范化建设和风险防控，保障公众饮水安全。加大资金投入，改善水生态环境质量，结合黄河流域特征分河段、分区域施策，持续深化三江源头生态保护修复，提升水源涵养功能；开展"蓝天保卫战"，重点城市实施"一市一策"大气污染防治精准管控，实施"抑尘、减煤、控车、治企"措施；在西宁，通过海绵城市试点建设，已初步形成了"治山、理水、润城"的建设模式，完成了城区内试点区21.6平方千米的建筑和小区、道路与广场、公园绿地等7大类海绵项目，初显成效；持续推进农村环境综合整治，实施西宁市、海东市、海西州、海

❶ 青海省生态环境厅．2019年青海省生态环境状况公报[EB/OL].（2020-06-02）[2022-04-20]. https://sthjt.qinghai.gov.cn/hjzl/qhssthjzkgb/202006/t20200602_91879.html.

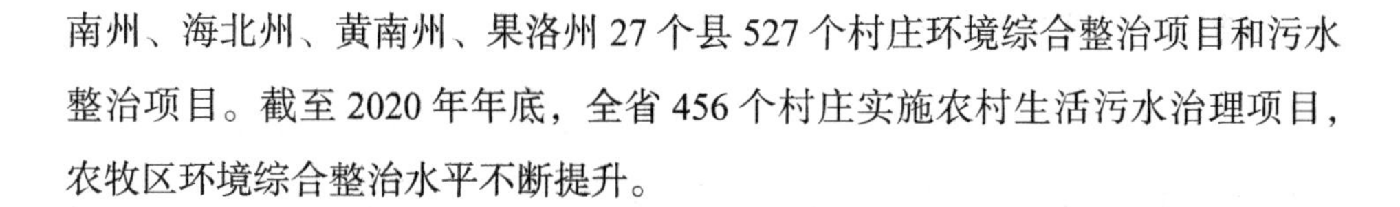
南州、海北州、黄南州、果洛州 27 个县 527 个村庄环境综合整治项目和污水整治项目。截至 2020 年年底，全省 456 个村庄实施农村生活污水治理项目，农牧区环境综合整治水平不断提升。

3.2.2.4　科学并实地进行生态环境监测

采用事前预防机制，在全省环境空气、水环境、土壤环境、生态和农村环境各方面进行科学的生态环境监测与预测，对环境质量和污染源进行质量监测，以防发生重大生态事故，尤其对三江源地区、青海湖、祁连山等重大生态工程进行严格的生态监测工作。在监测工作中，监测人员积极采用先进设备和数据系统，通过知识竞赛、应急演练、规范化持证上岗等不断提高相关人员的工作能力，以检测促提升，对生态标准不规范的企业给予一定的帮扶指导，帮助企业进行生态信息化建设。加强生态监测能力建设，完善重点监控点位布局和自动监测网络，修订《青海省重点生态功能区生态环境监测与评估暂行办法》，完善监测评估指标体系。

3.2.2.5　大力推进现代化信息技术在生态保护中的应用

大数据时代，生态环境的数据化管理技术成为推进环境治理体系和治理能力现代化的重要手段。青海省在生态环境建设工作中，积极利用信息技术，推进大数据等现代化信息技术在生态保护中的应用，提高生态保护的高效化与科学化。截至 2020 年年底，青海省生态环境大数据平台共集成生态环境数据 34 类、13273 个数据子集、2.19 亿条信息，数据总量达到 813TB。[1] 加强生态环境信息公开，通过省级、市级生态环境部门政府门户网站全面升级，提升政府电子政务的能力。

---

[1] 青海省生态环境厅 . 2019 年青海省生态环境状况公报 [EB/OL].（2020-06-02）[2022-04-20]. https://sthjt.qinghai.gov.cn/hjzl/qhssthjzkgb/202006/t20200602_91879.html.

3.2.2.6 积极宣传与引导教育生态环境保护

大力宣传习近平生态文明思想，做好生态环境宣传教育和舆论引导。通过开展各类环保公益活动和教育活动，将生态理念和绿色理念向普通大众普及，使全社会参与生态环境保护的积极性不断提升。2021 年 6 月 5 日世界环境日，青海省积极争取到国家级别的活动主场，提升知名度和生态宣传效果。通过主流媒体、报刊和政务新媒体等多种渠道强化生态环境信息的发布与推送，获得了极高的浏览量。

3.3 青海省经济发展中的生态贡献

青海省的经济发展与生态建设密不可分，谈经济必谈生态。实践证明，青海省确立生态立省、发展生态绿色经济是明智之举。根据 2016 年青海省政府发布的《青海省生态系统服务价值及生态资产评估》项目成果，可以看出青海生态投入回报率非常高。2012 年青海生态资产总价值达 18.39 万亿元，三大重点生态功能区资产为 15.19 万亿元，占全省总资产的 82.7%。2012 年，青海全省生态系统服务总价值为 7300.77 亿元。其中，三大重点生态功能区生态服务价值为 5811.41 亿元，占全省生态服务总价值的 79.6%。三江源区生态系统服务价值 4947 亿元，占全省生态系统服务总价值的 67.8%；祁连山区 538 亿元，占 7.4%；青海湖流域 318 亿元，占 4.4%；其他区域 1498 亿元，占 20.5%。青海每年为下游地区提供 4724 亿元的生态服务价值，占全省生态系统服务总价值的 64.7%。其中，淡水资源、水电、水文调节、土壤保持四项服务价值高达 2649 亿元。三江源区年均生态效益为 35 亿元，投资回报率高达 204.3%。❶

首先，生态发展所带来的经济效益显著（见图 3-2）。在生态保护的基础

❶ 青海省人民政府新闻办公室 . 青海省生态系统服务价值与生态资产评估研究成果 [EB/OL].（2016-05-30）[2022-05-20]. http://www.qhio.gov.cn/system/2016/05/30/012017816.shtml.

上，青海正逐渐形成高原现代化农牧产业、洁净能源、高原旅游等绿色产业链，把青海的绿色生态打造成一个品牌，为生态产品赢得更多的市场价值和经济利润。清洁能源作为青海省一个优势生态产业，为全省及贫困村带来了明显的收益。青海省已经成为世界上光伏电站大规模并网最集中的地区，2017 年至 2020 年连续四年实现清洁能源百分之百供电，从四年前只能连续 7 天供电到 2020 年连续 30 天供电，实现了质的飞跃并创下世界纪录。新能源产业作为生态型“阳光产业”，为青海省带来了明显的经济收益。青海全省光伏扶贫规模已达到了 721.6 兆瓦，清洁能源实现了 1622 个贫困村村均 290 千瓦全覆盖，年村均收益达到 30 万元左右，并且收益率高，收益期长达 20 年。

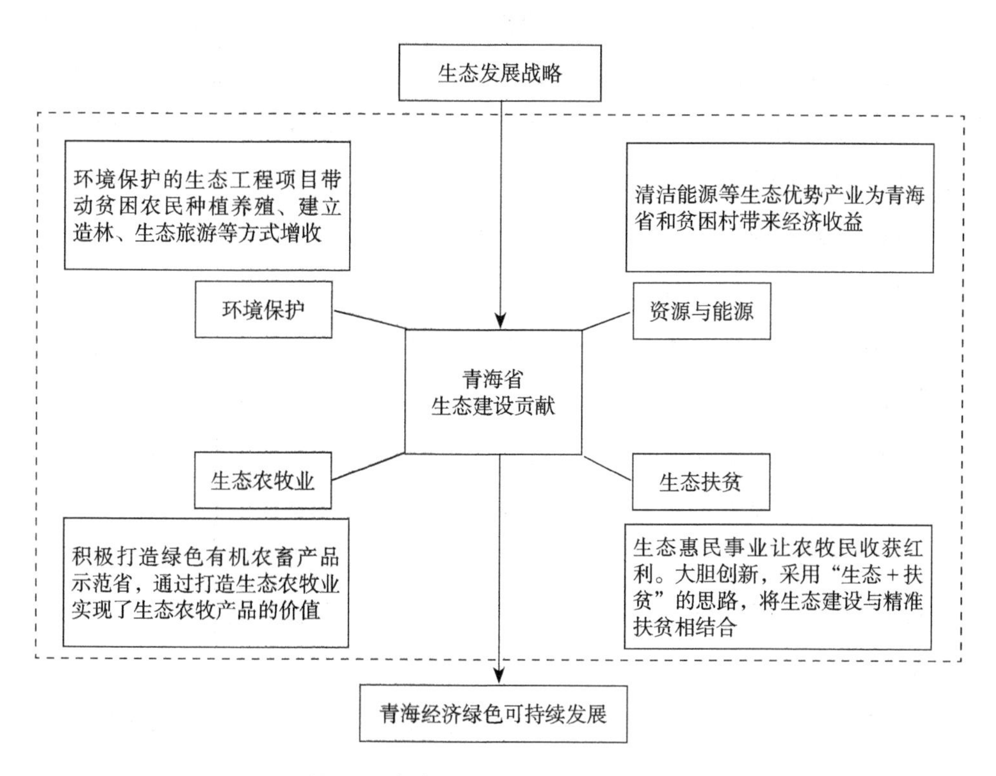

图 3-2　青海省经济发展中的生态贡献

其次，生态惠民事业让农牧民收获红利。青海省在生态建设中大胆创新，采用"生态＋扶贫"的思路，将生态建设与精准扶贫相结合，通过设立"生态保护扶贫、生态建设扶贫、生态产业扶贫、生态补偿扶贫"机制，将生态资源管护同生态公益性岗位开发紧密结合，在扶贫中通过公益性岗位的工作任务给予当地牧民更多的价值感与成就感，实现双管齐下。青海省依托三江源国家公园生态保护基地，根据国家公园的生态特征与生态区域划分，于2017年在三江源生态保护区设置了相关公益性岗位，安排当地牧民作为生态监管员对环境进行保护。近5年来，青海省在天然林保护、生态效益补偿和草场重建等生态项目中投入222.1亿元，带动当地近200万人次农牧民在家门口务工增收。通过在符合条件的建档立卡贫困户中选聘4.99万人从事林草资源管护，5年累计发放劳务报酬39.6亿元，年人均增收近2万元，三江源地区达到2.16万元，带动近18万贫困人口脱贫[1]，实现了生态保护、脱贫攻坚和民生改善的多赢。

再次，环境保护的生态工程项目带动贫困农民增收。青海省在一些县乡地区进行环境治理，在"山、水、林、草、景、田、园"生态环境资源保护的基础上又结合乡村特征，增加了"路、村、镇"因素，对于生态中重点出现的水土保持、小流域治理等进行综合型治理；在小流域治理上创新思维，以小流域生态环境治理项目带动当地农民进行种植养殖来增收，建立造林（种草）专业合作社387个，累计带动4768名贫困社员人均增收2852元；积极打造"小流域＋生态旅游＋脱贫攻坚＋种植养殖"模式的小流域精品工程，有力改善了贫困地区生产生活条件，为脱贫攻坚、乡村振兴及黄河流域高质量发展贡献了水保力量。

最后，生态农牧业打造的优势农牧产品品牌实现了生态产品的价值。青

[1] 郑思哲．绿水青山的自然优势，生态惠民的发展骄傲 [N] 青海日报，2021-06-06.

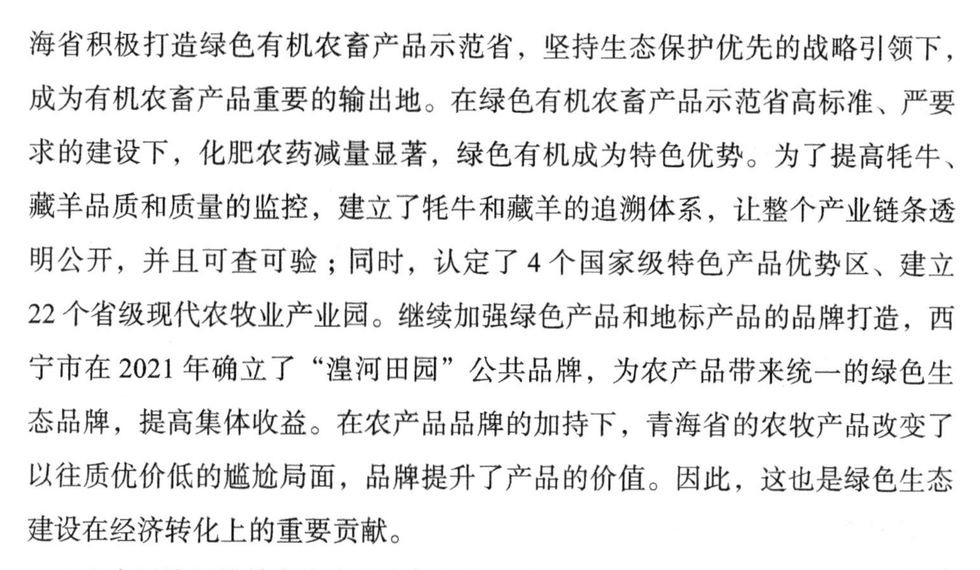

海省积极打造绿色有机农畜产品示范省，坚持生态保护优先的战略引领下，成为有机农畜产品重要的输出地。在绿色有机农畜产品示范省高标准、严要求的建设下，化肥农药减量显著，绿色有机成为特色优势。为了提高牦牛、藏羊品质和质量的监控，建立了牦牛和藏羊的追溯体系，让整个产业链条透明公开，并且可查可验；同时，认定了 4 个国家级特色产品优势区、建立 22 个省级现代农牧业产业园。继续加强绿色产品和地标产品的品牌打造，西宁市在 2021 年确立了“湟河田园”公共品牌，为农产品带来统一的绿色生态品牌，提高集体收益。在农产品品牌的加持下，青海省的农牧产品改变了以往质优价低的尴尬局面，品牌提升了产品的价值。因此，这也是绿色生态建设在经济转化上的重要贡献。

生态经济是统筹青海省生态保护与经济发展重大关系的最佳路径，因此加快推动生态经济发展，是青海实现绿色可持续发展的必然选择，是“一优两高”战略实施的重要载体，是构建现代化经济体系的重要抓手，也是青海走出国门对外开放的核心品牌。青海省在经济发展过程中，切合实际，抓关键问题和主要问题，从生态上大做文章，也从生态中获益，逐步走出了一条符合省情的生态产业、生态惠民路径，不断推动青藏高原生态保护和可持续发展取得新成就，书写了新时代新青海发展的新篇章。

3.4　历史语境下青海省绿色生态发展缘由、路径与青海经验

3.4.1　历史语境下青海绿色生态发展的缘由

青海的生态发展战略是历史的选择，也是青海省应对历史环境的正确决策。青海的生态安全关乎全国，也关乎世界。青海生态地位特殊，是三江源头、“中华水塔”，但也曾经出现过生态危机，生态环境破坏严重，令人担忧。据青海省三江源办公室的统计数据显示，1949 年到 2005 年，青海牧区牲畜量增长近

3倍，草皮覆盖率减少20%，植物中的毒杂草占比提高至10%，草场沙化、鼠兔泛滥、黑土滩扩张等问题日趋严重。2004年，有“千湖之县”美誉的州玛多县90%以上的湖泊干涸甚至消失，扎陵湖和鄂陵湖之间出现断流。同时，盗猎武装团伙大肆猎杀青海省境内的藏羚羊等珍稀野生动物牟利，使本已脆弱的生态环境雪上加霜。这些现象都表明青海的生态环境保护迫在眉睫。

在新的发展阶段，青海在“中华水塔”生态基础上的生态地位越发重要。青海作为“生态省、高原省、资源省、民族省”，在生态保护、联疆通藏战略功能上，以及在清洁能源上和绿色低碳的引领性发展上都具有重要的地位。2021年6月9日上午，习近平在青海考察时指出：“进入新发展阶段、贯彻新发展理念、构建新发展格局，青海的生态安全地位、国土安全地位、资源能源安全地位显得更加重要。”[1]青海的生态安全在人类社会不断深化发展和地球生态危机的情况下，变得前所未有的艰巨与重要，青海的生态安全事关整个国家的生态安全及中华民族的发展。正如习近平总书记所说：“保护好青海的生态环境，是‘国之大者’。”同时，在全球能源产业转型的变革时期和实现“碳达峰”和“碳中和”目标的历史环境下，青海的新能源与丰富的清洁能源资源是青海独特的优势，这也要求青海必须高质量发展，把生态建设提到一个更新和更高的水平。

3.4.2 历史语境下青海绿色生态发展的路径与青海经验

2007年，青海省确立“生态立省”战略，开始将青海省的生态保护建设作为重要任务。之后，青海在生态环境保护上持续发力，阶段性地进行了三江源生态保护和建设二期、祁连山生态保护和建设综合治理、人工种草生态修复等重大工程的推进工作，出台了许多生态建设的新举措（见图3-3）。

[1] 习近平在青海视察时讲话：习近平指明新发展阶段青海的重要定位[N]人民日报，2021-06-11.

图 3-3　青海省生态建设发展进程

2014 年，青海省在前期工作的基础上，已经积累了关于三江源地区和祁连山相关生态保护和建设的经验，有了坚实的平台。青海省积极、主动配合中央生态发展战略布局，出台生态领域改革"总设计图"，成为全国第一个主动进行生态建设改革和有计划拿出生态建设方案的省份，被国家列为生态文明建设试点地区。2016 年 3 月 5 日，中共中央办公厅、国务院办公厅印发《三江源国家公园体制试点方案》，三江源成为党中央、国务院批复的我国第一个国家公园体制试点。

三江源国家级生态试点设立之后，青海的生态文明建设以"三江源"为核心、为名片，更加高效、更加标准、更加务实。从2016年起，青海在三江源国家公园的建设上相继完成了一系列大动作。第一，依法治理、法治生态先行。青海省出台了《三江源国家公园条例（试行）》，这是我国第一部关于国家公园的地方性法规，该条例的实施为三江源国家公园的建设保驾护航。第二，在三江源国家公园的建设内容上，国家组织专家进行细致实地调研，形成了《三江源国家公园的总体规划》，让生态保护区有了明确的建设目标、建设进度要求、建设思路和建设任务。第三，青海作为内陆发展较落后省份，生态建设起步晚，人才匮乏，而国家公园的顺利进行需要更多的专家建言献策，为此于2019年召开了首届国家公园论坛，吸引了大批学者和专家进行学术交流，并形成了"西宁共识"，将国家公园的中国声音向世界传播。第四,三江源国家公园在不断地建设过程中逐渐走向成熟完善，实现了三江源国家公园的体系化发展，从政策与保障、制度与标准、项目与运营、机构与人员、监督与考核、生态保护与教育宣传等各个方面形成了体系建设，使青海在国家公园的建设中成为一个亮点，打造了国家公园体制建设的"青海样板"，输出了"青海经验"。

2021年是青海生态建设过程中又一个重要的时间点。在着力推动经济高质量发展方面，青海省委、省政府科学谋划"四地"[1]建设，编制"四地"建设专项行动方案。在不断维护国家生态安全体制机制方面，青海省着力完善生态文明制度体系，出台《关于加快把青藏高原打造成为全国乃至国际生态文明高地的行动方案》（以下简称《行动方案》）。该方案是青海生态建

[1] 2021年3月，习近平总书记在参加全国人民代表大会青海代表团审议时，首次提出青海要建设产业"四地"，即"加快建设世界级盐湖产业基地，打造国家清洁能源产业高地、国际生态旅游目的地、绿色有机农畜产品输出地"。

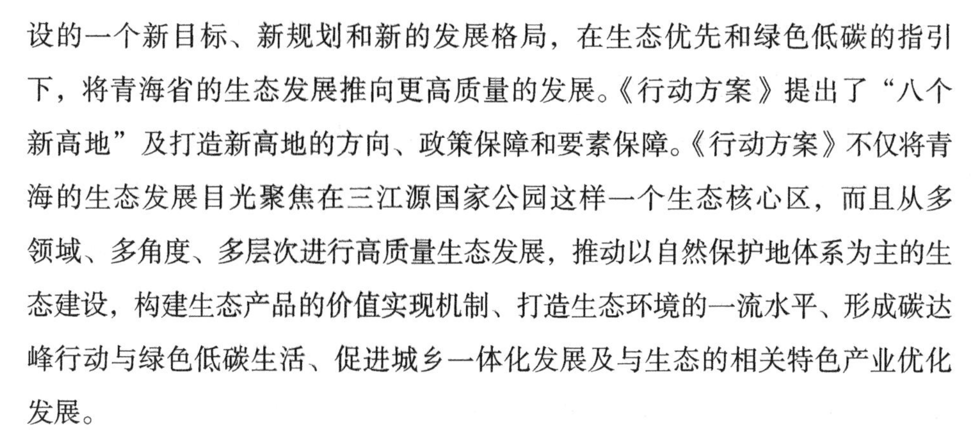
设的一个新目标、新规划和新的发展格局，在生态优先和绿色低碳的指引下，将青海省的生态发展推向更高质量的发展。《行动方案》提出了“八个新高地”及打造新高地的方向、政策保障和要素保障。《行动方案》不仅将青海的生态发展目光聚焦在三江源国家公园这样一个生态核心区，而且从多领域、多角度、多层次进行高质量生态发展，推动以自然保护地体系为主的生态建设，构建生态产品的价值实现机制、打造生态环境的一流水平、形成碳达峰行动与绿色低碳生活、促进城乡一体化发展及与生态的相关特色产业优化发展。

2022 年 5 月，青海省第十四次党代会提出：“保护好青海的生态环境是‘国之大者’，要建设生态友好的现代化新青海，加快推进青海生态文明高地的建设，生态文明体系更加完善，国土空间开发保护格局更加优化，在实现碳达峰方面先行先试并取得积极成效，生态环境质量持续改善，以国家公园为主体的自然保护地体系进一步完善，国家生态安全屏障更加牢固，人与自然和谐共生，大美青海将为世人呈现越来越多的精彩。”这是青海省在新的发展时期在生态建设方面制定的高质量目标与发展要求。它标志着青海生态文明建设由数量向质量转化升级，生态友好的新青海要求在实现生态现代化的道路上拿出切实可行的政策决策，从上到下共同发力，整合资源要素，发挥最佳效果，将青海打造成人与自然和谐共生的美丽、绿色、富裕的新青海。

3.5　青海省绿色生态实践及其重大意义

3.5.1　关于青海“三个最大”确定的内涵与意义

2016 年 8 月，习近平总书记在青海视察时强调，“青海最大的价值在生态、最大的责任在生态、最大的潜力也在生态”。“三个最大”高屋建瓴地指出了青海在国家发展全局中的战略地位、发展定位，高度凝练了青海经济社会发展和生态文明建设的基本理念、政治要求和实现路径。[1]但是青海的生态价值并非一开始就已经确定的，它是随着科技的发展与人们的认知不断改变而确定的。青海在很长一段时间都在公众的认识误区中艰难跋涉，被认为是西北一隅的贫瘠之地，荒凉、偏远、落后；但是随着科学家对大自然深入的探索研究，对青藏高原奥秘的发现，以及相关社会发展和生态理论不断深入研究，青海的生态价值被日益挖掘出来，它在中国乃至全世界都具有重要地位。因此，青海生态地位的确定，也让青海人改变了认知，在新的历史时期青海省政府对青海的发展提出了新的战略规划。

首先，青海的生态是重要而又宝贵的。目前青海已经成为世界的宝地，它所拥有的三江源为全国乃至东南亚提供了丰富的水资源，是全国乃至亚洲的水生态的安全命脉。它是高寒物种的资源库和基因库，是我国重要生态安全屏障和主要生态产品的输出供给地。这些都为青海奠定了重要的生态战略。

其次，青海的生态又是脆弱易受“伤害”的。一般而言，当生态环境退化超过了在现有社会经济和技术水平下能长期维持目前人类利用和发展的水平时，称为“脆弱生态环境”。所以，生态脆弱地区是指在自然、人为等因素的多重影响下，生态环境系统抵御干扰的能力较低、恢复能力不强，且在现有经济和技术条件下，逆向演化趋势不能得到有效控制的连续区域。[2]青海所具有的重要战略生态地位除了其本身的各种生态身份生态作用，青海的生态本身又是非常脆弱的。由于地处高原，气候条件恶劣，森林覆盖率低，植被生长缓慢，生态环境遭破坏后极难恢复；加之青海的生态保护还存在监测与监管能力低

[1] 刘宁 . 牢牢把握“三个最大”省情定位为中华民族永续发展作出青海贡献 [N]. 学习时报，2020-04-01.

[2] 王永莉 . 主体功能区划背景下青藏高原生态脆弱区的保护与重建 [J]. 西南民族大学学报（人文社科版），2008（4）: 42-46.

下、生态保护意识薄弱等原因，经济发展与生态保护矛盾突出。特别是生态监测、评估与预警技术落后，生态脆弱区基线不清、资源环境信息不畅，难以为环境管理与决策提供更好的技术支撑。个别企业受经济利益驱动，违法采矿、超标排放十分普遍，严重破坏人类的生存环境。许多民众环保观念淡漠，对当前严峻的环境形势认知水平较低，而且消费观念陈旧，缺乏主动参与和积极维护生态环境的思想意识。过度放牧、垦殖和采矿等资源的掠夺性开发行为得不到有效遏制，使三江源地区的生态遭到破坏，生态系统退化日趋严重，也影响了当地生物多样性的安全。[1]

3.5.2　青海省生态绿色发展实践

青海省是国家生态安全“两屏三带”[2]战略格局的重要组成部分，肩负着国家生态安全、民族发展的重大历史责任。2019 年，青海开启了以国家公园为主体的自然保护地体系示范省建设，这是青海践行习近平生态文明思想的生动实践。青海拥有三江源和祁连山两个国家公园体制试点，是全国第一个“双国家公园”体制试点省份。[3]青海省建立以国家公园为主体的自然保护地体系，是贯彻习近平生态文明思想的重大举措，是党的十九大提出的重大改革任务，也是生态文明制度体系建设在青海的重大创新。[4]习近平总书记高度重视并亲自推动试点工作，并提出要明确建设国家公园的目标，要在总结试点经验的基础上，坚持生态保护第一、国家代表性和全民公益性相统一的国家

---

[1] 中华人民共和国中央人民政府 . 环境保护部关于印发《全国生态脆弱区保护规划纲要》的通知 [EB/OL].（2008-09-27）[2022-05-22]. http://www.gov.cn/gongbao/content/2009/content_1250928.htm.

[2] “两屏三带”是我国构筑的生态安全战略，指青藏高原生态屏障、黄土高原—川滇生态屏障和东北森林带、北方防沙带、南方丘陵山地带，从而形成一个整体绿色发展生态轮廓。

[3] 李晓南，等 . 建设国家公园示范省构建生态安全新格局 [M]. 青海蓝皮书，2021 年青海经济社会形势分析与预测，社会科学文献出版社，2021（07）.

[4] 中共中央办公厅、国务院办公厅 . 关于建立以国家公园为主体的自然保护体系的指导意见 [EB/OL].（2019-06-26）[2022-05-22]. http://www.gov.cn/zhengce/2019-06/26/content_5403497.htm.

公园理念。青海省委、省政府牢记习近平总书记的嘱托，在国家的大力支持下，创新机制、健全制度、打通各个环节的壁垒和障碍，使生态建设与民生、经济、社会发展等各个方面紧密衔接，共同提高。

在自然保护地建设中，青海是排头兵，没有可借鉴的经验；同时青海作为世界第三极所在地，地理区位及其特殊在国家公园建设方面的经验与模式，缺乏可参考的有效性，不能直接拿来和复制。因此，青海的国家公园建设是一个从“零到百”的过程，之前没有任何基础，并且这个过程是一个艰苦的磨炼，必须符合青海的省情、生态情、民情。重大的生态使命不允许青海去做一个失败试验品，必须在习近平生态文明思想的引导下，不断摸索，集各方智慧共建共促，不断在创新中实践、在实践中创新。青海的生态核心建设在目前看来是具有成就的，并且也形成了青海经验与青海特色。首先，从理念上形成了科学有效的国家公园管理理念，包括依法、绿色、全民、智慧、和谐、科学、开放、文化、质量❶九个先进的建园治园理念，让国家公园融合了目前最先进的管理方式；在管理流程和环节上优化设计，把控质量，形成了15个管理体系。其次，加强国家公园的顶层设计和规划引领，明确任务、时间和路线，确保示范省建设有序进行，在监测评估和体制等方面建立统一技术标准，从而取得有效的管理。最后，经济政策的积极支持与资金保障的健全。积极落实各种政策与经济的支持，从中央到地方、从国内到国际，争取国家对公益岗位设置等方面的经费支持，使国家公园能够顺利推进。大力推行绿色金融体系，为生态保护和绿色发展注入金融活水。积极创新生态补偿机制，建立碳汇交易等市场化补偿机制，拓宽资金渠道，为生态建设争取更多、更有利的机遇和资金。

❶ 张学元. 以高质量发展引领国家公园建设 [N] 青海日报，2021-07-13.

3.5.3　青海省生态文明建设实践的重大意义

党的十八大以来，青海发生了翻天覆地的变化。在生态文明建设的引领下，青海实现了“人与自然”的和谐相处，对脆弱的生态进行保护，从落后走向进步、从贫穷走向富裕、从封闭走向开放，经济建设取得了辉煌成就。❶生态文明建设对于青海而言具有重大理论意义与现实实践意义，为落后的多民族地区、生态脆弱地区的可持续发展提供了重要的理论研究案例，也为青海全面建成小康社会打下了决定性基础，为未来经济持续健康发展积累了宝贵的实践经验。

首先，生态文明建设为青海省的发展指引了正确的实践方向。青海的生态地位重要而特殊，生态强省与富民强省的目标是一致的，是相辅相成的。青海在过去的发展历史上，也走过弯路。例如，1949—1978 年，青海的发展主要在国家战略部署下，与其他省份一样采用传统模式，“战天斗地、以粮为纲、毁林开荒、退牧造田”，从“绿水青山”中获取草地资源和耕地资源，用来解决人民群众吃饭问题。在工业发展上，也是向“绿水青山”索取矿产和能源等资源来满足人民群众基本生产生活的需要和国家建设对矿产资源的需求。随着国家战略的转型，青海省也在不断地探索、转型、升级。在西部大开发战略下，一批国家级生态工程在青海各地落地实施，生态环境保护的绿色发展新理念在青海种植，从 2002 年提出的“扎扎实实打基础、突出重点抓生态、调整结构创特色、依靠科技增效益、改革开放促发展”的发展战略，到 2008 年青海省委、省政府提出“生态立省”战略，再到后期的不断深化与高质量化生态发展，青海不断加大在生态保护建设上的投入力度，使青海经济社会发展迈入高质量发展时期，取得了丰硕成果。

其次，生态文明建设为青海省的经济发展作出了重要贡献。纵观青海的

---

❶　孙发平，杜青华．新中国成立以来青海经济发展的成就、经验与启示 [N]. 青海日报，2019-11-11.

发展史，青海的高质量、快速发展与生态建设是分不开的。2007年青海省确立了“生态立省”战略以后，生产总值不断攀升，且上升的幅度非常明显（见图3-4）。通过定量评估，青海生态资产总值达36.2万亿元，生态系统的生态服务价值达4.1万亿元。根据2016年青海省政府发布的《青海省生态系统服务价值及生态资产评估》项目成果，可以看出青海生态投入回报率非常高，三江源区年均生态效益为35亿元，投资回报率高达204.3%。[1]除此之外，青海每年为下游地区提供4724亿元的生态服务价值，占全省生态系统服务总价值的64.7%。青海在生态优先理念下实现了经济效益的长久增长，实现了用足生态优势，作出生态特色，壮大生态产业，通过让农牧民参与负责管理农村合作社、参与国家公园管理等方式的生态扶贫让农牧民切实感受到收入增加。

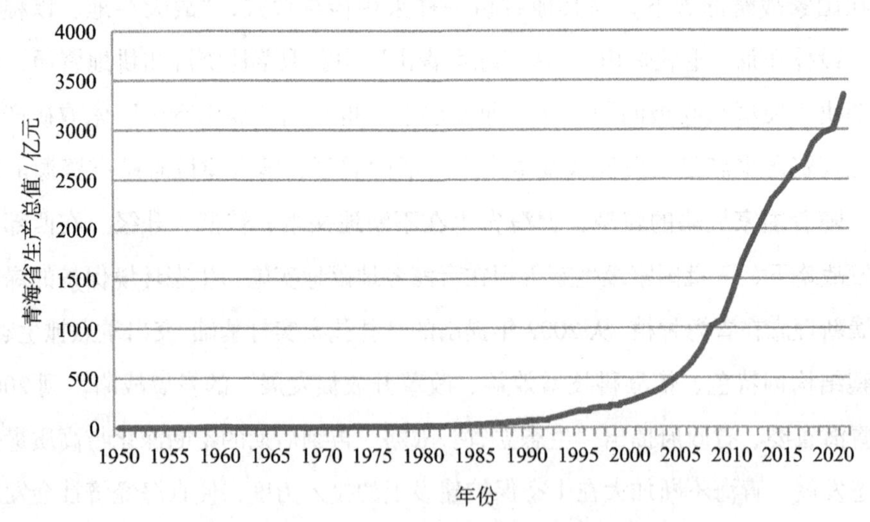

图3-4　1949—2021年青海省生产总值变化折线

[1] 唐小平，黄桂林，等.青海省生态系统服务价值评估研究[M].北京：中国林业出版社，2016（7）.

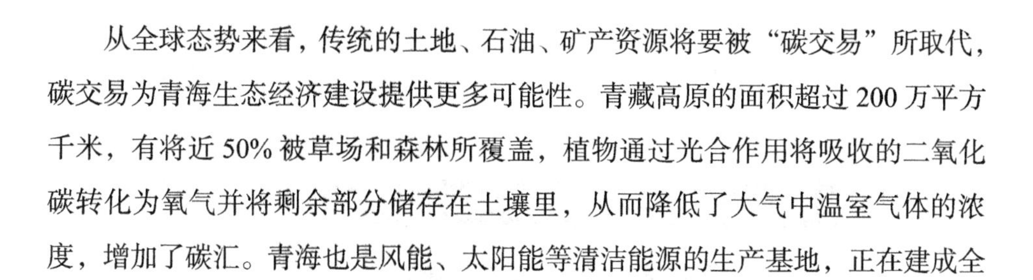

从全球态势来看，传统的土地、石油、矿产资源将要被“碳交易”所取代，碳交易为青海生态经济建设提供更多可能性。青藏高原的面积超过 200 万平方千米，有将近 50% 被草场和森林所覆盖，植物通过光合作用将吸收的二氧化碳转化为氧气并将剩余部分储存在土壤里，从而降低了大气中温室气体的浓度，增加了碳汇。青海也是风能、太阳能等清洁能源的生产基地，正在建成全国最大的光伏发电基地等产业，“生态立省”、经济红利的效益逐渐显现，发展的动力持续增强。

最后，青海省的生态实践完善了生态文明的理论研究，提供了更鲜活的案例。青海的生态建设过程没有可参考的模板，是在一边探寻摸索，一边创新实践中完成的。青海的生态文明建设，无论是从青海的生态地位、自然地保护和国家公园模式，还是青海的农村与东部其他地区农村去比较，都存在明显的差异性和特殊性，所以需要量体裁衣，在习近平生态文明思想理论体系指导下，紧抓特色、精心统筹，将生态建设与青海省的高质量发展及新型城镇化、乡村振兴、脱贫攻坚等战略紧密融合起来，让生态建设成为价值引领和核心与方向，其他内容配合生态建设。在自然保护地建设中形成了青海经验与青海特色，形成了科学有效的国家公园管理理念，从国家公园的管理流程和环节、监测评估和体制等方面都形成了一套独特的理论体系，这对于生态文明建设理论是一个重要的理论贡献。同时，青海的生态文明建设也是理论与实践相结合的重要体现，“观念先行”在青海表现得尤为突出，青海从一个封闭落后的内陆省份，到如今能取得今天的生态成就，生态文化和观念变革是生态建设的第一牵引力。青海的生态建设一直秉承科学、适度、适宜的原则，遵循“两山”理论，坚持发展生态经济的主路线，政府、相关部门和农牧民上下齐心共建，让生态文明理念在青海有了深入实践。

第4章

青海省生态文明建设的新阶段与新思路

4.1 建设“生态友好现代化新青海”提出的战略背景与现实意义

4.1.1 战略背景

2021年，习近平总书记在参加十三届全国人大四次会议青海代表团审议时明确指出：青海省的高质量发展有赖于现代化经济体系和绿色低碳循环经济体系的建设，深刻地指明生态文明建设在青海省的“五位一体”[1]中的重要作用。

2022年5月，青海省第十四次党代会提出：“要建设生态友好的现代化新青海。”这个观点的提出代表了青海的生态文明建设从认识到实践发生的历史性变化，保护好青海生态环境是“国之大者”，也是“省之要务”，看到成就，却不傲于成就，青海生态文明建设的历史车轮不止，为子孙后代谋福利的步伐不停。青海在新发展阶段的生态建设中应实现螺旋式上升，坚持“两山”理

[1] “五位一体”：将经济建设、政治建设、文化建设、社会建设、生态文明建设——着眼于全面建成小康社会、实现社会主义现代化和中华民族伟大复兴。

论，坚持生态优先思想，打造生态文明的新高地，在全局上实现顶层设计更加优化、在要素上实现细致协调、在机制上实现有效激励、在目标上实现高质量的生态建设，打造人与生态系统协调共存的和谐状态，实现人与自然、人与其他生物、经济与生态等各种关系的和谐共生。因此，生态友好的现代化新青海建设关乎青海的全面发展，是青海可持续发展和生态经济的基础与行动导向。只有确立了生态文明建设战略布局、定位、目标和方向，才能有效地实现生态与经济发展两者的有机融合。建设生态友好的新青海，可以满足人民日益增长的优美生态环境需要，以推动实现更高质量、更有效率、更加公平、更可持续、更为安全的发展，走出一条生产发展、生活富裕、生态良好的文明发展道路。❶

建设“生态友好的现代化新青海”是青海发展新阶段的重要新使命，是青海打造生态文明高地的价值体现，是青海生态文明建设的新内涵，更是青海实现人与自然和谐共生的生态现代化。青海在新的发展阶段，提出要建设“生态友好的现代化新青海”，这是符合青海的生态建设发展规律的，对青海省生态建设的高质量发展、“四地建设”、打造全国乃至国际性的生态新高地、实现人与自然和谐现代化的生态目标具有实践指导意义。“十四五”期间，青海的生态文明建设将进入新的历史阶段，要实现生态环境质的飞跃，要实现党和国家的政治嘱托，实现青海的绿色、低碳与循环发展，满足人民日益增长的优美生态环境需要，走出一条生产发展、生活富裕、生态良好的文明发展道路。在新的发展阶段下，针对青海如何更好地筑牢生态屏障、如何更好地坚持人与自然和谐共生，如何完善国家公园自然保护地管理模式，如何有效实现生物多样性，如何为人民群众创造高品质生活等生态的高质量发展，提出有效的建议和对策是必要的。

❶ 习近平 . 努力建设人与自然和谐共生的现代化 [J]. 求是，2022（11）.

4.1.2 现实意义

首先，生态文明建设理论包含一系列重要理论内容，每个国家、地区都会在不同的发展阶段提出不同的建设目标，采用不同的理论依据，很多理论也随着社会发展不断演变、完善。青海在新的发展阶段提出要建设“生态友好的现代化新青海”，这是符合青海的生态建设发展规律的。

其次，“生态友好”的提出是对青海生态建设成果的积极肯定。青海省生态环境具有独特性，没有可以效仿和借鉴的经验来帮助青海进行生态建设，对于生态战略的布局、举措与活动及路径的设计都是第一次的大胆创新，因此必须脚踏实地，依照实事求是的精神进行调研、规划与谋划。在新时代为青海的生态现代化建设构建一个战略方案与发展路径，对于青海而言具有重要的理论与现实意义。青海的生态友好新阶段建设既是生态文明视角下民族地区社会科学发展的逻辑主线，也是现代化新青海发展战略下青海生态可持续发展的思想主线。

再次，“生态友好的现代化新青海”是中国特色社会主义事业“五位一体”总体布局中的生态文明建设与习近平新时代中国特色社会主义思想精神实质和丰富内涵在“坚持人与自然和谐共生”的高度融合，同时又把生态化与现代化紧密结合，将生态化贯穿到“五位一体”布局中，深入经济现代化、政治现代化、文化现代化、社会现代化等领域当中，协调推进现代化和生态化的融合式发展。[1]这种融合在青海这样一个生态地位特殊的省份具有重要的实践意义。

最后，“生态友好”的建设对青海省生态文明的高质量发展、“四地建设”、打造全国乃至国际性的生态新高地、实现人与自然和谐现代化的生态目标具有

[1] 张云飞，曲一歌．建设人与自然和谐共生现代化的系统抉择 [J]. 西南大学学报（社会科学版），2021（6）：23-33.

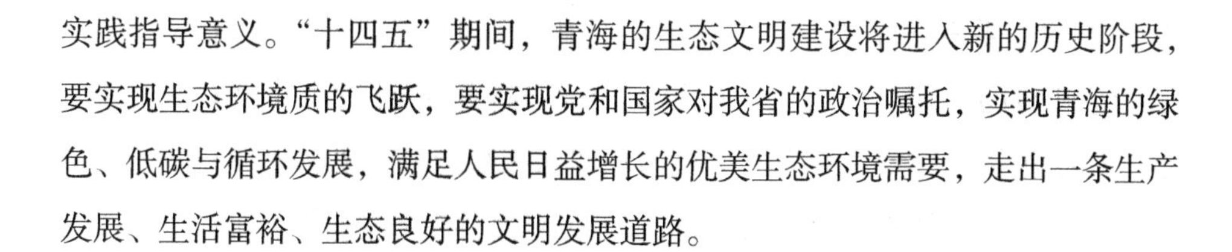
实践指导意义。“十四五”期间，青海的生态文明建设将进入新的历史阶段，要实现生态环境质的飞跃，要实现党和国家对我省的政治嘱托，实现青海的绿色、低碳与循环发展，满足人民日益增长的优美生态环境需要，走出一条生产发展、生活富裕、生态良好的文明发展道路。

4.2　“生态友好”理论的相关研究及概念的界定

当前，学界对于生态文明建设方面的研究内容非常丰富，但“生态友好”作为生态文明建设中的一个新的概念，其研究成果并不多，且没有正式的概念与内涵，相关研究也出现在一些产业与领域，如生态友好农业、生态友好型社会等。通过文献查找与概念对比、综合分析的方法，将生态友好的概念与理论内涵、理论核心等内容框定在环境友好、生态现代化及人与自然和谐共生三个相关的理论下。下文将对这些相关理论进行研究动态的综述。

4.2.1　生态友好与环境友好

4.2.1.1　环境友好理论综述

与“生态友好”最为相近的概念就是“环境友好”。在 1992 年联合国里约的环境与发展大会通过的《21 世纪议程》中，200 多处提及包含环境友好含义的“无害环境”的概念，并正式提出了“环境友好”理念。2006 年 3 月，胡锦涛在中央人口资源环境工作座谈会上首次提出了“建设环境友好型社会”的号召。同年 10 月召开的中国共产党第十六届五中全会上，中央正式将建设资源节约型和环境友好型社会确定为国民经济与社会发展中长期规划的一项战略任务。环境友好理念及创建环境友好型社会被提升至国家层面的战略，与当时的社会背景与发展现状有着紧密的联系。资源开发所引发的环境问题已经成为中国全面建成小康社会的现代化进程的关键性制约因素，学者对该理论的研究时间较早，基本与国家提出环境友好型社会的战略时间一致。王金南等人认为，环境友好型社会有着丰富而深刻的内涵，核心包括社会发展观念、居民消费理念和社会经济政策三部分的环境友好性，是一种从根本上解决环境问题的整体性思维方式。❶文钊认为，环境友好型社会是由环境友好型企业、技术、产品、产业、学校和社区等组成的社会体系，包括绿色化低污染的产品、生态的产业布局和持续发展的绿色产业、保护环境的社会氛围。❷李权时从一个较高的层面、内涵非常丰富的社会范畴提出环境友好型社会的内涵，将它界定为人与自然和谐相处、协同发展的社会。❸

综上所述，从政策制定到理论研究都可以看出环境友好理念是一个重要的生态文明建设理论，学者们对于环境友好型社会的内涵与建设方法提出了不同的观点。环境友好理念是一种适应时代发展所提出的先进理念，是基于当时的环境问题而提出的，是解决环境问题而形成的一种整体思维方式，有着深刻的历史必然性和重要的现实意义。

4.2.1.2　环境友好与生态友好的区别与联系

环境友好一般是指对于可能会对自然环境如空气、水资源、土地等造成污染的社会活动或者生活产品等进行改造调整，将生产消费活动控制在环境承受能力范围之内。生态友好主要以生态现代化为表现，在促进经济绿色发展的同时实现生态现代化，即经济效益、生态效益和社会效益并重。

环境友好的概念是随着社会环境的变化不断动态发展的。在新时代背景下，环境友好的发展理念已经不能很好地满足美丽现代化中国的发展要求，生

❶ 王金南 . 环境友好型社会的内涵与实现途径 [J]. 环境保护，2006（3）：41-45..

❷ 文钊 . 环境友好型社会概念及影响 [N]. 中国环境报，2007（4）.

❸ 李权时 . 环境友好型社会——天人和谐观的新飞跃 [J]. 广东社会科学，2006（4）：10-13.

态文明建设的高质量发展不能仅依靠解决环境问题来实现。“五位一体”战略布局表明，生态化需要融入社会各个要素，用新文明观指导下的经济方式、生活方式、社会发展方式、文化与科技范式等[1]的系统性革命才能实现社会生态现代化。在这一背景下，生态友好的概念就产生了，生态友好是环境友好的发展与必然结果（见图 4-1）。

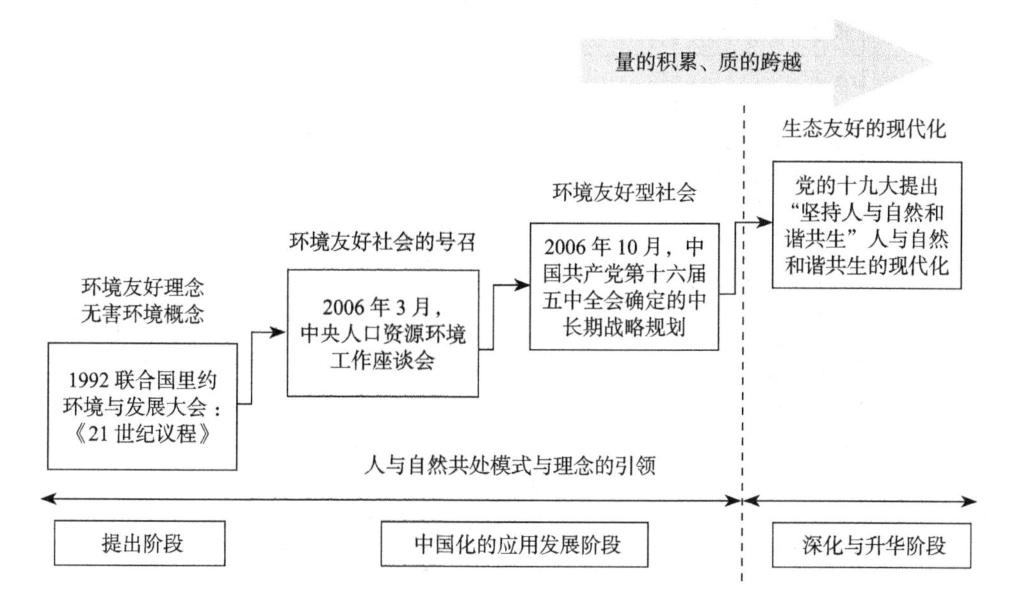

图 4-1　从“环境友好”到“生态友好”的发展演进

生态友好与环境友好同源，但其所包含的内涵、理念、宗旨及实现途径并不相同（见表 4-1）。生态友好这一概念能更好满足时代发展、生态文明建设中人与自然和谐共生、生物多样化的发展，也能更好地为青海省的高质量与现代化发展提供理论依据。

[1] 马涛 . 坚持人与自然和谐共生 [N]. 学习时报，2018-01-29.

表 4-1 环境友好与生态友好相关内容对比表

比较项	环境友好型	生态友好型
关键词	环境：人类生存的空间及其中可以直接或间接影响人类生活和发展的各种自然因素	生态：通常指生物的生活状态，一切生物在一定的自然环境下生存和发展的状态，以及它们之间和生物与环境之间环环相扣的关系
概念	指对于可能会对自然环境如空气、水资源、土地等造成污染的社会活动或者生活产品等进行改造调整，将生产消费活动控制在环境承受能力范围之内	包括环境友好并且高于环境友好的一种状态，是基于自然界环境，要求生态优先，更注重对原有环境和区域的保护与恢复，达到人与自然和谐共生
理念	（1）解决资源环境问题与中国全面建成小康社会和现代化建设矛盾的理论创新； （2）从根本上解决环境问题而形成的一种整体性思维方式	（1）考虑到对人类生存环境保护问题，还考虑到其他生物的生存环境保护问题； （2）使对生态环境的破坏降到最低而且能够使经济永续发展； （3）还要考虑到经济、社会与自然的协调一致，达到一种友好的平衡关系
宗旨	（1）以环境友好为特征的新的人类社会发展形态； （2）一种要求经济社会发展的各方面必须符合生态规律，向着有利于维护良好生态环境的方向发展	经济绿色发展的同时实现生态现代化，即经济效益、生态效益和社会效益并重
实现途径	（1）社会活动或者生活产品等进行改造调整； （2）管理生产消费活动在环境承受能力范围之内； （3）环境保护中的科技创新	（1）发挥科技创新的作用，把科技创新应用到生态文明建设中来； （2）科技＋经济＋机制＋生态现代化＋社会组织＋群众积极参与

4.2.2 生态友好与生态现代化

4.2.2.1 生态现代化的理论研究综述

“生态现代化”理论大致在 20 世纪 80 年代起源于西方发达国家，通过生态实践学者们提出不同视角下的生态现代化理念。观点主要分为三种：第一种最早是约瑟夫 · 胡伯（Joseph Huber）于 1985 年提出的，以他为代表的学者们认为政府在生态建设中具有重要作用，应通过制定相关政策，从而促进社会经

济绿色发展来实现生态现代化[1]；第二种是 2006 年以亚瑟·摩尔（Arthur PJ. Mol）为代表的学者们提出的，他们强调科技、经济、市场机制及经济体都是生态现代化的重要支撑[2]；第三种是 2007 年约瑟夫·莫非（Joseph Murphy）提出的，他认为政府不仅要制定一系列相关政策对经济结构进行调整，还应调动社会组织和群众积极参与到生态现代化建设中。[3]国内关于"生态现代化"理论相对较晚，但内容也较丰富，并且能结合中国国情提出不同观点。2007 年，何传启提出广义生态现代化理论，认为为了达到环境的保护及经济发展二者的共赢，在生态的建设对污染治理的同时更要从影响人们的行为方式进行改变。他还提出生态现代化是一种社会变迁理论，通过预防、创新和结构转变来确立环境意识，从而引发生产和消费模式、环境和经济政策、现代科技、政府管理和现代制度的生态转变等。[4]耶内克（Martin Janicke）认为，生态现代化的核心是四大要素：技术革新、市场机制、环境政策与预防理念。[5]李彦文认为生态现代化的价值旨趣最终是要实现人与自然和谐共生。[6]

综上所述，生态现代化理论在不同的社会制度背景下其内涵不同，没有一个规范且权威性的论述，是以一种开放性的体系存在[7]，但其所富含的本质是一致的，即通过不同的方法手段来寻求生态与经济协调发展的现实路径。

---

[1] Joseph huber. Conception of the Dual Economy [J]. Technological Forecasting and Social Change，1985（1）：63-73.

[2] Arthur P J. Mol. Environment and Modernity in Transitional China: Frontiers of Ecological Modernization [J].Develop-ment and Change，2006（1）：29-56.

[3] 杜明娥，杨英姿 . 生态文明与生态现代化建设模式研究 [M]. 北京：人民出版社，2013.

[4] 何传启 . 要现代化也要生态现代化 [N]. 光明日报，2007-2-26.

[5] 郇庆治，马丁·耶内克 . 生态现代化理论：回顾与展望 [J]. 马克思主义与现实，2010（1）：175-179.

[6] 李彦文，李慧明 . 绿色变革视角下的生态现代化理论：价值与局限 [J]. 山东社会科学，2017（11）：188-192.

[7] 林兵，刘胜 . 生态现代化理论的本土化建构研究 [J]. 吉林师范大学学报（社会科学版），2017（07）：57-62.

4.2.2.2 生态友好与生态现代化的区别与联系

要了解生态现代化与生态友好两者的区别与联系就必须厘清中国国情下、青海省情下生态文明建设与生态现代化之间的关系。生态文明建设强调的是人与自然及人与社会的和谐发展；而生态现代化理论强调的是利用科学技术实现生态与经济的协调发展，解决经济发展与环境恶化的矛盾。[1]生态现代化起源于西方国家，因此在中国的应用需要结合中国国情进行改良，在生态文明建设的战略格局下对其进行理论的本土化，让生态现代化与生态文明建设战略格局相适应。学者们也结合中国的实际情况提出生态现代化的中国化相关研究，例如，郝栋指出要不断完善生态文明制度、坚持绿色发展来建设具有中国特色的生态现代化。[2]张利民等提出要通过提高国家治理能力和治理水平，并且多元主体参与协调共同治理生态环境。[3]管辉等也提出中国生态现代化的实现通过主体、观念、体系三者的深度融合、采用多维实践路径来建设。[4]

党的十八大以后，生态文明建设成为国家战略格局的一个重要方面，这就对生态现代化理论提出了新的要求，即将生态文明建设中所体现出的人文因素融入生态现代化理论中，让中国的生态现代化具有"人文＋科技"的属性与特色。由此可见，理解了生态文明建设与生态现代化的关系后，就可以发现生态现代化与生态友好具有一定的逻辑关系，即以价值为导向的生态现代化建设就是揭示了人与自然和谐共生且以人为本的真谛。中国生态现代化的最终目标是

---

[1] 林兵，刘胜．生态现代化理论的本土化建构研究 [J]. 吉林师范大学学报（社会科学版），2017（7）：57-62.

[2] 郝栋，新时代中国生态现代化建设的系统研究 [J]. 山东社会科学，2020（4）：101-106.

[3] 张利民，刘锡刚．中国生态治理现代化的世界性场域、全局性意义与整体性行动 [J]. 科学社会主义，2020（3）：103-109.

[4] 管辉，查熙一．中国生态现代化：价值旨趣、关键因素与实践路径 [J]. 东华理工大学学报（社会科学版），2022（4）：164-170.

建设具有生态友好属性的生态文明。同时，从我国的愿景目标来看，到 2035 年要实现社会主义现代化。生态现代化是我国全面现代化的一个重要特征，是 2035 年基本实现社会主义现代化的目标愿景之一，其主旨目标是在现代化中实现经济发展和环境保护的双赢。它不是简单地通过生态建设就自然而然地实现国家生态现代化了，它需要我们树立科技创新生态现代化理念。

4.2.3 人与自然和谐共生现代化与生态友好

4.2.3.1 人与自然和谐共生现代化的研究综述

人与自然和谐共生这个概念是对生态现代化理论的升华。习近平总书记提出，“我们要建设的现代化是人与自然和谐共生的现代化，既要创造更多物质财富和精神财富以满足人民日益增长的美好生活需要，也要提供更多优质生态产品以满足人民日益增长的优美生态环境需要[1]”。“人与自然和谐共生现代化”阐明了人与自然的关系，有着深厚的理论基础、实践基础和历史根基，习近平总书记曾多次对该论述的重大意义、历史价值、目的和任务进行深刻论述[2]，是习近平生态文明思想的核心内容，也是中国现代化的重要组成部分，已经成为中国生态文明建设的标准与目标。学者对该论述的研究主要集中在马克思主义哲学领域。2021 年，王青等按照时间脉络将人与自然的关系分为倡导人与自然的协调发展、推进人与自然的可持续发展、统筹人与自然的和谐发展、实现人与自然和谐共生四个阶段，并提出通过“两山”实践，确立严格的生态环境保护制度，谋求生态文明建设来实现人与自然和谐共生现代化。[3]

---

[1] 习近平 . 决胜全面建成小康社会夺取新时代中国特色社会主义伟大胜利——在中国共产党第十九次全国代表大会上的报告 [M]. 北京：人民出版社，2017.

[2] 冯留建，张伟 . 习近平人与自然和谐共生的现代化论述探析 [J]. 马克思主义理论学科研究，2018（4）：72-82.

[3] 王青，李萌萌 . 人与自然和谐共生现代化的战略演进 [J]. 江西师范大学学报（哲学社会科学版），2022（1）：9-19.

向蔓菁从发展与保护的可持续关系角度提出人与自然和谐共生的关键内容，以自然要素的生态产品为切入点，提升生态产品供给能力，降低发展的环境负荷，构建"两山"转化机制，实现人与自然的动态平衡。[1]郎晓军对人与自然和谐共生的产生、性质、内容做了清晰的论述，提出建设人与自然和谐共生的现代化不同于西方的现代化模式，是在马克思主义指导下，立足中国的特殊国情逐渐探索和发展起来的中国式现代化，以"人与自然是生命共同体"为生态思维模式、以"绿水青山就是金山银山"为科学发展理念，遵循促进和实现人的全面发展的价值追求。[2]方世南从共同富裕的视角下提出构建人与自然和谐共生对于实现共同富裕的重要性，以绿色发展、绿色财富增长等新理念推动生态民生改善，从而实现共同富裕。[3]

综上所述，人与自然和谐共生的现代化是一种前瞻性的现代化模式，是一项社会主义自我完善的事业。学者们对其内涵、重要性、价值及构建的路径与发展模式都进行了相应的研究，以此可以更好地去理解"人与自然和谐共生现代化"在中国生态文明建设中的理论核心地位，也更清晰地理解中国式生态现代化建设共同致力于满足人民群众对美好生态环境的需要，以及为子孙后代留下足够的生存发展资源。研究中缺少将"人与自然和谐共生"与区域性的生态建设与绿色发展结合起来，生态友好的现代化新青海应如何更好地融入"建设人与自然和谐共生的现代化"之中，如何完整、准确、全面贯彻新发展理念，以深厚的生态文明建设理论来引领青海特色的区域化发展理论及生态实践。

4.2.3.2 人与自然和谐共生与生态友好的区别与联系

通过对习近平生态文明思想的梳理和对生态友好相关概念的分析，本书提

---

[1] 向蔓菁，葛察忠，等.人与自然和谐共生是现代化建设的新要求 [J]. 环境保护，2021（5）：52-57.

[2] 郎晓军.关于建设人与自然和谐共生的现代化生态理念的思考 [J]. 中国南昌市委党校学报，2022（2）：37-42.

[3] 方世南.从人与自然和谐共生视角推动共同富裕研究 [J]. 观察与思考，2022（5）：9-17.

出生态友好所包含的内涵：生态友好理念的最根本理论根源应该是“人与自然和谐共生现代化”理论。原因包括以下三点：第一，生态友好反映了生态建设与生态保护的内容，节约资源和保护环境，产业结构、生产方式、生活方式，统筹污染治理，促进生态环境持续改善；第二，生态友好是在生态建设的高质量阶段提出的有效目标。这种友好就表现在人与自然关系的友好，人与自然之间存在着共生、共存、共育、共荣的有机关系，是一个不可分割的生命共同体，这是普遍有效的客观规律；第三，生态友好是现代化的体现，从环境友好发展到生态友好，这其中正是现代化力量的推动；第四，青海作为生态大省，要积极融入社会主义现代化的战略布局，也就更需要在生态现代化方面先人一步。基于以上四点，本书的理论基础如下：“人与自然和谐共生现代化”理论，该理论也是生态友好的现代化新青海建设应遵循的价值理念（见图 4-2）。

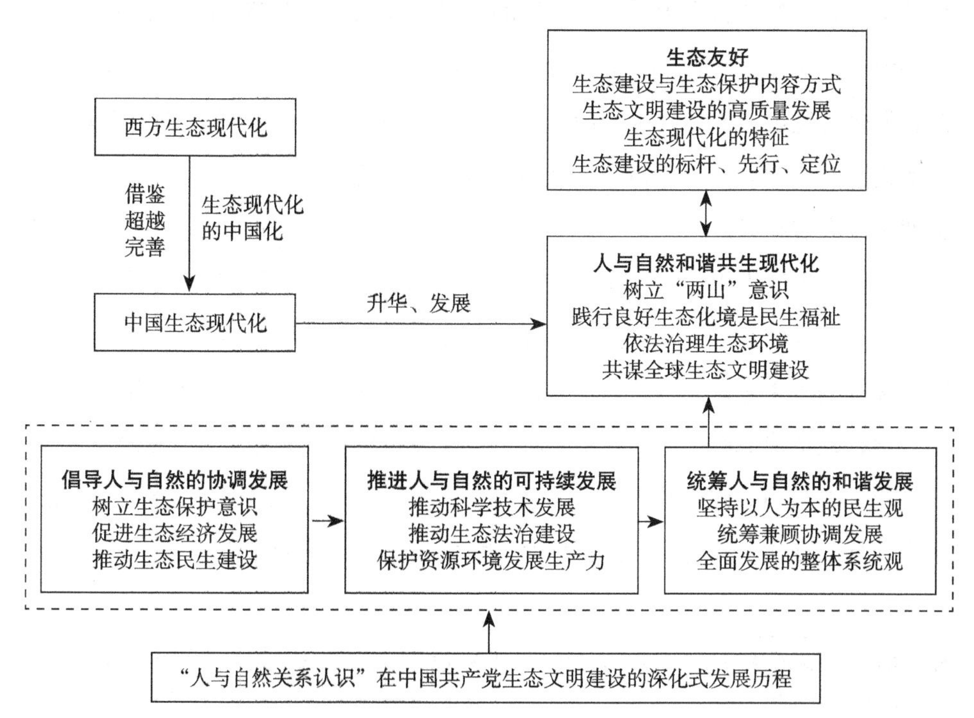

图 4-2　“人与自然和谐共生”理念发展进程、与生态友好的联系

4.3 人与自然和谐共生是生态友好的题中应有之义

处理好人与自然的关系历来都是党中央在社会主义现代化建设中思考与关心的核心问题。在不同历史时期，两者的关系经历了倡导"人与自然协调发展"到推进"人与自然可持续发展"，再到统筹"人与自然和谐发展"，最终提出实现"人与自然和谐共生"[1]，这是两者关系不断探索、不断完善、不断与社会发展相适应的战略演进过程。人与自然和谐共生的现代化是生态价值、经济价值与人的价值相统一的现代化。[2]青海的生态文明建设应遵循这一演进脉络，在已有生态文明建设的基础之上探求发展"人与自然和谐共生"。在西部大开发的契机下，青海拥有更为开放的视角和更多的资源与帮扶，青海确定"生态立省"战略以来，在生态建设与生态保护方面取得了前所未有的成绩。生态文明建设的螺旋式上升与青海生态文明建设的拐点已经到来，在落实高质量发展、在前期统筹"人与自然的和谐发展"的基础上，努力实现"人与自然的和谐共生"是青海生态建设的宏伟目标与历史必然要求，为青海的生态文明建设实现跨越式的进步和实现质的飞跃指明了方向，也为青海建设人与自然和谐共生的现代化明确了发展路径。因此，生态文明的现代化新青海的实践中应把握"人与自然的和谐共生现代化"价值观原则，树立"两山"意识，尊重自然、顺应自然、保护自然，在此基础上实现生态向经济的良性转化；不断践行良好生态环境是民生福祉的大生态理念，让每个人都可以平等享受自然的红利；要依法治理生态环境，让法律成为生态治理的利器和保障，担负起国之重任和生态大省的本色担当，参与到共谋全球生态文明建设中去（见图 4-3），通过以上举措来确定生态友好的现代化新青海的建设内容、特征，以及要实现的定位、标准与目标。

---

[1] 王青，李萌萌 . 人与自然和谐共生现代化的战略演进 [J]. 江西师范大学学报（哲学社会科学版），2022（1）：9-19.

[2] 杨宁，人与自然和谐共生现代化的基本特征 [N]. 中国教育报，2021-12-09.

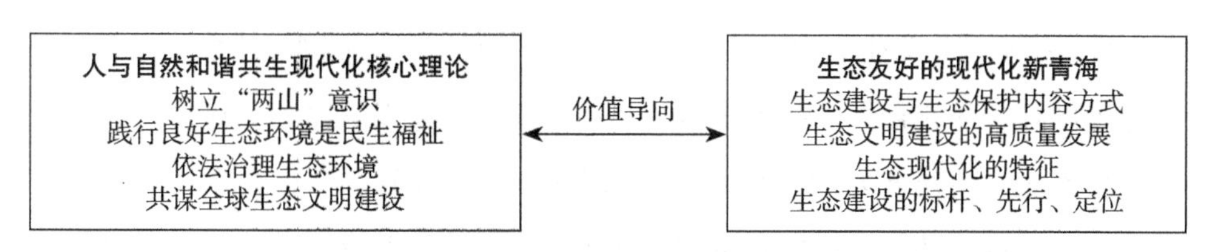

图 4-3　人与自然的和谐共生现代化在新青海建设中应践行的价值观

4.4　建设生态友好的现代化新青海的前提条件

加快建设生态友好的现代化新青海，这是青海省十四次党代会所确定的青海发展新内容，建好生态友好的现代化新青海必须首先要准确地分解任务、明确关系、确定内涵。

要准确分解建设生态友好的现代化新青海的任务，应进一步优化国土资源的开发保护，推进生态文明高地建设，完善生态文明体系进行，对于"碳达峰"任务优先实行、优先示范，取得积极效果，从而持续改善生态环境的质量，使国家公园、湿地等自然保护地体系进一步完善，增强国家生态安全屏障，实现人与自然的和谐共生等。

要明确"生态友好的现代化新青海"与"生态文明高地"之间的关系，青海必须以建设生态友好的现代化新青海为要求，毫不动摇地打造生态文明高地。必须以对国家、民族、子孙后代负责作为核心任务，肩负起历史责任，坚持"两山"理论，把生态保护放在优先地位，一切生产经营及经济活动必须遵循良性生态的发展，打造全省共创的生态文明高地。由此可见，"生态友好的现代化新青海"与"生态文明高地"二者相互协调、彼此促进，深刻表明在青海生态报国已深入人心，生态成效日益显著。生态文明建设从认识到实践都发生了极为深刻的变化，青海正在加快构筑推进生态文明建设长效化、常态化机制，尤其是将生态文化作为生态建设的灵魂，将重大工程作为生态建设的抓手，将生态经济作为生态建设的支撑，建立完善好生态文明制度体系。青海省将在生态友好、开放合作、特色发展的高质量生态建设发展路径上持续向前。

要确定“生态友好的现代化新青海”的科学内涵。“生态友好”意味着人类生产、消费活动与自然生态系统协调进行、可持续共存，既是生态建设的态度，也是高质量发展的目标。它营造了一种以绿色发展为基调的和谐生活环境，体现了一个社会在人与自然、人与其他生物、经济与生态等各种关系上稳定达成同声同气、共处共赢的可持续发展状态。它是青海打造生态文明高地的价值所在与表达方式。

4.5 建设生态友好的现代化新青海的科学新内涵

加快建设生态友好的现代化新青海，内涵十分清晰，即生态文明高地建设加快推进，生态文明体系更加完善，国土空间开发保护格局更加优化，在实现碳达峰方面先行先试并取得积极成效，生态环境质量持续改善，以国家公园为主体的自然保护地体系进一步完善，国家生态安全屏障更加牢固，人与自然和谐共生，大美青海将为世人呈现越来越多的精彩。科学内涵表现在，生态友好的现代化新青海是指具有生态高度的新青海、有生态温度的新青海、精耕细作的新青海、人与自然和谐共生的新青海、生物多样性保护的新青海和丰富生态文化的新青海（见图 4-4）。

4.5.1 生态友好的现代化新青海是有生态高度的新青海

青海的生态建设历程中，在“两山”理论的引领下所取得的一定的经济与社会成效，生态环境得到明显改善、生态经济体系基本形成、生态制度不断完善、生态文明理念深入人心，让生态建设从战略、理论高度逐渐渗透到生产与生活的每一个角落。生态友好的现代化新青海具有一定的生态高度，它是青海打造生态文明高地的归宿与落脚点，也是对习近平总书记强调要保持加强生态文明建设的战略定力，坚定不移走生态优先、绿色低碳发展道路的深入实践。建设现代化新青海就要全面贯彻新发展理念，将“国之大者”的定位落于实际，需要进一步将生态发展向前推进，继续为国家探索更多更丰富的建设国家公园的经验与路径，将“碳达峰”与“碳中和”目标纳入青海生态文明建设整体布局，推动生态环境保护效率更高、质量更高、安全度更高、群众满意度更高。要把生态文明建设深度融入青海经济、政治、文化和社会各方面、全过程，更加关注生态文明理念的全员化，更加关注生态文明制度的体系化，更加关注生态安全维护的严谨性与严肃性，更加关注生态资源的节约与高效利用，在不同生态空间以更优化方式调整产业结构，确保美丽新青海行稳致远。让青海成为全国乃至国际生态文明建设的新高地，成为生态文明建设的重要的参与者和贡献者，并发展成为国际重要参与者，让三江源生态文化源远流长。

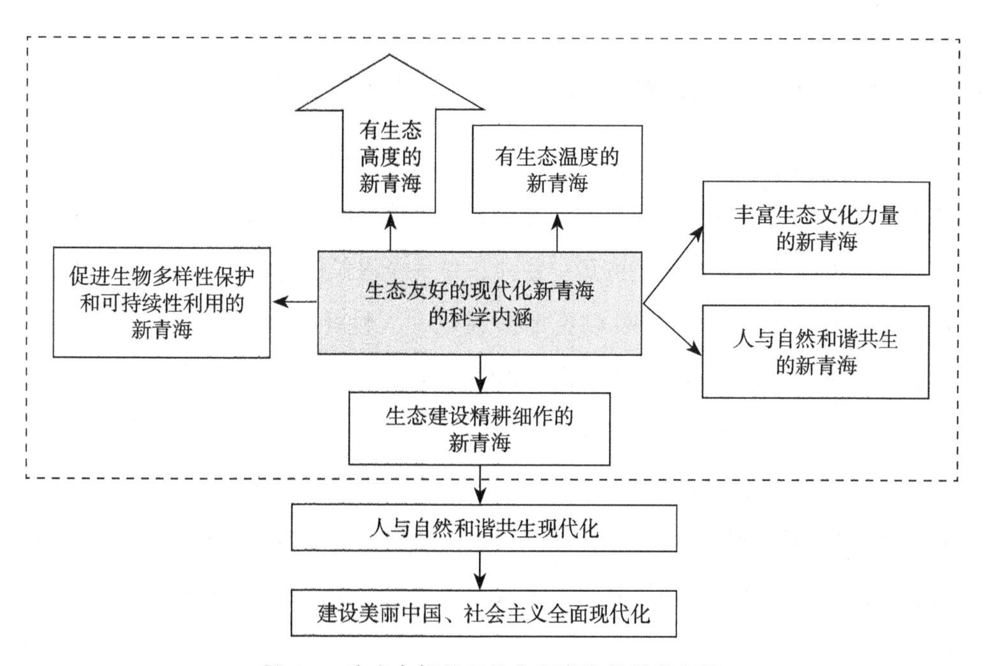

图 4-4　生态友好的现代化新青海的科学内涵

4.5.2 生态友好的现代化新青海是有生态温度的新青海

生态友好的现代化新青海具有一定的生态温度。要顺应人民对美好生活的向往，增强人民群众对生态环境的获得感，以青海生态之美催生青海发展之变，让每一个青海人和来青海的人都清晰感受到青海生态脉搏，感受到青海人保护生态的决心与信心。让生态与人相拥相融，让人充分感受到生态的回馈、红利与价值，也让生态环境“感受到”人的莫大尊重与建设性善意，让生态因人而更美好。通过保护、治理，让青海拥有更具人性化的城乡环境、更具深度游价值的大美自然、彰显可持续发展的绿色经济、更加环保健康的生活方式，让人民“乐于其中、美于其中、悟于其中”，让“生态惠民、生态利民、生态为民”成为青海“两山”转化的重要成果。❶增强全社会绿色低碳的自觉性和主动性，坚持“绿水青山就是金山银山”的理念，形成绿色生态、文明健康的生活模式和新风尚。

4.5.3 生态友好的现代化新青海是生态建设精耕细作的新青海

从启动国家公园体制试点，到今天三江源国家公园正式成立，从名不见经传的西部内陆省份变成国家公园的亮丽名片，这期间，青海人民付出了无数辛苦，但生态文明建设是我们的历史使命，是一个漫长的过程，还有很多工作要做。青海生态建设，无疑要以更加精细化、人性化、严谨化的工作态度去对待。要有“国之大者”的格局，要有“两山”理论指引的执着及精耕细作的态度，才能把青海的生态建设上升到了一个新的台阶上。这种精耕细作体现在：把创新的思想意识投入生态工作中，关注每一个可以优化的工作细节，每一次可以惠民利民的环境改善；通过更加独特的内容方式、有效的方法、途径将“两山”实践的青海路径进行普及、推广及传播，使青海的生态价值可以

❶ 杨娟丽 . 以生态高度、生态温度奋力打造现代化新青海 [N]. 青海日报（理论版），2022-06-20.

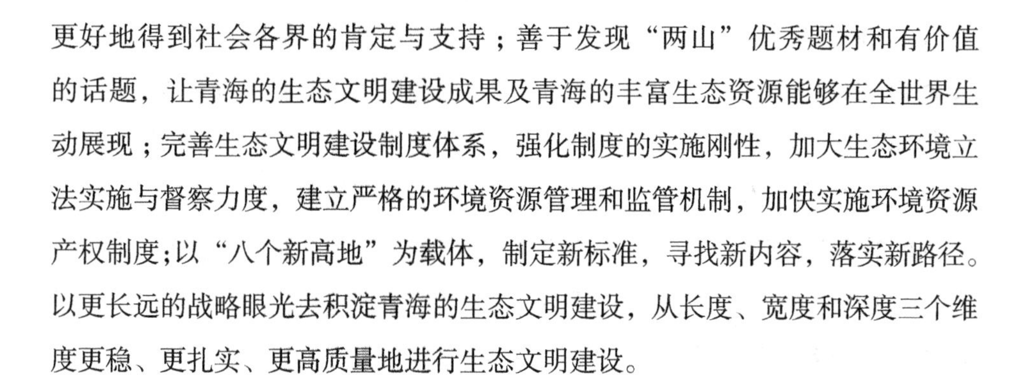

更好地得到社会各界的肯定与支持；善于发现“两山”优秀题材和有价值的话题，让青海的生态文明建设成果及青海的丰富生态资源能够在全世界生动展现；完善生态文明建设制度体系，强化制度的实施刚性，加大生态环境立法实施与督察力度，建立严格的环境资源管理和监管机制，加快实施环境资源产权制度;以“八个新高地”为载体，制定新标准，寻找新内容，落实新路径。以更长远的战略眼光去积淀青海的生态文明建设，从长度、宽度和深度三个维度更稳、更扎实、更高质量地进行生态文明建设。

4.5.4　生态友好的现代化新青海是促进生物多样性保护与可持续利用的新青海

万物各得其和以生，各得其养以成。生物多样性对人类生存意义非同一般。青海是世界高海拔地区生物、物种、基因和遗传多样性最集中的地区之一。多年来，通过强化区域内生物多样性保护管理，科学实施野生动植物保护，加强科学研究监测等措施，青海生物多样性保护取得显著成效。建设生态友好的现代化新青海，需要以生物多样性的保护为青海方案，持续实现新的进展与突破，加强以生物多样性保护为主体的宣传教育，构建以政府为指导的企业行动、公众共同参与的社会保护行动体系，构筑生物多样性保护推动绿色发展和人与自然和谐共生的良好局面，并不断创新生物多样性保护的方式和方法，推动友好型、生物多样性绿色产业的发展，促进生物多样性的有效性保护与可持续发展利用。

4.5.5　生态友好的现代化新青海是有丰富生态文化力量的新青海

现代化新青海建设要有文化力量。尊重和热爱自然是中华民族一直以来的文明传统，孕育了丰富的生态文化。作为构筑生态文明体系的重要组成部分，生态文化体系与生态经济体系、目标责任体系、生态文明制度体系，以及生态安全体系共同保障了美丽中国目标的建设。将生态价值观念作为准则，加快健全生态文化体系，通过对生态文明的建设激发人们自觉保护生态的强烈意识，在生态文化中体现生态文明建设的成就与智慧，增强青海各族人民生态保护自信心和创造力；将生态文化宣传教育延伸到社会各个角落，经常性在基层一线、社区街道开展生态主题文化活动，用文化的力量助推生态文明建设，在群众中大力宣传“绿色发展”“绿色生产”和“绿色消费”等人与自然交往的生态理念、价值导向、思维方式、生活习惯；把握青海政策优势、发挥自然生态地理环境优势、借力历史文物优势、抓好青海地方民俗及非物质文化遗产优势，发展生态文化产业；拓宽生态教育渠道，建立生态文化科普场所和实践教育基地，增强生态文化教育力度与体验场景，共同拥抱生态文化的春天。

4.5.6 生态友好的现代化新青海是人与自然和谐共生的新青海

生态友好的本质就是人与生态自然和谐共生。在生态文明时代，人与自然是生命共同体，推动生态文明建设，协调人与自然关系，是人们应当遵循的永恒主题，青海在过去十多年生态建设所取得的成就中也深刻领悟了这一真谛。在新时代坚持和发展中国特色社会主义的基本方略中，坚持人与自然和谐共生也是重要的一条。现代化新青海的发展要深谋远虑，需要坚定不移地站在人与自然和谐共生、生态友好的高度来制定青海的社会经济发展战略，尊重自然、保护自然，把生态看作青海人民的民生福祉。把生态文明建设融入青海的经济、政治、文化、社会各方面和全过程，更加关注生态文明理念的全员化与深入化，更加关注生态文明制度的体系化与完善化，更加关注生态安全维护的严谨性与高效化，更加关注生态资源的节约与高效利用，在不同的生态空间以有效的方式调整产业结构，建设美丽新青海。

4.6　建设生态友好现代化新青海的重大意义

保护好青海生态环境是“国之大者”，也是“省之要务”。青海的生态文明建设从认识到实践都发生了历史性、转折性的变化，取得了阶段性的新进展、新成效，其根本在于习近平总书记重要讲话的科学指引和强大推动，是习近平生态文明思想的生动实践和创新实践。看到成就，但却不傲于成就，青海生态文明建设的历史车轮不止，为子孙后代谋福利的步伐不停。青海在新发展阶段的生态建设中应实现螺旋式上升，坚持“两山”理论，坚持生态优先思想，打造生态文明的新高地，在全局上实现顶层设计更加优化、在要素上实现细致协调、在机制上实现有效激励、在目标上实现高质量的生态建设，打造人与生态系统协调共存的和谐状态，实现人与自然、人与其他生物、经济与生态等各种关系的和谐共生。建设“生态友好的现代化新青海”是青海发展新阶段的重要新使命，是青海打造生态文明高地的价值体现，是青海生态文明建设的新内涵，更是青海实现人与自然和谐共生的生态现代化。因此，生态友好的现代化新青海建设具有如下重大意义。

4.6.1　“人与自然和谐共生”生态现代化的时代价值

在生态文明时代，人与自然是生命共同体，推动生态文明建设，协调人与自然的关系，是我们应当遵循的永恒主题。青海在过去十多年生态建设所取得的成就中也深刻领悟了这一真谛。习近平总书记指出：“我们要建设的现代化是人与自然和谐共生的现代化。”它也是生态现代化的价值目标。实现生态友好的现代化新青海就是要实现“人与自然和谐共生”的生态现代化，它是青海省十四次党代会所作出的科学决策，是青海生态文明建设中的更高台阶，是在已有生态成果的基础上更加科学的生态目标。它具有时代烙印，是青海生态建设量变所衍生出的质变，是青海实现生态现代化的时代强音。

4.6.2 "以人为本"高质量生态现代化的内涵创新

建设生态友好的现代化新青海，是青海更加积极投身生态现代建设，深入推进筑牢生态屏障、坚持生态优先、推动高质量发展的新探索，也为青海的生态建设增加了许多创新的时代内涵。生态友好的生态现代化是以人为本的生态文明，是人文与生态的有机结合。以人为本一定要生态优先。以人为本是顺应人民对美好生活的向往，增强人民群众对生态环境的获得感，是让人民群众有更幸福、更美好的生活，享受美丽、和谐、宁静的自然环境；但以人为本不是让生态给人让路，生态给经济让路，而是生态保护优先原则，强调人类活动需要建立在遵循自然规律的基础之上，尊重自然、顺应自然、保护自然，处理好人与自然的关系，实现人与自然的和谐共生。以人为本还体现在要积极发挥人的主观能动性上，通过科技革新推动生态现代化的步伐，以技术革新引领人与自然和谐的现代化发展，满足人民群众对于生活生态环境的需求，也让生态环境能感受到人的尊重与善意，生态因人而更美好。

4.6.3 战略性发展生态现代化的高瞻远瞩

从 2007 年"生态立省"战略确定与实施到"一优两高"战略的提出，到打造全国乃至国际生态文明高地的"七个新高地"战略部署，再到建设生态友好的现代化新青海，可以看出青海始终把生态文明建设放在第一位，并且坚持生态蓝图永续发展的不变理念，始终把"两山"理论作为生态文明建设各项制度安排、顶层架构与路径设计的总纲，体现习近平生态文明思想的指导性和实践性。如今青海生态文明建设取得阶段性成效，改善了生态环境，基本形成构建了生态经济体系，进一步完善了生态制度。同时，生态文明的理念更加被人民群众自觉践行。我们要坚持以习近平生态文明思想为指导，建设人与自然和谐共生的现代化新青海，推动绿色低碳发展、广泛形成绿色生产和生活方

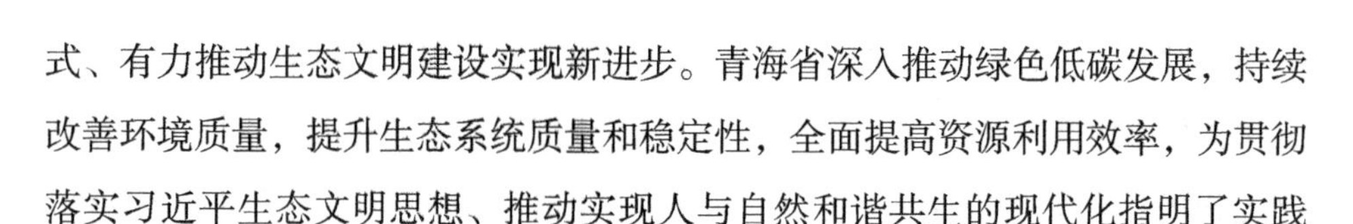

式、有力推动生态文明建设实现新进步。青海省深入推动绿色低碳发展，持续改善环境质量，提升生态系统质量和稳定性，全面提高资源利用效率，为贯彻落实习近平生态文明思想、推动实现人与自然和谐共生的现代化指明了实践路径。

4.6.4　可持续性现代化生态的社会体系

生态友好所形成的和谐社会是需要长期艰苦建设的，是一个逐渐协调人与自然、人与其他生物、人与人之间关系的漫长过程。这个过程的目标就是为人民群众提供良好的生态环境，是最普惠的民生福祉。因此，生态保护、生态环境修复与改善是一个不能结束的话题，而应成为社会发展自然而然的意识行动。“绿水青山就是金山银山”在青海已经成为现实并取得成效，如践行以人民为中心的发展思想，解决人民群众生活中的生态问题，实现人民群众的生态环境满意感与安全感。让“生态惠民、生态利民、生态为民”成为青海“两山”转化的重要成果，也为青海未来建设生态友好省份打下坚实基础。建设生态友好的现代化新青海是在时间的历史长河里书写青海社会可持续发展的体系，集各方力量、整合各种资源，以系统观发展观来实现青海的良性发展。

4.7　加快建设生态友好的现代化新青海的难点与困境分析

现代化新青海建设对生态环境深层次保护、生态治理能力提升、生态目标的确定和生态的高质量发展都提出了新的高水平要求，青海的生态文明建设遇到了新的机遇和挑战。在生态环境保护实践和在生态文明建设中，青海仍面临着绿色低碳转型升级的挑战，不够完善健全的生态产品价值转换机制，不够顺利通畅的转化方式与通道，仍然需要加强生态保护与修复；生态文化体系的确立还不健全，生态治理工作还不够完善。青海应积极做好科学研究，建立广大人民美好生活需要与自然生态资源产品的有效联结，在降低环境发展负荷的基础上积极提升生态产品供给能力，构建"两山"转化机制，维护生物多样性，实现人与自然的动态平衡，从而准确把握生态建设中人与自然和谐共生的现代化的重点任务。因此，在加快建设生态友好的现代化新青海道路上，从成就中发现旧问题，从目标中找出新难题，立足实际解决问题是当务之急。

4.7.1 绿色低碳转型手段和路径仍待提高创新

习近平总书记强调："'十四五'时期，我国生态文明建设进入了以降碳为重点战略方向、推动减污降碳协同增效、促进经济社会发展全面绿色转型、实现生态环境质量改善由量变到质变的关键时期。"[1]因此，这一时期也是碳达峰的关键期和窗口期。2021年8月，青海省政府和国家能源局联合印发《青海打造国家清洁能源产业高地行动方案》，明确提出将打造国内第一个省域零碳电力系统，发挥清洁能源优势、对接国家能源发展战略部署、积极响应"双碳"目标。这对于持续提升青海生态屏障地位，凸显青海在国家能源安全战略中的保障作用和加快建设青海特色现代化经济体系具有重要意义。但青海完成"双碳"目标还存在着很多的短板，特别在减少能源用量和强度、提高技术保障能力、完善金融服务体系赋能等领域仍面临着不少的挑战，具体表现：第一，青海省的绿色低碳消费模式还未成熟，居民绿色低碳的环保意识还不强，一些领域依然存在浪费和不合理消费的行为。第二，绿色法律、金融服务体系的保障与赋能不足，碳排放交易制度需要配套的法规、标准和政策等尚未到位。碳市场活跃度不高，绿色金融治理体系的机制不够"活"、体系不够"全"、考核不够"准"。第三，企业在降碳的转型过程中，企业对节能减排认知落后且重视

[1] 刘毅，等. 推动减污降碳协同增效、促进经济社会发展全面绿色转型——共建人与自然和谐共生的美丽家园 [N]. 人民日报，2020-12-09.

程度不够，加之技术转型难度大、转型成本高，出现战略上的盲目与政策上的钻空子，导致虚假履约。第四，“双碳”人才供给和科技支撑力量不足，均存在“短板”现象。“双碳”目标需要绿色低碳技术的支撑和再生能源的衔接性储备，但目前青海仍缺乏绿色低碳领先技术，有许多技术难题需要攻克，包括对再生能源的高效开发。同时，青海缺乏专业的“双碳”型管理人才及跨界复合型人才，如在碳捕捉、碳排放计算、碳核查、碳会计、碳审计、碳保险和碳债券等方面都存在着非常大的人才缺口。当前的学科设置、培养体系与庞大的“双碳”人才需求还不匹配。

“十四五”青海要力争初步形成绿色低碳循环发展的生产体系、流通体系和消费体系，要建成绿色设计、绿色投资、绿色建设、绿色生产、绿色流通、绿色生活和绿色消费的全链条绿色发展，在工作环节的衔接上还需做好顶层设计与安排，并拿出系统性的风险应对方案，从长期全局稳定着手，实现能源、资源、产业、就业和金融等方面围绕“双碳”工作高效整合，通过贯彻五个新发展理念、进一步构建新发展格局，以高质量发展为推动，实现发展新变化，实现青海省的绿色低碳转型。

4.7.2　生态环境持续改善任务艰巨，绿色低碳发展科技支撑不足

在生态建设的关键时期，生态环境的持续改善是一个长期坚持的过程，任务艰巨，必须全面贯彻新发展理念，坚持“五位一体”理念为总体战略指导，站在人与自然和谐共生的高度对生态持续改善进行合理规划，坚持节约资源和保护环境的基本国策。要做到节约优先、保护优先、自然恢复为主，形成绿色发展的总体格局，完成产业与能源结构转型，统筹生产生活污染治理，促进生态环境的持续改善，建设好人与自然和谐共生的现代化。[1]

[1] 求是网．习近平：努力建设人与自然和谐共生的现代化践 [EB/OL].（2022-05-31）[2022-06-30]. http://www.qstheory.cn/dukan/qs/2022-05/31/c_1128695434.htm.

生态环境持续改善的关键是要解决好推进绿色低碳发展中科技支撑不足的问题，习近平总书记多次强调发展方式与生活方式问题是生态环境问题产生的根本原因，促进绿色低碳循环社会全面转型升级是基础之策，大力投入国土空间规划与用途的管控，严守生态保护的红线。紧抓资源利用率，加快推进产业结构调整，帮助完善基础设施，建设健全污染治理等设施，从而加快促进产业的绿色转型升级，推动产业结构、能源结果、交通运输结构、用地结构的调整❶，减少粗放式产业，推动碳捕集利用和封存技术、零碳工业流程再造技术等新兴高新技术的发展，打造全面、协调、绿色、开放、共享的生态化、现代化体系。

4.7.3 生态文化体系建设仍不够健全

现代化新青海建设要有文化力量，要以人为本，同时关注生态文明理念的全员化，关注生态文明制度的体系化。青海省为多数民族聚居，少数民族约占总人口的49.47%，不同民族之间信仰不同，生活习俗与方式、思想观念不尽相同，整合好各民族关系，使生态观念渗透各民族不同的信仰与习俗中，成为以人为本的生态建设的重点问题。经济落后、基础设施建设不完善、多民族交错、人才缺失、基础教育水平低等问题使青海省整体的人口素质偏低。打造人与自然和谐共生的现代化青海，核心是要建立有效的体制机制，发挥社会力量，明确好政府、企业和公众的责任，提升全社会的生态文明意识，拓宽群众参与渠道与参与范围，不仅要让城市居民健全环保意识，还要将污染治理向农村延伸，强化农业污染治理❷，城乡合作，不放过任何一个角落。大力推进社会共治，让公众在日常生活习惯中养成尊重自然、爱护自然的生

❶ 求是网．习近平：努力建设人与自然和谐共生的现代化践 [EB/OL].（2022-05-31）[2022-06-30]. http://www.qstheory.cn/dukan/qs/2022-05/31/c_1128695434.htm.

❷ 同❶.

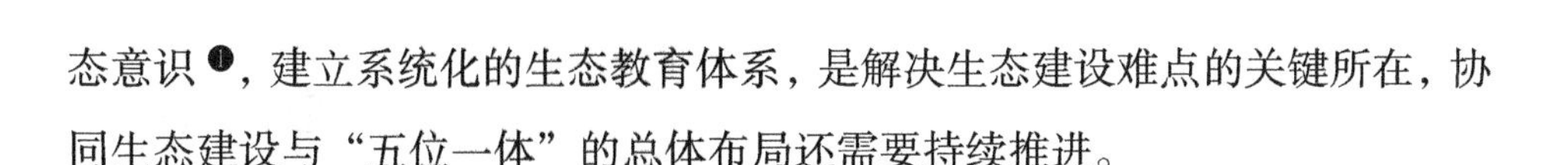

态意识[1]，建立系统化的生态教育体系，是解决生态建设难点的关键所在，协同生态建设与“五位一体”的总体布局还需要持续推进。

4.7.4　专业人才是青海生态的高质量发展的短板

生态文明建设是一个系统工程，需要生态、资金、人才和科技各种力量相互配合，共同发挥作用，人才是推动青海省生态建设和融合发展的重要生产力要素。尤其对于青海这样一个发展起步晚、经济落后的省份而言，人力资本是极为不足的，这会影响青海省生态经济发展的效率与效果。生态经济的发展、“两山”的转化，需要优秀的管理者在处理生态与经济的关系中发挥主观能动性，大胆创新、科学规划、制定战略等。因此，优秀的人力资本可以提供先进的科学技术、科研项目、管理思维模式及管理经验，为“绿水青山”向“金山银山”的转化提供一定的智力支持。“两山”转化过程中还需要大量的高技能、复合型人才，在生态建设不同环节的工作，需要与之相关的不同专业人才。例如，在对生态资产进行核算过程中，需要具有经济、生态和统计等相关学科背景的综合性人才；在对自然资源资产确权登记过程中，又需要具有地理学、遥感等专业知识背景的人才。目前，这类人才短缺是青海省“两山”转化中存在的突出问题，亟待解决。除此之外，在用人制度方面，青海省目前在“引人、育人、留人”等方面仍不够完善，人才成长环境不佳，人才吸引力不高。以上的这些因素都使青海“两山”的转化存在人才与智力方面的动力不足、效果不佳，所以要确定“人才强生态”的战略，开拓新的人才渠道，制定新的人才机制是青海未来高质量发展的重要一环。努力为青海的生态建设打造一支数量质量双优、结构比例合理的高素质生态建设人才队伍，为青海打造全国乃至国际性生态新高地蓄力赋能。

[1] 中华人民共和国生态环境部 . 构建人与自然和谐发展的现代化建设新格局——党的十八大以来生态文明建设的理论与实践 [EB/OL].（2016-06-28）[2022-07-21]. https://www.mee.gov.cn/xxgk/hjyw/201606/t20160628_356330.shtml.

第5章

“两山”理论在青海省的实践探索与创新应用

5.1 “两山”理论视角下的青海经济社会发展战略演进

5.1.1 “两山”理论在青海省实践中的生态政策梳理

青海省的生态文明建设已经经历了一个较为漫长的历程，从方向不定、战略犹豫到确定生态战略，再到近几年的高质量发展，都离不开习近平生态文明建设思想——“两山”理论的引领，如何处理好人与自然的关系、大自然生态与社会经济发展的关系是青海不断深化发展的核心之一，正确认识“绿水青山”与“金山银山”的转化关系对于正确处理社会经济发展的战略布局具有重要的作用。回顾青海的生态文明建设，这一系列的发展成就是因为“两山”理论为我们强调了生态文明建设在社会经济发展中的重要性，阐明了保护生态与发展经济之间的辩证关系，给我们展示了生态文明建设中理论、实践与制度三者的创新，更为可持续发展指引了方向，提供了理论依据。“两山”理论随着不断发展，其内涵在不断深化，外延也在不断丰富。“两山”理念在青海的实践应用正是一种经济、生态共生互动的全新形态，高度概括了生态环境健康和经济发展繁荣的相互关系，体现了生态、经济、政治、文化和社会发展“五位

一体”的统一，是一个相互支撑、相互融合的共生生态。它肯定了青海的发展模式，也帮助青海实现了自然环境和经济发展的双重价值，特别是指明了自然环境的巨大经济价值，并最终实现生态建设和经济发展的双赢。“两山”理论又是灵活、因地制宜的，为各省各地方经济发展指引生态的绿色化道路，实现特色化的“两山”转化之路。

赵永祥指出，青海在解放 70 余年中经济社会发展发生了巨变，总体而言经历了三个历史阶段。[1]这是一个不断摸索的、不断明确的过程，它有青海的历史背景，也有青海在发展中的不断自我修订和自我优化，是青海省不断深化认识省情的过程。每一个阶段都有青海在当时历史环境下的鲜明阶段性特征。从青海省社会经济发展政策来看，它既反映了青海经济社会发展的基本历程和大致脉络，也体现了经济社会发展与生态保护之间的交互影响与互动机制。

5.1.2 “两山”理论视角下的青海生态发展战略演变

本书在此基础上，结合“两山”转化的不同内涵与青海的发展阶段不同，将青海的生态发展分成五个发展战略。五个发展战略的演进历程，是不断深化省情认识的过程，是发展观念不断优化的过程，也是经济增长方式逐步转变的过程，更是人与自然关系不断调整、趋向和谐的过程（见图 5-1）。从这个意义上讲，五个发展战略的内在逻辑和演进特征生动诠释和有力印证了“两山”理论的认识论，充分彰显了“两山”理论的超凡思想洞见和卓越实践价值。

---

[1] 赵永祥 . 从“两山”理论看青海经济社会发展战略演进及启示 [J]. 青海社会科学，2021（1）：71-79.

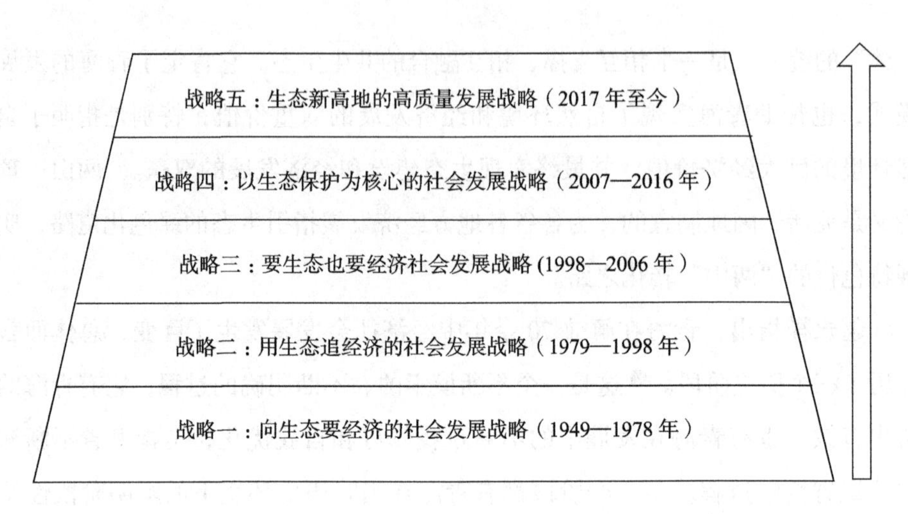

图 5-1 "两山"理论视角下的青海生态发展战略演变

战略一：向生态要经济的社会发展战略（1949—1978 年）。这一时间段，青海的发展并没有一个科学发展观的指引，发展战略也是在全国经济形势下的一个布局与缩影。人们对生态环境问题认知水平低，考虑不到生态与经济之间更长远的权衡与平衡，处于习近平总书记所说的"只要经济，只重发展，不考虑环境，不考虑长远"发展阶段。总体而言，从中华人民共和国成立初期到改革开放前，青海是属于典型的向"绿水青山"要"金山银山"的发展类型，通过毁林开荒、退牧造田的方式，来解决人民群众吃饭问题；通过索取矿产和能源等资源，用以满足人民群众基本生产生活的需要和国家建设对矿产资源的需求。这一阶段，"两山"概念在人们的意识中还没有形成，只是简单地认为这些宝贵的资源是大自然给予我们的最宝贵财富，可以"靠山吃山、靠水吃水"来养活群众，不知道青海所蕴含的生态价值，以及长此以往是否会给青海带来致命和严重的生态破坏。

战略二：用生态追经济的社会发展战略（1979—1998 年）。这一时间段，中国处于改革开放的时期，区域性差异导致发展不平衡，青海与东部地区发

展差距迅速加大，因此青海就出现了明显地利用资源“追赶”式的发展，并且在发展模式上依旧沿用传统的发展模式。在政策的制定上，也是确定以“生态资源”的高效利用来提高经济为目的导向。例如，1983 年，青海省第六次党代会提出经济社会发展战略的重点是大力发展农牧业，抓好工业生产，积极开发能源和矿藏资源，加强交通邮电建设，抓好基础教育和科学技术工作；1988 年，青海省第七次党代会提出“改革开放，治穷致富，开启资源，振兴青海”战略，强调加快资源开发的步伐，变资源优势为经济优势是振兴青海经济的希望所在。由此可见，这一阶段对于“两山”的认识是就是加大对“绿水青山”的资源利用，以生态资源来寻求经济的速度发展，没有考虑盲目发展所带来的不良影响。

战略三：要生态也要经济社会发展战略（1998—2006 年）。这一时间段，国家大的发展背景发生巨大的变化，融入了“绿水青山”思维的西部大开发战略成为这一阶段青海发展的国家政策背景。在前一个阶段，青海对资源的大量使用已经出现了明显的过度消耗和生态安全、生态问题的一些信号，加之生态环境保护意识逐步增强，开始认识并处理经济社会发展与生态环境保护之间的关系，由此呈现出探索、转型和升级等特征，经济社会发展从片面追求速度向全面、协调、可持续的方向转变。例如，2002 年青海省第十次党代会提出了扎扎实实打基础、突出重点抓生态、调整结构创特色、依靠科技增效益、改革开放促发展的发展战略，而且将生态环境保护纳入经济社会发展战略。这一阶段，对于“两山”理论的认识已经从发展思路与发展方式上产生了质的变化，人们已经深刻认识到生态资源不能用来过多透支，“既要金山银山，也要绿水青山”，经济的发展不能建立在破坏生态的基础上。

战略四：以生态保护为核心的社会发展战略（2007—2016 年）。这一时间段，从国家层面来看，2007 年，党的十七大首次把“生态文明”写进党代会报告，并将其作为全面建成小康社会的重要目标之一。青海省也在正确地认识和科学地把握生态保护与经济社会发展良性互动的关系后，追求经济社会与生态环境和谐共生的发展战略，实施了生态立省战略，并且不断循序渐进，相继提出"三区战略"[1]"四个转变"[2]战略等，标志着生态环境保护在青海经济社会发展战略中的地位从边缘走向中心，由"软任务"变成"硬指标"，正式开启了青海"绿水青山就是金山银山"的探索与实践。从2011年11月三江源地区作为"国家生态保护综合试验区"，到2012年提出决不能靠牺牲生态环境和人民健康来换取经济增长，一定要保护好"中华水塔"的一山一水、一草一木，一定要建设好生产发展、生活富裕、生态良好的绿色家园，为中华民族伟大复兴提供强有力的生态支撑[3]，并且还出台相关法律来保障生态环境保护的顺利进行。2016年8月，习近平总书记在青海考察时强调青海"三个最大"和"四个扎扎实实"的重大要求，进一步明确了青海在全国大局中的战略定位，指明了青海今后的发展方向和工作重点。这一阶段，青海对于"两山"理论有了一个正确的认识，只有保护好生态环境，才可以将生态山转化为经济山，生态环境保护才是社会发展中的硬指标和硬任务。

战略五：生态新高地的高质量发展战略（2017年至今）。在习近平总书记对青海提出的高质量生态发展的要求后，2017年，青海省第十三次党代会对"四个转变"的内涵作了全面阐述，并且明确了"四个扎扎实实"重大要求的方法路径。2018年7月，中共青海省委十三届四次全会作出了"坚持生态保护优先、推动高质量发展、创造高品质生活"的"一优两高"发展战略，并且

---

[1] 三区战略：2012年，青海省第十二次党代会上，青海省委提出了"三区"战略：全力建设国家循环经济发展先行区、生态文明先行区和民族团结进步示范区。

[2] 四个转变：2017年，青海省第十三次党代会上"四个转变"是青海省委落实习近平总书记治国理政新理念新思想新战略的重要体现，包括 努力实现从经济小省向生态大省、生态强省的转变；从人口小省向民族团结进步大省的转变；从研究地方发展战略向融入国家战略的转变；从农牧民单一的种植、养殖、生态看护向生态生产生活良性循环的转变。

[3] 强卫．坚持科学发展深化改革开放为青海各民族人民过上更加幸福美好的新生活而奋斗 [N]．青海日报，2012-05-24（1）．

在产业、城镇化发展、乡村振兴、生态战略、投资民生、创新战略等方面进行支撑保障。在不断的发展中，又于 2020 年 1 月，青海省十三届人大四次会议提出要把“五个示范省”和“四种经济形态”[1]作为“一优两高”的重要载体和实现路径。2021 年 6 月，习近平总书记再一次视察青海时强调，保护好青海生态环境，是“国之大者”。结合青海前期的生态建设成效，为青海提出了新的任务：加快建设世界级盐湖产业基地、打造国家清洁能源产业高地、国际生态旅游目的地、绿色有机农畜产品输出地的“四地”建设。要把三江源保护作为青海生态文明建设的重中之重，承担好维护生态安全、保护三江源、保护“中华水塔”的重大使命。[2]

因此，目前正是青海生态新高地的高质量发展阶段。这一阶段，青海的发展正在融入党中央关于新时代推进西部大开发形成新格局和推动共建“一带一路”高质量发展的部署中。作为地球第三极所在地，青海省生态地位极其重要，“绿水青山就是金山银山”的生态观念在青海已经是发展的主流。要继续承担好维护生态安全、保护三江源、保护“中华水塔”的重大使命，不断深化挖掘国家公园建设的管理方法、创新运行机制，同时关注“山、水、林、田、湖”的绿色发展与生态治理，花大力气保护青海的生态环境，建设青海的高质量绿水青山，为青海的经济发展迎来高质量的金山银山。

5.2 “两山”理论在青海省绿色生态文明建设中的内涵价值

5.2.1 “两山”理论诠释了青海绿色生态发展的历史使命

“两山”理论的核心思想是实现生态环境保护与经济发展的互动双赢，给

[1] 四种经济形态：青海省坚持以新发展理念为引领，努力探索“一优两高”实现形式，初步形成了以生态经济、循环经济、数字经济和飞地经济“四种经济形态”为引领的经济转型发展新格局。

[2] 习近平在青海考察时强调 坚持以人民为中心深化改革开放 深入推进青藏高原生态保护和高质量发展 [EB/OL].（2021-06-09）[2022-08-21]. http://www.qstheory.cn/yaowen/2021-06/09/c_1127546695.htm.

我们在处理生态环境与经济发展关系时一个准确的思路与指导，它指既要保护好生态环境又要发展经济。青海的生态地位特殊而又重要，在早期发展中也曾出现过破坏生态环境、依赖生态资源求经济发展的过程；但在新的历史时期，“两山”理论让青海重新审视自己，认清自己，为青海的发展指明了方向，并且给青海赋予了生态责任与历史使命。青海只有保护了生态环境、树立了正确的发展思路，结合青海生态实际，创新出青海特色的“两山”转化路径才是有效的。随着“两山”理论的深化，青海在绿色发展中找准目标定位，不断彰显生态价值、履行生态责任、挖掘生态潜力，在生态保护与经济发展的协同共生中寻求可持续发展之路。

5.2.2 “两山”理论在青海绿色生态发展的应用中独具青海特色

“绿水青山”作为生态环境和生态产品的代名词，在每个地区、省份都自成特色，有不同的表现形式，所以在领悟“绿水青山”就是“金山银山”时，就应该立足省情、自我审视，发现本省的生态优势，结合生态优势寻求正确的路径，从而转化为经济优势。青海的“两山”理论实践较东部城市而言具有更多的挑战，青海有很多生态保护地，目前没有可复制的转化经验，所以“两山”理论就要求青海省的发展战略从实际出发，因地制宜地选择好适合青海发展的生态产业，如盐湖产业、清洁能源、绿色旅游、绿色农牧业等，在发展生态产业中谋求经济发展。

5.2.3 “两山”理论在青海绿色生态发展中充满了发展观和辩证观

用“两山”理论对青海的绿色生态发展是一种长远的可持续发展观的引导，是对过去错误发展方向的纠正，是对青海省“生态立省”战略发展的肯定，也是对未来青海高质量发展的谋划。它充分体现了经济发展中的“代际公平”

原则与可持续发展理念，为子孙后代留下一个人文绿色的安全生态环境，谋求未来的和谐共赢。

目前看来，青海省属于“经济小省”，生产总值不能与经济大省相比，但是我们应该认识到青海所具有的自然资源、生态环境也是财富，而且是更具基础性、公共性和本源性的财富，更是未来的全球财富。“绿水青山本身就是金山银山”是一种以生态安全为前提的绿色财富新理念，要求必须进行绿色生态发展，只有在“生态安全”的基础上，才有可能去创造经济财富。

5.3 “两山”理论对于青海生态建设的重大意义

“青海最大的价值在生态、最大的责任在生态、最大的潜力也在生态”的“三个最大”的思想如今在青海已经耳熟能详了，但是“三个最大”的提炼不是轻而易举的，它是习近平总书记在中华民族永续发展战略、全面建成小康社会的目标下所提出的重要理念，是对青海生态地位、生态建设任务与青海经济发展方向最精准的把握与提炼，言简意赅、生动明确。结合青海的长久实践，“三个最大”就是“两山”理论的青海版，它为我们很好地诠释了青海的“绿水青山”就是三江源、祁连山、青海的丰富生态物种等，保护好它们才能为青海迎来高质量的经济发展，才能让青海在“生态全国一盘棋”的大格局中找到自己的一席之地。绿色生态、低碳环保是未来各国争夺的新焦点，所以青海的经济发展不仅顺势，而且应景。正如习近平总书记常讲的，生态环境保护“一定要算大账、算长远账、算整体账、算综合账”❶，青海在全国乃至全世界的生态经济账核算中有显著的生态优势和后发动力。

青海特殊而又重要的生态地位就要求青海的生态发展路径中用科学的生

---

❶ 习近平谈生态文明 10 大金句 [EB/OL].（2018-05-23）[2022-03-24]. http://env.people.com.cn/n1/2018/0523/c1010-30007360.html.

态理论来指引，怎样通过保护脆弱生态来促进青海经济健康发展、怎样去保护、怎样实现生态与经济的双向转化，这些具体的实践问题都是需要理论予以指导。习近平总书记的"两山"理念就是青海发展方向的引导与新青海建设的根本指南，尤其在新的跨越式与高质量发展阶段，"两山"理论对于青海的生态建设具有的重大意义。

首先，"两山"理论为青海的绿色高质量发展提供了理论依据。青海绿色发展已经到了纵深化发展的重要历史时刻，如何在保护生态的同时寻求高质量发展，为青海省民众谋求福利是青海发展的历史使命。"两山"理论包含了生态环境保护和经济发展的辩证关系：保护生态环境就是保护生产力，改善生态环境就是发展生产力。"绿水青山"泛指自然环境中的自然资源，包括水、土地、森林、大气、能源，以及由基本生态要素形成的各种生态系统，在不同的省份，生态形态不同的地区就需要因地制宜，区别性去看待自然资源的广泛性与差异性特点。此外，还需要认识到自然资源的生态属性和经济属性，对生态属性的正确认识可以帮我们更加正确地认识保护生态的重要性与责任意识，认识到保护好生态是人类生存与发展的基础；经济属性则是指通过人类经济活动产生资源产品价值，帮助解决对生态环境保护的目的与作用的问题，为广大民众提供经济福利的激励。因此，"绿水青山"对于青海来说，不仅是生态因素，也是青海生态文明建设中具有多种功能的战略资源，保护绿水青山就是保护自然价值和增值自然资本。[1]对于落后且贫困的民族地区而言，水、土地、高原、冰川、沙漠等独特的生态环境就是当地是最大的财富、最重要的资本。"两山"指导青海的发展应该结合青海已有的生态环境优势，做大做强生态产业化，努力转化为生态农业、生态工业、生态旅游等生态经济优势，绿水青山也就变成了金山银山，也就为青海不断向高质量发展提供了坚实的理论基础。

[1] 王金南，苏洁琼，万军．"绿水青山就是金山银山"的理论内涵及其实现机制创新 [J]. 环境保护，2017，45（11）：13-17.

其次，“两山”理论帮助青海实现从探索转型路径到深刻自我革命。青海生态资源丰富，也曾经历过“靠山吃山、靠水吃水”的落后阶段，通过毁林开荒、退牧造田、索取矿产和能源等方式来满足人民群众基本生产生活的需要和国家建设对矿产资源的需求。在“生态立省”战略确定后，青海省积极探索转型发展路径,以生态保护为重任。如何在生态保护中寻求更有效的发展,“两山”理论给出了答案与方向。第一，作出了深刻的自我审视，让青海认识到生态保护已经不是一省之任，已经是“国之大任”，所以青海的生态文明建设需要打造出新的高地。第二,青海要走出一条不同于东部地区的经济发展之路,发展“四地”建设，以生态保护为基础，转化生态优势；以产业发展为主导，发展循环经济与绿色经济，从而实现生态产业化与产业生态化相融合，切实将青海的“大山大河”变成可以创造财富效益的“绿水青山”，在党中央、青海政府和人民的共同努力下实现“金山银山”。第三，革命在于创新、在于变革，如何能在落后思维中正确认识事物规律、尊重规律是青海高质量发展的关键。灵活掌握“两山”理论，因地制宜，结合青海实际，变革创新国家公园保护地体系模式。

最后，“两山”理论提升了青海发展的新思路和战略新高度。“两山”理论在青海实践丰富了理论内容，从发展观的角度看，实现“绿水青山就是金山银山”，其实质就是要发挥青海生态环境的优势，并实现其价值增值。通过前文对“两山”理论视角下的青海生态发展战略演变的分析可以发现，在“两山”理论指导下，青海的生态文明建设由“以生态保护为核心”的发展战略提升至“生态新高地”的高质量发展战略，立足新发展阶段，贯彻新发展理念，构建新发展格局，提出了新发展的思路。青海在筑牢国家生态安全屏障、落实国家生态安全战略的基础上，生态环境绿色洁净、美丽宜人，绿色循环低碳成为发展常态，具有青海特色的生态文明制度体系基本建立。下一步，青海把“两山”理论植根于经济社会高质量发展，放眼未来，紧紧抓住实现碳达峰、碳中和目标的历史性机遇，积极打造全国乃至国际生态文明高地。[1]青海具备实现“双碳”目标的能源结构，通过“双碳”目标的确定，也可以帮助青海产业的绿色低碳转型升级，继而带动巨额投资，实现青海特色的现代化经济快速发展。

5.4 “两山”理论在青海应用实践中的创新与新发展

进入新时代，青海的生态安全、国土安全、资源能源安全地位显得更加重要，如何全方位落实好国家战略、承担“中华水塔”的保护重任，青海的生态高端定位与格局需要重新定义。为全面贯彻习近平总书记“把青藏高原打造成为全国乃至国际生态文明高地”的重大要求，2021 年 8 月，青海省委、省政府印发了《关于加快把青藏高原打造成为全国乃至国际生态文明高地的行动方案》。这标志着青海的生态文明建设进入了一个前所未有的新高度，在资金、科技、人才和产业等要素的整合打造下，青海将成为未来全国乃至国际的生态文明新高地，成为生态建设和生态文明治理的青海样板，持续涵养生态财富、提升生态价值、打响生态品牌。

青海打造“生态文明高地”行动正是习近平生态文明思想实践的新高地，它生动地践行了“两山”理论。“生态文明高地”可以这样理解：相对于其他省份和地区，青海生态文明建设在整体上处于领先地位，其中在一些方面具有显著优势，在一定程度上能够起到重要影响和示范引领作用。[2]生态文明新高地是“两山”理论在青海的创新实践和独特运用，是结合青海生态地位与生态特色为青海量身打造的生态定位，具有一定的战略高度和目标高度。它是在青海省“生态立生”“一优两高”的发展基础上，体现青海“国之大者”的特色

[1] 王礼宁 . 心怀“国之大者”培植人类文明新形态的青海基因 [N] 青海日报，2022-02-08.

[2] 牛丽云 . 青海打造生态文明制度创新新高地研究 [J]. 青海社会科学，2021（6）：53-61.

和生态环境保护中的政治担当；制定出有效的行动方案，提出阶段性目标，逐步实现从生态领先水平到生态新高地基本建成，再到全面建成更加完备、更高水平、更具影响、更美形态的生态文明高地。

在建设路径中，青海结合自身实际、问题与薄弱点，配合“生态文明新高地”提出了“八个新高地”的具体安排部署，即打造习近平生态文明思想实践新高地，打造生态安全屏障新高地，打造绿色发展新高地，打造国家公园示范省新高地，打造人与自然生命共同体新高地，打造生态文明制度创新新高地，打造“山水、林田、湖草、沙冰”系统治理新高地，打造生物多样性保护新高地，明确了打造生态文明新高地的重要举措和目标任务，提出了具体战略任务，指明了具体战略方向和实现路径。生态文明新高地的打造也必须以“两山”理论为指导，牢牢把握绿水青山的价值，牢牢守住绿水青山的底色，因地制宜地探索青海特色的转化之路、生态补偿之道，打造生态山与经济山相互转化的发展模式。

第6章

东部地区“两山”实践创新基地的实践经验及对青海的启示

6.1 “两山”实践创新基地概况介绍

为了推进生态文明在中国的深入发展和全面发展，党中央、国务院相继推出各种相关支持性政策（见表6-1），逐步确立了“两山”理论在生态和经济领域的指导地位。“两山”理论在中国大地处处开花，许多省份和地区都在“两山”理论的引导下，不断地实践探索，结合自身的生态、环境等资源现状，在实践创新中开辟出新典范、新模式与新路径。

“两山”实践创新基地是我国在生态文明建设过程中打造的“国字号”生态品牌，旨在推进生态文化供给侧模式创新，打造绿色惠民、绿色共享品牌，形成可复制、可推广的“绿水青山就是金山银山”模式，树立生态文明建设的标杆样板,示范引领全国生态文明建设。中华人民共和国生态环境部对“两山”基地实行评估和动态管理，从而加强“两山”建设成果总结和示范推广，引导地方探索绿色可持续发展道路。

表 6-1　生态产品价值实现机制政策实践

序号	政策文件	发布时间	发布机构
1	《关于加快推进生态文明建设的意见》	2015 年 5 月	中共中央、国务院
2	《关于健全生态保护补偿机制的意见》	2016 年 5 月	国务院办公厅
3	《关于设立统一规范的国家生态文明试验区的意见》	2016 年 8 月	中共中央办公厅、国务院办公厅
4	《关于完善主体功能区战略和制度的若干意见》	2017 年 8 月	中共中央、国务院
5	《中国共产党第十九次全国代表大会报告》	2017 年 10 月	中共中央
6	《国家生态文明建设示范市县建设指标》	2019 年 9 月	生态环境部
7	《国家生态文明建设示范市县管理规程》	2019 年 9 月	生态环境部
8	《绿水青山就是金山银山实践创新基地建设管理规程（试行）》	2019 年 9 月	生态环境部
9	《关于开展国家城乡融合发展试验区工作的通知》	2019 年 12 月	国家发展和改革委员会
10	《关于生态产品价值实现典型案例的通知》	2020 年 4 月	自然资源部

“两山”实践创新基地不断践行着“绿水青山就是金山银山”的科学理论，其实践路径、典型做法和经验值得推广与学习。“两山”实践基地也是“两山”理论的重要载体，是全国其他地区推进生态文明建设的标杆样板，具有重要的示范引领作用。为了将实践经验进行推广，到 2021 年 10 月生态环境部分五个批次批准了 136 个国家级的“两山”实践创新基地（见表 6-2）。其中第一批 13 个，第二批 16 个，第三批 23 个，第四批 35 个，第五批 49 个。青海省在第五批有两个地区获批试点。

表 6-2　国家级“两山”实践创新基地

地区	第一批 2017 年 9 月	第二批 2018 年 12 月	第三批 2019 年 11 月	第四批 2020 年 10 月	第五批 2021 年 10 月	各省（自治区、直辖市）合计
河北省	塞罕坝机械林场			石家庄市井陉县	承德市隆化县、承德市围场满族蒙古族自治县	4

续表

地区	第一批 2017年9月	第二批 2018年12月	第三批 2019年11月	第四批 2020年10月	第五批 2021年10月	各省（自治区、直辖市）合计
山西省	右玉县			长治市沁源县	晋城市沁水县、临汾市蒲县	4
江苏省	泗洪县		徐州市贾汪区	常州市溧阳市、盐城市盐都区	南通市崇川区、扬州市广陵区	6
浙江省	湖州市、衢州市、安吉县	丽水市、温州市洞头区	宁海县、新昌县	杭州市淳安县	宁波市北仑区、温州市文成县	10
安徽省	旌德县		岳西县	芜湖市湾沚区、六安市霍山县	六安市金寨县	5
福建省	长汀县			漳州市东山县、泉州市永春县	三明市将乐县、南平市武夷山市	5
江西省	靖安县	婺源县	井冈山市、崇义县	景德镇市浮梁县	抚州市资溪县	6
广东省	东源县		深圳市南山区	江门市开平市	深圳市大鹏新区、梅州市梅县区	5
上海市					金山区漕泾镇	1
四川省	九寨沟县	巴中市恩阳区	稻城县	巴中市平昌县	雅安市荥经县、甘孜藏族自治州泸定县	6
贵州省	贵阳市乌当区	赤水市	兴义市万峰林街道	贵阳市观山湖区	铜仁市江口县太平镇	5
陕西省	留坝县		镇坪县	安康市平利县	宝鸡市凤县、汉中市佛坪县、商洛市柞水县	6
湖北省		十堰市	保康县尧治河村	十堰市丹江口市	恩施土家族苗族自治州、宜昌市五峰土家族自治县	5
北京市		延庆区	门头沟区	密云区、怀柔区	平谷区	5
天津市			蓟州区	西青区王稳庄镇	西青区辛口镇	3

续表

地区	第一批 2017 年 9 月	第二批 2018 年 12 月	第三批 2019 年 11 月	第四批 2020 年 10 月	第五批 2021 年 10 月	各省（自治区、直辖市）合计
内蒙古自治区		杭锦旗库布齐沙漠亿利生态示范区	阿尔山市	巴彦淖尔市乌兰布和沙漠治理区、兴安盟科尔沁右翼中旗	兴安盟、呼伦贝尔市根河市	6
吉林省		前郭尔罗斯蒙古族自治县	集安市	白山市抚松县	通化市梅河口市	4
黑龙江					佳木斯市抚远市	1
辽宁省			凤城市大梨树村	本溪市桓仁满族自治县	朝阳市喀喇沁左翼蒙古族自治县	3
湖南省			资兴市	张家界市永定区	长沙市浏阳市、常德市桃花源旅游管理区	4
广西壮族自治区		南宁市邕宁区	金秀瑶族自治县	桂林市龙胜各族自治县	河池市巴马瑶族自治县	4
山东省		蒙阴县	长岛县	青岛市莱西市、潍坊峡山生态经济开发区、威海市环翠区威海华夏城	德州市乐陵市、济南市莱芜区房干村	7
河南省		栾川县	新县	信阳市光山县	安阳市林州市、南阳市邓州市产业融合发展试验区	5
海南省		昌江黎族自治县王下乡			白沙黎族自治县	2
重庆市		武隆区		南岸区广阳岛	北碚区、渝北区	4
云南省		腾冲市、红河州元阳哈尼梯田遗产区	贡山独龙族怒族自治县	丽江市华坪县、楚雄彝族自治州大姚县	文山壮族苗族自治州西畴县	6
西藏自治区			隆子县		拉萨市柳梧新区达东村	2

续表

地区	第一批 2017年 9月	第二批 2018年 12月	第三批 2019年 11月	第四批 2020年 10月	第五批 2021年 10月	各省（自治区、直辖市）合计
甘肃省			古浪县八步沙林场	庆阳市华池县南梁镇	张掖市临泽县	3
宁夏回族自治区				石嘴山市大武口区	固原市泾源县、银川市西夏区镇北堡镇	3
新疆维吾尔自治区				伊犁哈萨克自治州霍城县、第9师161团	阿克苏地区温宿县、第三师图木舒克市41团草湖镇	4
青海省					海南州贵德县、黄南州河南县	2
各批合计	13个	16个	23个	35个	49个	136个

从各地的获批情况来看，浙江省共有10个创新基地，数量最多，这与习近平总书记最先在浙江安吉考察有关，也与浙江省能较早地将"两山"理论应用于生态建设与社会经济发展中有重要关系。从获批的试点来看，有不同的行政区域，基本以县级市和地级市的区、街道为主，也有一些试点精准到了乡村。由此可见，"两山"实践基地经济普遍不够富裕，地理位置也不够便利，在这样的特殊与艰苦条件下，在"两山"理论的指导下，结合自己的实际情况走出了一条富有特色的"两山"转化之路。

在民族八省区中，云南省和内蒙古自治区均获批6个创新基地，为数最多。这些"两山"实践创新基地，在"两山"转化实践中均有自己的特色，以不同的风格、模式、路径在践行着"两山"理论，为当地的经济发展作出贡献，实现从"生态山"到"经济山"的转化，也在努力以经济反哺生态，寻求长期的可持续性战略发展。青海虽然在"两山"实践基地的四批次中均没有获批的县市，但是青海的三江源已作为第一批国家公园，成为生态重点。

习近平总书记在 2016 年和 2021 年两次在对青海的调研中都指出了青海省的生态重任与生态建设战略方向。青海省也从“生态立省”到“三区”战略、“四个转变”，再到“一优两高”战略，不断地凝练青海的绿色生态战略。这些“绿色战略”生动地演绎了青海“绿水青山”和“金山银山”的良性互动关系。[1] 2021 年 11 月 14 日，生态环境部宣布青海省海南藏族自治州贵德县、黄南藏族自治州河南蒙古族自治县成为第五批国家“两山”实践创新基地。截至 2021 年年底，青海省已经创建了 5 个国家生态文明建设示范区和 2 个“两山”实践创新基地，4 县、44 个乡镇和 543 个村成功创建为省级生态文明建设示范县、乡镇、村。这标志着青海省的生态文明建设进入了一个新的阶段。未来的青海发展战略是立足省情，扎实推进生态建设，将青海生态打造为一个世界品牌，持之以恒开展生态示范创建，推动生态资源优势转化为经济发展优势，以高水平的生态文明建设引领经济社会高质量发展。

6.2　青海省“两山”创新实践基地现状介绍

6.2.1　贵德县的生态建设与“两山”实践

贵德县位于青海省海南藏族自治州，生态农牧业、绿色清洁工业、高原文化旅游业是贵德县的三大特色优势产业。贵德县在不断的发展中，从自身优势出发，积极践行“绿水青山就是金山银山”的发展理念，深度挖掘生态农牧业的特色农产品种类，做好农产品品牌建设，打造高原绿色清洁工业，依托贵德的特色旅游资源，打造丹霞地貌和黄河上游的旅游文化品牌。贵德县在生态建设中实现产业生态化与生态产业化的两化融合发展，努力将生态农牧业、生态旅游业打造成优势品牌，并通过工业的绿色循环发展实现了产业生态化，使贵

[1] 赵永祥 . 从“两山”理论看青海经济社会发展战略演进及启示 [J]. 青海社会科学，2021（1）：71-79.

德的生态与经济良性循环。

贵德县在环境治理与生态环境修复方面积极作为，参与关注黄河流域的水污染防治和水生态修复，通过建设项目进一步完善了贵德黄河风情线"水—草—鱼—鸟—人"共生系统，改善区域生态环境和人居环境，在黄河流域的生态环境保护中起到了重要的作用。

贵德县也将"两山"理论应用在乡村振兴中，在农村生活垃圾治理方面大胆创新，全面推行"党政主导、市场运作、分类治理、三级监管"的治理方式，采用 PPP 模式在全县 7 个乡镇 65 个建制村实施农村生活污水治理项目，修建小型污水处理站 148 座，有效解决了农村地区生活污水随意排放的问题。通过政府购买社会公共服务的方式，贵德县引进专业城乡保洁服务公司，承担县城、乡镇、村清扫保洁、垃圾清运、公厕运营管理和垃圾无害化处理职能，构建了"全方位覆盖、市场化运作、群众认可满意"的城乡环卫工作格局，一举攻克了农村生活垃圾治理难题。

6.2.2 河南蒙古族自治县的生态建设与"两山"实践

河南蒙古族自治县（简称"河南县"）位于青海省黄南藏族自治州，是全国面积最大的有机畜牧业生产基地，有着得天独厚的地理优势。河南县在生态文明建设中将重点放在有机畜牧业生产的外部环境上，关注生态乡村的建设，持续 18 年持之以恒抓"白色污染"治理，实行"禁塑令"，让农牧民群众养成自觉遵守的好习惯来共同维护生态环境，让有机畜牧业有一个绿色可持续的发展环境。河南县创新推进生态区建设、创新开展"生态文明小康村"建设、与生态文明建设示范创建一并推行"无垃圾示范县"。对生活垃圾的处理形成一条龙模式，即由村（社区）一级收集、乡（镇）一级转运、县上集中处理的模式，做到垃圾不落地。"禁塑"工作已成为河南县生态文明建设的重要部分，

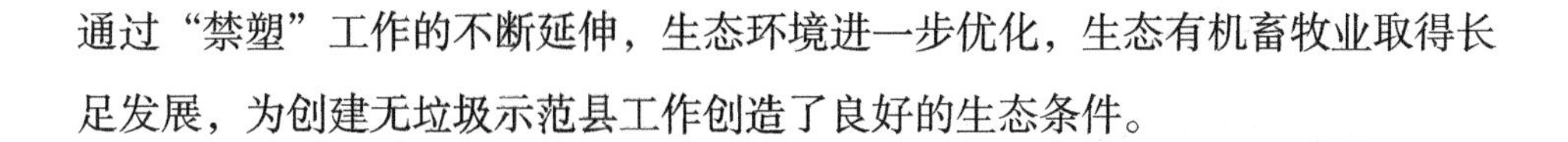
通过“禁塑”工作的不断延伸，生态环境进一步优化，生态有机畜牧业取得长足发展，为创建无垃圾示范县工作创造了良好的生态条件。

6.3 “两山”实践创新基地的实践经验与创新模式研究

“两山”实践基地在生态发展与经济发展中不停探索、实践，各个基地都有自己的特色和典型经验。整体来看，东部地区的实践水平高、经验丰富，东西部地区生态环境资源与具体情况各不相同，但是其路径与模式是值得总结与借鉴的，尤其是对青海的“两山”实践具有重要的现实指导意义和理论价值。

6.3.1 国家公园模式

国家公园在中国 2008 年刚刚起步，2020 年经过前期的国家公园体制试点，青海三江源、青海祁连山、云南普达措、海南热带雨林、浙江开化钱江源等 10 个地区正式设立成为中国第一批国家公园试点。2021 年 10 月 12 日，在《生物多样性公约》第十五次缔约方大会上，正式宣布三江源、大熊猫、东北虎豹、海南热带雨林、武夷山五个第一批国家公园。青海三江源榜上有名，这是对青海生态的又一次肯定。所谓国家公园，通常都是以天然形成的环境为基础，以天然景观为主要内容，人为的建筑、设施只是为了方便而添置的必要辅助，并且景观资源具有珍稀性和独特性。[1] 国家公园让资源成为山水银行，这与其他景区相比而言，也意味着更高的标准、更严的要求。国家公园与单纯供游人游览休闲的一般意义上的公园不同，主要以保护自然生态为目的，生态环境保护不局限于植树造林、关停厂房、监测数据等，还包括破旧拓新、转型升级、自我加压、强化考核。

[1] 中华人民共和国中央人民政府 . 中共中央办公厅 国务院办公厅印发《关于建立以国家公园为主体的自然保护地体系的指导意见》[EB/OL].（2019-06-26）[2022-04-24]. http://www.gov.cn/zhengce/2019-06/26/content_5403497.htm.

6.3.2　生态扶贫，发展绿色经济模式

精准脱贫与生态保护是我国决胜全面建成小康社会的重要任务。尤其是民族地区的贫困地区与生态脆弱区在地理的分布上存在着耦合性，生态环境成为民族地区诱发贫困的主要原因，民族地区也成为绝对贫困和深度贫困的主要地区。根据国家统计局的数据，我国贫困县中 80% 的扶贫开发重点县都分布在山区、林区和沙区这些生态重点区域，绝大多数都属于生态功能区或者生态脆弱区。为了能同时解决生态和贫困两个问题，生态扶贫便是在这两个领域同时获得问题解决方案的一个重要的"两山"实践模式，它是一种智慧的体现。2020 年 6 月 9 日，生态环境部办公厅、农业农村部办公厅、国务院扶贫办综合司联合发布《关于以生态振兴巩固脱贫攻坚成果进一步推进乡村振兴的指导意见（2020—2022 年）》（环办科财〔2020〕13 号），将生态扶贫作为国家政策进行落实，为落后地区的脱贫攻坚提供了新的思路。生态扶贫是采用创新思维在扶贫领域实施生态环境保护项目，一方面可以通过生态建设保护环境，提高区域生态的环境质量；另一方面通过产业生态化与生态产业化的融合所形成的生态经济，来促进贫困地区县域经济绿色转型发展，巩固并衔接脱贫攻坚和乡村振兴，从而有效实现"两山"转化，如山西岚县坚持生态底线不逾越，同时创新经济发展的路径，用实践证明了生态与富裕可以共生。[1]

6.3.3　碳汇交易，探索生态产业化模式

碳汇是指通过植树造林、植被恢复等措施，吸收大气中的二氧化碳，从而减少温室气体在大气中浓度的过程、活动或机制。碳汇的方式很多，有森林碳汇、草地碳汇、耕地碳汇、土壤碳汇和海洋碳汇，后几种在实践中使用较少，目前森林碳汇使用得最多。国际《京都议定书》已经将造林、再造林等林业活

[1] 程国媛 . 山西岚县生态扶贫并举 美丽富裕共生 [N]. 山西日报，2018-3-22.

动纳入确立的清洁发展机制，鼓励各国通过绿化、造林来抵消一部分工业源二氧化碳的排放。发达国家可以通过在发展中国家实施林业碳汇项目来抵消其部分温室气体的排放量。森林碳汇在未来应对气候变化、实现碳中和目标过程中的地位越来越重要。发达国家可以在发展中国家、经济发达地区可以在经济落后地区，分别实施林业碳汇项目以抵消其部分温室气体的排放量。“两山”实践基地的另一种模式就是在该地区创新林业发展的新模式和新思路，建立森林生态效益的生态产业化和市场化，实现森林的生态服务功能价值化，也是林业生态产品货币化的具体体现，从而获得长期的经济效益，实现该地区“绿水青山”到“金山银山”的转变。例如，福建永安市积极学习国际碳汇标准，改变林业经营理念，由“砍树、种树、再砍树”的传统模式，转向“少砍树、不砍树、育大树”的新模式，不断增加森林资源的增量，从而提高净碳汇的增量，完成了全国首批林业碳汇达 50 万的交易。

6.3.4　传统生态村落与农耕文化的实践基地模式

传统村落作为文化遗产传承和重塑了传统文化。中国的传统村落具有在世界范围内规模大、相对聚集、种类繁多、鲜活及与民族文化紧密相连等特征。传统文化在不同的民族文化基础上形成了不同支系，在不同的地貌、地理位置和经济发展水平下不断演变。与传统文化相连接的必然是其背后的农耕文化，因此在保护和发展传统村落的同时也可以把中国的农耕文化推向世界。通过农耕文化的推广，可以让传统村落有一个自信的价值体系，让更多的人知道传统村落所承载的厚重历史，然后就可以把传统村落变成世界旅游休闲的主要目的地，让外国友人加入进来，同我们一起来保护村落古建筑，一起开发产业。传统村落是中国传统文化复兴的源泉，是生态文明建设的重要载体，是乡村振兴的重要抓手，是城乡融合发展的重要着力点，是助力精准扶贫的重要资源、重要财产，也是“绿水青山”变成“金山银山”的重要承载地。可依托传统村落的文化特性和绿水青山的自然特性，在维持传统村落生态风景、民俗风情和历史沧桑感的基础上，避免过度的商业化开发及破坏性行为，从而保留乡村的本真。发展与其相适应的旅游等业态，在优良的生态环境中，在乡土民俗风情中发展生态农业、休闲旅游、文创等业态，推动产业融合发展，实现在"两山"转化中自然生态、经济生态、社会生态三者的协调发展。例如，浙江松阳、广西阳朔等都是以传统古村落作为"两山"转化的有效路径，促进当地的经济发展。

6.4 "两山"转化路径与典型模式

各地的"两山"创新实践基地都结合当地的资源优势积极探索有效的"两山"转化路径，有围绕生态环境与生态资源优势而发展特色产业的"山歌水经型"；有生态环境敏感脆弱的地区，以实现保护者受益为根本的"生态补偿"型❶；有以发展循环经济为中心的"循环集约型"和以打造区域生态品牌为典型的"品牌塑造型"等。❷不同的转化路径都有不同的生态背景、经济背景、地理区域背景及历史发展背景，也反映出"两山"理论在不断实践中内涵不断加深。江小莉、温铁军等认为与"两山"理念三阶段发展内涵相匹配的实践路径主要有三类❸：第一类是生态环境的修复与保护；第二类是生态环境的有序利用与资源深化；第三类是生态资产保值、增值。❹在以上三种分类的基础上，根据"两山"实践内涵的不断丰富化，将转化路径分成六类：生态修复与保护型、产业生态化过程型、生态产业化过程型、生态环境有序利用与

❶ 江小莉，温铁军，等."两山"理念的三阶段发展内涵和实践路径研究 [J]. 农村经济，2021（4）：1-8.

❷ 肖雪琳."两山"转化十种模式，四川如何适用？——四川省"两山"转化路径与典型模式探究 [J]. 生态文明示范建设，2021（5）：51-53.

❸ 同❶.

❹ 同❶.

资源深化型、生态资产保值与增值型、商业模式赋能型。下面将目前“两山”实践创新基地及各地区的转化模式按照以上六类进行合并分类（见表 6-3）。

表 6-3 “两山”六大转化类型、具体转化路径模式及内涵特征[1]

“两山”转化模式类别	具体路径模式	特征
生态环境的修复与保护	生态补偿型	生态功能极为重要、生态环境敏感脆弱的地区，借助国家重点生态功能区转移支付等各级财政资金及各方进行生态补偿政策，确保“谁保护、谁受益”
	污染治理型	解决经济社会发展进程中的历史遗留、环境污染和当下生产生活过程的环境污染，提升环境质量
	生态修复型	加强人工生态修复，或修复资源能源开采等带来的生态破坏问题，夯实生态基础
生态环境的有序利用与资源深化	循环集约型	推进本地企业资源循环式利用，形成完整的循环生态组合圈，降低污染物排放量、环境风险和企业生产成本
	高端产业发展型	基于良好生态环境优势，吸引高附加值低污染产业，催生新经济、新业态和新模式
产业生态化	能源清洁化型	开发使用风电、水电、光伏发电等清洁能源，推动节能降耗从而产生经济效益
	绿色制（智）造型	以绿色理念为指导，综合考虑环境影响、资源效率发展现代制 / 智造产业，推动产业向绿色循环低碳方向转变
生态产业化	高效生态农牧业（养殖）型	发挥当地特色农产品、药材、林产品、海产品、畜牧产品的优势，形成品牌效应和规模效应
	高效生态养殖型	在立足生态农业、生态养殖等优势基础上，形成种养、加工、销售、科研、创新、康养的全产业链体系
	山歌水经型	对于生态环境资源特色突出的地区，因地制宜发展特色产业、生态旅游，探索生态优势向发展优势转变的路径，生动践行“靠山吃山唱山歌，靠海吃海念海经”的理念
	生态文化产业型	让绿水青山找到生态与文化的契合点以焕发人文的生命力与活力，创造出人在精神享受、知识获取、休闲娱乐和美学体验等

[1] 董战峰，张哲予．“绿水青山就是金山银山”理念实践模式与路径探析 [J] 中国环境管理，2020（5）：11-17.

续表

"两山"转化模式类别	具体路径模式	特征
生态资产保值、增值	生态银行型	将"生态本金"源源不断地储蓄进"绿色银行"，实现生态环境补绿增绿与生态资产储值增值，并将生态资产不断累积变现
	环境权益交易型	生态资源丰富、资源权益交易制度建设完备的地区，应积极构建生态产品及其价值实现的市场化运作体系和市场交易体系，实现排污权、水权、碳排放权等环境权益类态产品在不同主体间的高效配置，变生态产品为真金白银
商业模式赋能	品牌塑造型	大力发展绿色食品、有机农产品和地理标志农产品，培育打造特色区域公共品牌，提高产品附加值，实现生态与发展协同互促
	数字赋能型	依托电商平台实现生态产品的供需精准对接。创新应用"直播带货""拼团""众筹""私人定制"等多元化互联网营销模式，打通生态产品走进城市的上行通道

6.5 地方特色"两山"转化创新实践可借鉴的经验及对青海的启示

"两山"实践创新基地是贯彻和落实习近平生态文明思想、践行"两山"理论的重要平台，是探索生态产品价值实现机制、推进绿色发展、建设美丽中国的重要载体。随着生态文明建设与"两山"实践在不同省份的开展，每个省份、地区都结合自身的特色，在实践创新基地的创建中探索出了一个适合自己的模式和路径，并在实践中有效地实现了从"绿水青山"到"金山银山"的转化，经济取得了有效的发展，为当地的农民带来就业和增收，在生态保护修复与生态产品供给、经济转型绿色发展、创新长效保障制度等方面取得了明显进展和显著成效。尽管不同省份的转化模式和路径各不相同，但对于青海的"两山"转化实践都具有一定的借鉴意义。

第一，"两山"转化实践创新要以筑牢生态安全为基础。各种转化路径与思路都需要紧扣"两山"理论的核心内容，把生态安全作为第一要务，不能以

透支生态，破坏生态来换取经济发展。实践也一再证明，只有守住自然生态安全边界、保护好自然生态系统，“绿水青山”才可以更好地转化为“金山银山”。要制定生态发展战略格局，对不同区域不同类型的生态实行差异化生态管控策略，实现生态之间的互补性与平衡发展。同时，还需要保值增值自然资本，以“金山银山”反哺生态，投资生态资源，增加生态资源的底色，实现生态的良性发展，保护核心生态资源，打造保值增值自然资本的生态高地。

第二，通过确立机制来保障“两山”的长效转化。“两山”转化与生态建设是系统工程，因此需要以生态目标为引领，确定长效机制来实现转化。创新长效机制，通过将市场机制、生态补偿机制、参与主体的奖励机制、创新机制等一系列内容应用到实践中，不断优化城市形态、布局、风貌，保护农村生态环境，做到生产空间集约高效、生活空间安全宜居、生态空间山清水秀，将生态系统与经济系统和谐统一，保障“两山”成果顺利转化。

第三，“两山”转化的目标与切实表现都是生态化扶贫与富民过程。“两山”在不断的发展中，深化实践，通过“两化”的形式不断实现两者的最终转化，但这个过程的本质就是一种广义的生态化扶贫和创富过程。[1] 在民族地区，人们对“两山”和“贫困”的理解存在误区，如果从“两山”理论视角来重新理解贫困，我们会发现民族地区所面临的贫困是一种“双贫困”，即经济贫困与生态贫困。生态贫困是指生态资源匮乏、生态脆弱性与生态污染等生态问题，那么由此就可以得出结论，只有解决了生态贫困问题，经济的贫困问题才能得到解决。青海的生态文明建设正是这样的一种轨迹，将生态扶贫作为生态建设的核心，通过生态修复或环境保护来实现生态脱贫与生态致富，使生态环境保护与农牧民脱贫成为统一的过程。很多实践创新基地都是通过创新思路，依托资源优势来寻求发展的突破口，让人民群众受益，增加农民的转移性收入，

---

[1] 江小莉，温铁军，等.“两山”理念的三阶段发展内涵和实践路径研究 [J]. 农村经济，2021（4）：1-8.

或者通过生态公益性岗位的设置让农民获得稳定的工资性收入。例如，江西崇义，通过大力发展林业经济，助农增收实现山区林农兴林致富。青海的三江源国家公园通过设立生态保护岗的生态看护员，实现农牧民增收，让农民群众在"两山"转化中切实改善经济状况。

第四，"两山"转化是在乡村振兴语境下的场景实践。在新型城镇化进程中，城乡差距加大，乡村出现了落后于城市的局面，主要表现在观念、产业发展、生态环境和乡村治理等各个方面。在乡村振兴战略的背景下，城乡融合式发展，脱贫攻坚、绿色可持续发展成为乡村建设的主要内容。"两山"理论在乡村振兴中具有深刻的理论价值和实践意义，在农村进行生态文明建设和"两山"实践中有利于缩小城乡差距,发挥乡村原有的自然性与生态性特征。通过案例分析可以发现，各个地方的特色"两山"转化创新实践基地都是在乡村开花结果，探索出有效的转化路径，挖掘乡村特色资源，并发挥绿色资源优势，发展生态产业，通过科技助攻一方面保护了"绿水青山"，另一方面破解了生态保护和经济发展矛盾的难题，将"农、文、旅"深度融合，打造地方特色优势产业。

第五，"两山"转化中的科技助力与数字助力。在"两山"转化中，科技的重要作用越来越凸显,很多省份的"两山"实践中都通过设立"科技特派员"制度来推进农村工作创新，让农村的生态产业有专人指导、培训，提高了生态产品的标准化水平。一些地区还建立了良性的循环机制，让农民拿着问题找科研工作者，反之也让科技工作者以自己的科研项目与农村对接，以点带面，不断地将好的科研成果在更多范围进行示范，推动科研成果实现社会、经济和生态等多重收益。数字化"两山"也是"两山"转化实践的一个亮点，许多东部地区的农村在积极补齐农村数字公共服务体系建设短板，不断完善农村通信、冷链物流等相关基础设施，完善乡村的生产性服务体系，打造数字生态农业

“云平台”，利用数字化手段助力乡村生态经济振兴。[1]

第六，好的生态建设会带来良性循环的经济发展。生态系统是由生物群落及其生存环境共同组成的动态平衡系统，好的生态建设会在生态系统平衡发展的基础上带来良性循环，彼此互相受益，这也是“两山”转化中应把握的一个规律。如果采取某种转化路径，带来一系列的环境破坏等问题，就需要考虑这个路径是否可持续。例如，青海省共和县塔拉滩的海南州绿色产业发展园区是全国首个千万千瓦级太阳能生态发电园。园区坚持在建设中保护、在保护中建设的发展理念，通过沙漠生态治理和生产实践，逐步形成了光伏与治沙相辅相成、协同发展的创新模式。通过治理，植被恢复率高，从而降低了风速和土壤水分蒸发量，提高了水源涵养量，使牧草产量大幅增加，从而也使荒漠化土地和沙化土地数量双下降。新能源发电区光伏发电园引入“牧光互补”模式，在光伏电站种植牧草，养殖牛羊存栏达 22000 多只，实现了“一草两用”；创新“光伏 + 乡村振兴”模式。目前，新能源发电区已提供 3349 个公益性岗位，对实现创业就业、民族团结、脱贫致富起到了积极推动作用。据了解，塔拉滩草原的 10 个村民委员会、24 个社、313 户 978 名贫困人口脱贫后走上了乡村振兴的道路。[2]

综上所述，东部发达地区的“两山”实践在理论的引导下取得了较大的成就，创新实践基地的模式也为我们提供了一定的借鉴与经验；但辩证唯物主义告诉我们任何事物的发展都是有条件和界限的，“绿水青山”向“金山银山”的转化也不例外。青海独特的生态环境与生态地位需要自我创新、自我发展与自我扩容。首先，不能盲目转化。从主体功能区划来看，可以分为优化开发区、重点开发区、限制开发区和禁止开发区四类开发区。在不同类型开发区上，开发的内容和重点也不同。因此，推进“绿水青山”向“金山银山”转化的

[1] 翁伯琦，林怡．发展数字生态农业助力“两山”转化 [N]. 中国环境报，2022-02-22.

[2] 马玉宏．青海省海南州创新推进光伏治沙：“牧光互补”生态富民 [J]. 经济日报，2022-03-15.

程度、方式也是不同的，不能平均用力。青海在借鉴转化经验时，应该结合不同生态功能区特征，选择与主体功能区规划相适应的转化方式。其次，不能急于转化。要从战略角度出发，不能将关注点仅放在短期内，青海一些地方提出限制开发、禁止开发，是因为需要科学地进行生态修复与后期开发的科学规划与设计，所以要通过生态补偿方式与国家财政的扶持，大力投资进行生态修复与环境保护，让这些在目前看来是“禁止开发区”的功能区通过修复成为重要的生态开发区。生态建设作为一项伟大的工程，不是一代人的事业，它可能需要几代人去为之奋斗，是一个漫长的过程，不能急功近利。所以，青海在如此高的生态站位上，应该用可持续性的发展观和战略观去选择因地制宜的转化模式和路径。

第7章

“两山”转化实践成效评价、实证分析与发展启示

7.1 民族地区“两山”转化实践成效评价的背景与意义

在2019年全国民族团结进步表彰大会上，习近平总书记明确指出，“要提高民族地区将‘绿水青山’转换为‘金山银山’的能力”[1]。这表明了民族地区的经济发展要从“绿树青山”的保护出发，坚持新发展理念、大力发展生态经济的发展思路，体现了民族地区要把生态资源优势转化为经济优势、竞争优势和发展优势的深刻哲理，也为民族地区走生态优先、绿色发展之路指明了方向。总体上看，民族八省区都是自然资源丰富、生态环境脆弱、经济发展水平相对滞后的贫困地区。尤其在过去很长一段时期，民族地区在这种生态与经济发展不均衡的关系下，容易牺牲生态环境换取经济增长。例如，20世纪80年代以来，部分民族地区采取短期发展战略，通过不合理的矿产、森林、草原等资源开发造成了严重的生态破坏与环境污染问题，很多区域面临资源环境与绿色发展的压力，区域生态安全和人居环境健康受到威胁。民族地区作为我国资源富集区、水系源头区和生态屏障区的重要代表地区[2]，“两山”理论对其良性与健康发展

---

[1] 闵言平．提高民族地区把“绿水青山”转变为“金山银山”的能力[J]. 中国民族，2021（2）：34-35.

[2] 同[1].

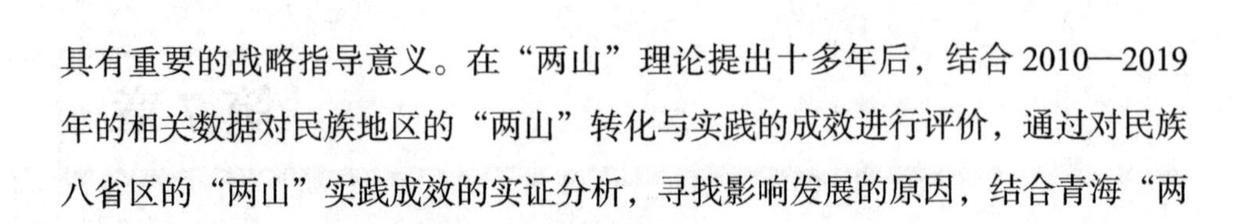

具有重要的战略指导意义。在"两山"理论提出十多年后，结合 2010—2019 年的相关数据对民族地区的"两山"转化与实践的成效进行评价，通过对民族八省区的"两山"实践成效的实证分析，寻找影响发展的原因，结合青海"两山"的实践路径与现状，提出有效的路径对策。

7.2 "两山"转化评价指标与成效分析理论综述

对于"两山"转化的评价指标构建与转化成效的研究，学者们从不同层面进行了相对深入的分析。容冰等将"两山"理念从县域层面进行大样本的聚类分析，总结县域层面的"两山"理念转化典型模式，提出选择方法。学者们以浙江省衢州市的 6 县（市、区）为案例，综合设计衢州市各县（市、区）的"两山"转化典型模式与实践方案。[1]陶建群以湖州为例，提出"两山"建设要构建长效机制常态通道，坚持原则、形成经验、达成统一、取得成效。[2]刘薇以北京密云区为例，提出对区域绿色经济发展条件进行总结评价是"两山"转化的重要前提，并从经济效益维度、社会效益维度、资源环境维度和政策支撑维度构建了密云区绿色经济发展评价指标体系并进行综合评价。[3]孙崇洋等对浙江省 11 地市"两山"的研究，提出以人力资本和技术进步水平是"两山"转化的门槛，要高度重视人力资本的培养和积累，强化技术进步创新的力度。[4]

关于"两山"转化的成效评价方面的研究，张慧远构建了综合性指数——

---

[1] 容冰，杨书豪，储成君，等 . 县域打通"绿水青山就是金山银山"理念转化通道的典型模式研究 [J]. 中国环境管理，2021，13（2）：20-26.

[2] 陶建群，金雄伟，张小青 . 绿水青山如何变成金山银山——"两山"理念转化机制与通道的湖州探索 [J]. 人民论坛，2020（30）：134-137.

[3] 刘薇 . 绿水青山转化为金山银山：评价与路径——以北京市密云区为例 [J]. 生态经济，2021（1）：206-211.

[4] 孙崇洋，葛察忠，段显明，等 ."绿水青山"向"金山银山"转化的门槛效应分析——以浙江省为例 [J]. 生产力研究，2020（6）：10-14.

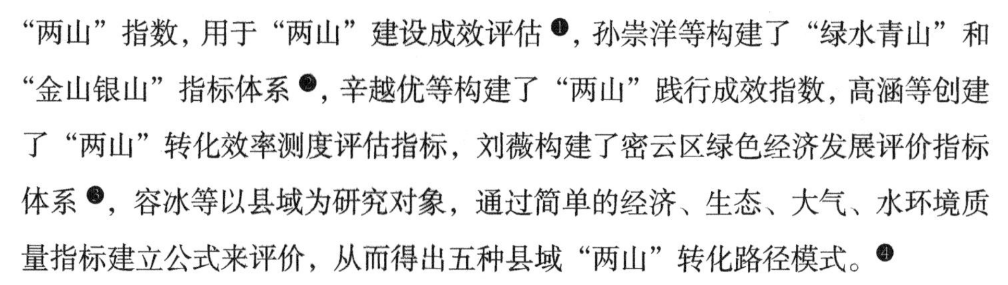

“两山”指数，用于“两山”建设成效评估❶，孙崇洋等构建了“绿水青山”和“金山银山”指标体系❷，辛越优等构建了“两山”践行成效指数，高涵等创建了“两山”转化效率测度评估指标，刘薇构建了密云区绿色经济发展评价指标体系❸，容冰等以县域为研究对象，通过简单的经济、生态、大气、水环境质量指标建立公式来评价，从而得出五种县域“两山”转化路径模式。❹

综上所述，可以用三分法将“两山”转化研究分为三个层面：一般性“两山”转化的机制、路径、思路与对策，区域性的“两山”转化模式、路径与对策和“两山”转化的评价指标体系的构建与应用分析。用两分法可以将“两山”转化的研究分为转化路径的理论定性分析和转化成效及能力评价的定量研究两个层面。❺“两山”转化的研究总体呈现出以下特点：一般性理论较丰富，区域性理论主要集中在浙江等“两山”理论等实践先行的东部地区，针对西北地区、民族地区的研究则相对薄弱，尤其是对民族八省区的“两山”转化成效定量评价是一个空白。

本书在现有理论的研究基础上，基于民族地方实践，分析民族地区“两山”理念的转化特征与路径，构建民族地区两山转化成效的评价指标，并通过数据模型分析，提出转化的典型模式。主要贡献体现在以下三个方面：第一，针对民族地区特殊的生态现状与特点，提出民族地区“两山”转化成效的评价

---

❶ 张惠远．我国“绿水青山就是金山银山”实践模式与成效评估研究 [J]. 环境与可持续发展，2020（6）：104-107.

❷ 孙崇洋，葛察忠，段显明，等．“绿水青山”向“金山银山”转化的门槛效应分析——以浙江省为例 [J]. 生产力研究，2020（6）：10-14.

❸ 刘薇．绿水青山转化为金山银山：评价与路径——以北京市密云区为例 [J]. 生态经济，2021，37（1）：206-211.

❹ 容冰，杨书豪，储成君，等．县域打通“绿水青山就是金山银山”理念转化通道的典型模式研究 [J]. 中国环境管理，2021，13（2）：20-26.

❺ 秦昌波，苏洁琼，王倩，等．“绿水青山就是金山银山”理论实践政策机制研究 [J]. 环境科学研究，2018，31（6）：985-990.

指标。第二，结合转化成效得分，对民族八省区进行分类并对不同的生态类型提出经济发展的不同路径及模式。第三，对民族八省区"两山"转化成效与水平进行横向对比，分析总结转化成效好的地区的经验，为其他民族地区提供借鉴。

7.3 民族地区"两山"转化的实践概况

"两山"理论在民族地区的实践晚于浙江等东部省份。2007 年，党的十七大首次把"生态文明"写进党代会报告，并将其作为全面建成小康社会的重要目标之一。各个省份认真贯彻落实党的十七大精神，摆正生态环境保护与经济发展的位置，相继制定生态发展战略，其中也包括民族八省区。例如，2008 年贵州省提出实施"环境立省"战略和"保住青山绿水也是政绩"的观念，内蒙古自治区制定了"生态优先、绿色发展"为导向的发展战略，青海省提出"生态立省"战略，加快推动生态文明建设，全面推进生态保护、生态经济和生态文化建设。尤其是在西部大开发战略的带动下，民族地区建设了一大批国家级生态工程，但民族地区普遍经济发展落后，观念保守，传统的 GDP 发展导向与长期形成的资源开发路径依赖仍未彻底扭转，"先破坏、后保护""先污染、后治理"的发展模式尚未得到根本改变。[1]因此，在这一时期，民族地区对于"两山"理论的实践是相对滞后的，没有实质上的实践与创新的动力，也缺乏实践的有效路径与对策。

党的十九大后，中国的生态文明建设进入一个新的阶段，生态环境保护已经由"软任务"变成"硬指标"。党的十九大报告中提出"实行最严格的生态环境保护制度"，民族地区各民族省份都在结合自己的实际情况正式开始了"两山"理论新的探索与实践。贵州省贵阳市乌当区作为民族地区的第一个国

[1] 赵永祥 . 从"两山"理论看青海经济社会发展战略演进及启示 [J]. 青海社会科学，2021（1）：71-78.

家级“两山”实践创新基地，将大数据理念引入生态文明建设，从“自然乌当”“生态乌当”，到“生态健康之区”，通过大力发展“稻菜果林”的生态循环种养殖模式，建造起一座座“山上”银行，通过发展休闲观光农业，推进乡村游，打通“两山”发展渠道，形成了“两山”建设的“4G”模式。[1]截至 2021 年第五批国家“两山”实践基地，民族八省区共有 32 个地区被列入其中（见表 7-1）。

表 7-1 民族八省区国家级“两山”实践创新基地

省 / 自治区	“两山”实践创新基地	数量（个）
内蒙古自治区	杭锦旗库布齐沙漠亿利生态示范区、阿尔山市、巴彦淖尔市乌兰布和沙漠治理区、兴安盟科尔沁右翼中旗兴安盟、呼伦贝尔市根河市	6
云南省	腾冲市、红河州元阳哈尼梯田遗产区、贡山独龙族怒族自治县、丽江市华坪县、楚雄彝族自治州大姚县、山壮族苗族自治州西畴县	6
贵州省	贵阳市乌当区、赤水市、兴义市万峰林街道、贵阳市观山湖区、铜仁市江口县太平镇	5
广西壮族自治区	南宁市邕宁区、金秀瑶族自治县、桂林市龙胜各族自治县、河池市巴马瑶族自治县	4
青海省	海南州贵德县、黄南州河南县	2
新疆维吾尔自治区	伊犁哈萨克自治州霍城县、第九师 161 团、阿克苏地区温宿县、第三师图木舒克市 41 团草湖镇	4
西藏自治区	隆子县、拉萨市柳梧新区达东村	2
宁夏回族自治区	石嘴山市大武口区、固原市泾源县、银川市西夏区镇北堡镇	3
合计		32

[1] 樊成琼，等．牢记嘱托走新路——贵阳守好两条底线推动高质量发展综述 [N]. 贵阳日报，2021-02-03（A01）.

例如，广西龙胜县在"两山"理论指导下，以"生态、旅游、扶贫"为发展思路，打造龙胜绿色发展模式，依托丰富的自然资源优势，着力打造生态农业、生态旅游业；加强源头地区保护区、森林公园、资源重点开发区等区域的生态保护，与此同时，注重推动产业创新，大力发展绿色产业，实现生态富民、生态惠民。[1]青海省由于所处的特殊位置及"三个最大"[2]，使青海成为了生态立省、生态保护优先的绿色发展样板。

民族地区的"两山"实践有一个更为突出的特征，它为民族地区的乡村振兴和脱贫攻坚提供了重要的理论指导。民族地区的贫困地区与生态脆弱区在地理的分布上存在着耦合性[3]，生态环境成为民族地区诱发贫困的主要原因。分析2017年末国家贫困人口数据可知，民族八省区农村贫困人口为1032万人，占同期全国农村贫困人口的33.9%。在2017年全国832个片区贫困县和重点贫困县中，民族自治地方县共有421个，占51%；14个集中连片特困地区当中的11个及深度贫困的"三区三州"都在边疆地区和民族地区[4]，并且贫困的时间长、程度深[5]，精准扶贫工作任务重且难度大。2019年，习近平总书记强调"要保持加强生态文明建设的战略定力；要探索以生态优先、绿色发展为导向的高质量发展新路子"，这为民族贫困地区的脱贫致富提供了理论基础，指明了发展方向，确定了实施方案。以"两山"理论为扶贫脱贫理论基础

---

[1] 龙胜各族自治县入选第四批"绿水青山就是金山银山"实践创新基地[EB/OL]. http：//travel.cnr.cn/list/20201019/t20201019_525301310.shtml.

[2] 2016年8月，习近平总书记在青海视察时强调，"青海最大的价值在生态、最大的责任在生态、最大的潜力也在生态"，高屋建瓴地指出了青海在国家发展全局中的战略地位、发展定位，高度凝练了青海经济社会发展和生态文明建设的基本理念、政治要求和实现路径。

[3] 佟玉权，龙花楼．脆弱生态环境耦合下的贫困地区可持续发展研究[J]. 中国人口·资源与环境，2003（2）：50-54.

[4] 邢成举，李小云．结构性贫困视角下的民族地区精准扶贫研究[J]. 中央民族大学学报（哲学社会科学版），2019，46（6）：99-112.

[5] 王亚玲．多措并举推动深度贫困地区脱贫攻坚[N]. 经济日报，2017-12-31（008）.

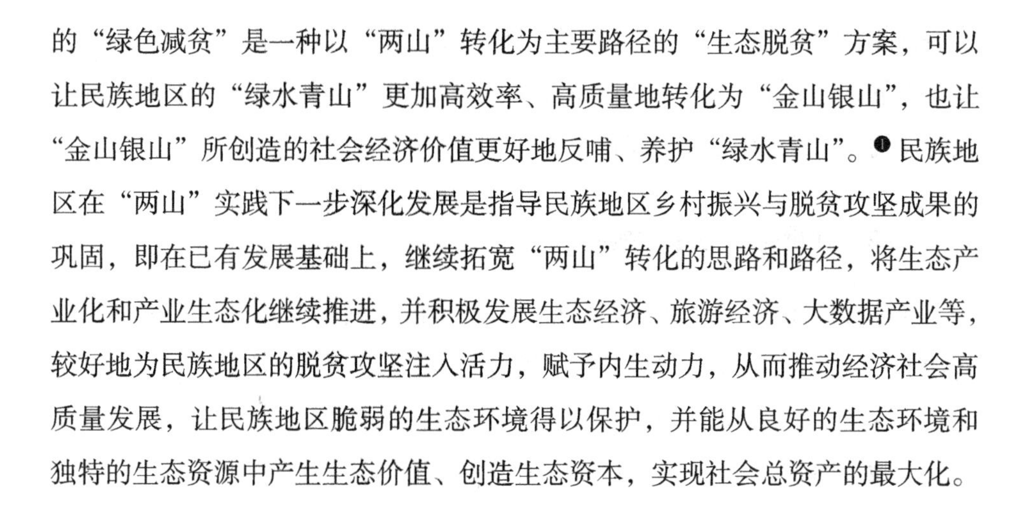

的“绿色减贫”是一种以“两山”转化为主要路径的“生态脱贫”方案，可以让民族地区的“绿水青山”更加高效率、高质量地转化为“金山银山”，也让“金山银山”所创造的社会经济价值更好地反哺、养护“绿水青山”。[1]民族地区在“两山”实践下一步深化发展是指导民族地区乡村振兴与脱贫攻坚成果的巩固，即在已有发展基础上，继续拓宽“两山”转化的思路和路径，将生态产业化和产业生态化继续推进，并积极发展生态经济、旅游经济、大数据产业等，较好地为民族地区的脱贫攻坚注入活力，赋予内生动力，从而推动经济社会高质量发展，让民族地区脆弱的生态环境得以保护，并能从良好的生态环境和独特的生态资源中产生生态价值、创造生态资本，实现社会总资产的最大化。

7.4 民族地区“两山”转化成效评价指标体系的构建

7.4.1 构建背景

关于民族地区“两山”实践的研究基本上是以理论分析为主，目前尚未有关于民族八省区“两山”转化成效的评价指标及横向对比的定量分析。有关“两山”转化理论及“两山”转化成效的相关评价指标研究已有一定成果，但仍不够完善，难以体现区域异质性因素的影响。结合上述分析，可以发现民族八省区都在“两山”实践中结合各省、自治区的情况积极地践行“两山”的转化，但是在“两山”转化的成效水平上还有待提高。民族地区的大部分地区多为生态脆弱、生态地位重要，生态资源丰富、品质优良而经济发展相对落后的地区，与其他地区在不同的生态和经济基础条件下转化的路径和发展目标不尽相同。因此，对于“两山”转化实践成效评价采用同一指标，来判断不同生态与经济条件下的“两山”转化成效是不严谨的，需要针对生态质量较高但经济

[1] 秦昌波，苏洁琼，王倩，等.“绿水青山就是金山银山”理论实践政策机制研究 [J]. 环境科学研究，2018，31（6）：985-990.

发展较落后的民族地区构建一套评价指标体系，来判断民族地区"两山"转化能力水平。这个评价过程也是对民族八省区"两山"成效的检验与评价，并能及时发现转化过程中存在的问题与不足。

7.4.2 评价指标体系的构建

通过对"两山"转化文献的梳理，关于"两山"转化实效评价相关的指标具有如下三类：第一类是绿色经济发展绩效评价模型，如弗朗克斯在环境与经济综合核算体系（SEEA）基础上提出的绩效评价模型和2015中国省际绿色发展指数；第二类是"两山"转化评价的综合性指数，如"两山"指数、"两山"理念践行成效指数、"绿水青山"与"金山银山"的转化门槛等。这一类评估方法是在厘清了"绿水青山"与"金山银山"之间的关系后，构建的两者具有相互作用的评价指标，通过一个时间周期的指标数据变化来进行定量分析；第三类是测算生态环境和生态经济效果的评价指标，如中国生态系统文明指数❶、生态系统产值评估测算模型❷，具体评价指标及指标内容如下（见表7-2）。

表7-2　与"两山"转化的相关评价指标体系列表

类别	指标名称	研究学者 / 机构	一级指标内容	具体指标
绿色经济发展绩效评价模型	密云绿色经济发展评价指标体系	刘薇	经济效益、社会效益、资源环境和政策支撑四个一级指标	GDP总量和地方公共财政收入等18个具体指标
	2015年中国省际绿色发展指数	北京师范大学等	由经济增长绿化度、资源环境承载潜力和政府支持度三个一级指标	60个具体指标

❶ 连玉明. 中国生态文明发展报告[M]. 北京：当代中国出版社，2014：39.

❷ 马国霞，於方，王金南，等. 中国2015年陆地生态系统生产总值核算研究[J]. 中国环境科学，2017，37（4）：1474-1482.

续表

类别	指标名称	研究学者/机构	一级指标内容	具体指标
“两山”转化评价综合指数	“两山”指数	张惠远	“绿水青山”指数、“两山转化”指数和“两山保障”指数三个一级指标	包含环境质量、制度创新等20个具体指标
	“绿水青山”和“金山银山”指标体系	孙崇洋等	“绿水青山”指数和“金山银山”两个一级指标	生态环境质量指数（EI）等12个具体指标
	“两山”践行成效指数	辛越优、张颂	基于“绿水青山”和“金山银山”两个一级指标	包括经济发展、民生水平、生态治理等11具体指标
	“两山”转化效率测度评估指标	高涵、叶维丽等	投入指标和产出指标两个一级指标	全社会人口、资本存量等8个具体指标
生态环境与生态经济效果评价指标	中国生态文明指数	连玉明	生态经济、生态环境、生态文化、生态社会、生态制度五个一级指标	涉及人均GDP等22个具体指标
	农业可持续发展与生态环境评估的指标体系	彭念一，吕忠伟	经济、生态、社会三个一级指标	包括生态水平、农民收入与消费水平等12个具体指标

在掌握“两山”的科学论述及理论观点的基础上，结合上述相关评级指标及数据的可获得性，以此为基础构建民族地区从“绿水青山”到“金山银山”转化成效水平的评价指标体系。评价指标体系以“两山”理念内涵为根本要义，以民族地区生态环境与经济发展为基础，并系统考虑民族地区“两山”转化中包括“绿水青山”的生态环境指标、“金山银山”的经济指标、“相关政策”支持指标、人文指标等。

从“两山”转化指标和保障类指标六个维度构建民族地区“两山”转化实践成效评价指标（见表7-3），可为民族地区“两山”转化实践的效果进行评估与测量。

表 7-3 民族地区“两山”转化成效评价指标体系

一级指标	二级指标	单位	计算方法	指标属性
“绿水青山”的生态指标	X1：建成区绿化覆盖率	%	年鉴直接获得	正向
	X2：环境空气质量优良天数	天	年鉴直接获得	正向
	X3：森林覆盖率	%	年鉴直接获得	正向
	X4：近年环境空气质量优良率	%	废气指标（2011—2014 年的二氧化硫 + 氢氧化物 + 烟（粉）尘加和【万吨】/ 当年 GDP 总量【万元】) 近年空气质量指数（2015—2019 年省级空气质量优良率）	正向
“金山银山的经济指标”	X5：GDP 总量	亿元	年鉴直接获得	正向
	X6：人均 GDP	元	年鉴直接获得	正向
政策支持指标	X7：城镇污水无害化处理力	日 / 万立方米	年鉴直接获得	正向
	X8：城市环保基建指数	%	水利、环境和公共设施管理业全社会固定资产投资 /GDP	正向
	X9：科研指数	%	科学研究、技术服务和地质勘查业全社会固定资产投资 /GDP	正向
	X10：人均公园绿地面积	平方米 / 人	年鉴直接获得	正向
	X11：生活垃圾无公害处理率	%	年鉴直接获得	正向
人文指标	X12：居民绿色出行指数	次 / 人	公共交通客运总量 / 常住人口	正向
	X13：居民可支配收入	元	年鉴直接获得	正向
	X14：教育水平	每一万人中有多少在校学生	（在校中小学人数 / 总人数）× 10000	正向
	X15：人均污水排放量	吨 / 人	污水排放总量 / 总人口	负向
	X16：文化竞争力	个	非遗数量	正向

续表

一级指标	二级指标	单位	计算方法	指标属性
绿水青山与金山银山的关联及转化指标	X17：生态产业 GDP 占比	%	第一产业、第三产业 GDP/GDP	正向
	X18：单位 GDP 能耗	吨 / 万元	终端能源消费量 / 地区生产总值	负向
	X19：人口自然增长率	%	计算方法 =（当年度总人口 – 上年度总人口）/ 上年度总人口	正向
保障类指标	X20：千平方千米地面观测业务点数量	个 / 千平方千米	地面观测业务站点个数 / 总面积（千平方公里）	正向
	X21：国控环境质量监测点数量	个	国控环境质量监测点位数量	正向

其中，“绿水青山”的生态指标是指空气质量优良天数、森林覆盖率、城市空气质量指数四个二级指标。该指标对应守护“绿水青山”、提高生态产品供给、保值增值自然资本等方面内容。“金山银山”的经济指标是对评价地区的经济发展水平，从地区生产总值和人均地区生产总值两个二级指标进行测量，并且从 2010—2019 年进行 10 年的数据纵向分析。政策支持指标是指政府对该地区生态环境的保护政策、相关指标及所投入的建设资金等保障措施，既包括城镇污水无害化处理率、城市价地区的生态环境优势和生态资产情况，又包括该地区建成区绿化覆盖率、环境基础设施投资占地区生产总值比重、研发经费占地区生产总值比重、人均公园绿地面积、生活垃圾无公害处理率（亿元）五个二级指标。一个地区“两山”的转化除了政策的保障，还需要考虑当地人口的教育素质水平、对生态环境的保护理念、居民绿色出行等行为的影响。因此，在民族地区的“两山”转化成效评价指标中增加了人文指标，包括居民绿色出行指数、居民可支配收入、教育水平、人均污水排放量、文化竞争力五个二级指标。绿水青山与金山银山的关联及转化指标是指“两山”的转化过程中生态型产业地区生产总值的占比及单位地区生产总值能耗两个指标。保障类指标则

是指在“两山”的转换过程中所提供的一些对于空气质量和水质量的监测点，具体评价指标体系及说明如下（见表7-3）。

7.5 民族八省区“两山”转化成效评价实证研究

7.5.1 数据来源与预处理

为了保证数据的可靠性和真实性，本文数据主要来源是国家统计局及各省生态环境厅公布的环境公报、2011—2019年《中国环境统计年鉴》，涵盖青海、贵州、西藏、云南、内蒙古、新疆、宁夏、广西共八个民族省份2010—2020年生态、经济、人文和政策等多项指标数据。随着数据收集工作的深入展开，发现部分数据由于新旧标准的不同、省份监测力度等差别，存在不同省份单位相应国家政策时间不同等诸多因素所导致的数据缺失问题。针对此类问题，本书采取替换缺失值的处理方法，数据缺失值的分类及相应的处理方案如下（见表7-4）。

表7-4 数据预处理示例

二级指标名称	数据问题	解决方案
近年环境空气质量优良率	大部分仅有2015—2020年数据	2011—2014年数据以“废气指数”代替
万人均污水排放量	仅有2010—2016年数据	指标以“排量”和“降幅”定值拆解
单位生产总值能耗同比降幅	西藏地区缺失全部数据 其他地区缺失部分数据	以其他地区平均值处理西藏地区数据 其他地区以相邻两年填充平均值
文化竞争力	非遗数量无时间序列	以最新被评定为国家级及世界级非遗数量为全部年份数量
居民绿色指数	仅有2010—2017年数据	其他数据不做处理

（1）个别指标部分缺失。此类数据为个别地区当年原因导致数据缺失，指标整体时间序列趋势不变，相应处理方案为使用前后两年的平均值进行缺失值替换或利用时间序列数据进行线性拟合后得出缺失数据。

（2）个别指标大部分缺失。此类数据为地区监测能力受限导致某一指标在该地区（如西藏地区的单位地区生产总值能耗同比降幅）完全或者大部分缺失，为了尽可能保证数据完整性，取其他省份的平均值进行缺失值替换。

（3）相同指标少量缺失。此类数据为国家政策文件要求导致所有地区均缺失该时间点数据，基于真实的原则及此类情况对所有样本均有影响，故不做处理。

（4）相同指标部分缺失。此类数据同样为国家政策文件要求等原因导致，因为缺失数据较多，无法体现时间序列数据的变化性，因此选取其他可查询到的指标进行部分缺失值替换。若缺失值较多且难以保留时间序列特征，转化为常量指标。

以“环境空气质量优良比例”指标为例，新旧标准的不同导致不同地区统计情况不一（见表 7-4）。2015—2019 年数据仍然沿用“地区环境空气质量优良比例”数据，2011—2014 年（2011 年前无相关统计数据）以“废气指标”数据代替，计算方法：

$$\text{废气指标}=\frac{\text{二氧化硫 } m_1+\text{氢氧化硫 } m_2+\text{烟（粉）尘 } m_3}{\text{地区生产总值总量}} \tag{7-1}$$

“废气指标”不足以反映地区在大气环境中的控制程度，仅仅保留其“时间趋势”特征，引入“空气质量优化指数”，以青海空气质量原数据为例（见表 7-5）。“废气指标”从 2011 年 0.0306 到 2014 年 0.0286，基本呈现下降趋势。也就是说，随着青海大气环境的治理，创造相同地区生产总值所排放的废气逐年递减，从而反映出地区治理的成效。同时，2015—2019 年青海省的空气优良率增幅（18.5%）远大于贵州（3.4%），显然这对于贵州“有失公平”，于是，引入“近年空气质量指数”对空气质量进行综合评定，即“空气质量指数”反映的是 2015—2019 年平均空气质量优良率，是一个绝对值；而“空气质量优化指数”反映的是两段指标对应的优化率，是一个增长的相对值，以此来对该地区空气质量情况进行一个综合的评定。其他省份空气质量数据也采用同样的方法进行处理，最终得到八省区的空气质量优化指数作为最终的二级指标进行评价分析。通过表 7-5 中的数据可以看出，“空气质量指数”和“空气质量优化指数”的 2010—2019 年值均相同。因为后续需要将十年内的数据分别求和计算，并在相同指标下进行数据的归一化，故不影响其各省对应指标值的大小。

表 7–5　青海空气质量原数据

二级指标	2019 年	2018 年	2017 年	2016 年	2015 年	2014 年	2013 年	2012 年	2011 年	2010 年
空气质量原数据	96.1	90.9	81.1	88	77.6	0.0286	0.0270	0.0286	0.0306	—
空气质量优化幅度	0.0572	0.1208	-0.0784	0.1340	—	–0.0593	0.0539	0.0662	—	—
空气质量指数	86.74	86.74	86.74	86.74	86.74	86.74	86.74	86.74	86.74	86.74
空气质量优化指数	0.0441	0.0441	0.0441	0.0441	0.0441	0.0441	0.0441	0.0441	0.0441	0.0441

$$\text{近年空气质量指数}=\frac{\sum \text{空气质量优良率（2015–2019）}}{N=5} \qquad （7\text{-}2）$$

$$\text{空气质量优化指数}=\sqrt[N=7]{\prod(\text{空气质量优化幅度}+1)}-1 \qquad （7\text{-}3）$$

7.5.2　评价方法与分析结果

本研究选取熵权法对评价指标中的样本数据进行客观赋权，熵权法是一种客观赋权方法，算法简单，能深刻反映出指标的区分能力，相较于主观赋权具有较高的信度和效度。具体计算方法如下：将不同量纲数据归一化[1]，求得每项指标的信息熵 e_i，以所得信息熵求得每项指标的熵权 w_i，基于熵权得出每项评价指标的综合得分。以每个地区为一个评价对象，对其每个评价指标下的所有数

[1] $x_{ij}=\frac{X_{ij}-\min\left(X_{1j},X_{2j},\cdots,X_{nj}\right)}{\max\left(X_{1j},X_{2j},\cdots,X_{nj}\right)-\min\left(X_{1j},X_{2j},\cdots,X_{nj}\right)}$ 其中，X_{ij} 是原数据，x_{ij} 是归一化后数据

据进行求和，作为该评价对象的指标综合数据。以城市环保基建指数为例，鉴于即便指数求和，结果仍然较小，为了尽可能保留数据的特征（后续操作会进行四舍五入），对指数同乘 100。对于负向指标“万人均污水排放量”，取其相反数。

由于熵值的计算公式内包含对数公式，其真数不能为零和负数，因此归一化时选择极差法归一，将归一化为 0 的数值赋值为 0.000001 进行修正，并得到修正后的概率矩阵 $\boldsymbol{p}$：

$$p_{ij}=\frac{x_{ij}}{\sum_{i=1}^{n}x_{ij}}(i=1,2,3,\cdots,n;j=1,2,3,\cdots,m) \tag{7-4}$$

根据修正后 $\boldsymbol{p}$ 矩阵，依据以下公式分别求出信息熵 e 与权重大小 w：

$$e_j=-\frac{1}{\ln(n)}\sum_{i=1}^{n}p_{ij}\ln(p_{ij}) \tag{7-5}$$

$$k=-\frac{1}{\ln(n)}$$

$$w_j=\frac{(1-e_j)}{\sum_{j=1}^{m}(1-e_j)}$$

表 7-6 评级指标体系熵权结果

一级指标	一级指标权重	二级指标	二级指标权重
生态	0.238389856	建成区绿化覆盖率	0.036526580
		森林覆盖率	0.076844872
		近年空气质量优化指数	0.034636372
		近年空气质量指数	0.041201321
经济	0.138374697	地区生产总值总量	0.055139885
		人均地区生产总值	0.069878519
政策支持	0.23449511	城镇污水无害化处理力	0.075628090
		城市环保基建指数	0.062746607
		科研指数	0.042567246
		人均公园绿地面积	0.054935741
		生活垃圾无公害处理率	0.029566467

续表

一级指标	一级指标权重	二级指标	二级指标权重
人文	0.185607255	居民绿色指数	0.060836823
		居民可支配收入	0.046588833
		教育指数	0.025808645
		万人均污水排放量	0.040979765
		文化竞争力	0.03027518
“两山”转化	0.12729539	人口自然增长率	0.026783383
		单位地区生产总值能耗同比增幅	0.061760282
		生态产业地区生产总值	0.022471609
保障	0.075837692	大气总站点数量	0.063449606
		地表水国控站点数量	0.041374175
合计	1	合计	1

得到各个二级指标权重之后，利用极差法将所有数据归一化后，计算出各评价对象的时间序列总得分矩阵，得到民族八省区从2010—2019年“两山”转化的评价综合得分（见表7-7）。

表7-7　2010—2019年民族八省区评价综合得分矩阵

省（区）	2019年	2018年	2017年	2016年	2015年	2014年	2013年	2012年	2011年	2010年
青海	0.3115	0.2871	0.3022	0.2860	0.2733	0.2464	0.2299	0.2120	0.1637	0.1412
贵州	0.4997	0.4899	0.4421	0.4155	0.3788	0.3596	0.3439	0.3121	0.2970	0.2809
西藏	0.2854	0.2789	0.2745	0.2467	0.3029	0.2612	0.1926	0.2289	0.1938	0.1749
云南	0.4185	0.3903	0.4230	0.4251	0.3984	0.4037	0.3848	0.3654	0.3493	0.3352
内蒙古	0.3747	0.3421	0.3969	0.3738	0.3547	0.3415	0.2904	0.2659	0.2574	0.2493
新疆	0.3575	0.3532	0.3772	0.3516	0.3403	0.3205	0.2974	0.2710	0.2478	0.2374
宁夏	0.3634	0.3584	0.3274	0.3147	0.2853	0.2803	0.2691	0.2125	0.1808	0.2098
广西	0.5239	0.5162	0.4537	0.4133	0.4050	0.3949	0.3776	0.3633	0.3496	0.3459

通过对民族八省区的数据进行评价分析，八省区在"两山"转化成效的得分上均为不断显著增加的上升趋势（见图 7-1），证明民族地区在"两山"实践中有明显的效果，"绿水青山"到"金山银山"的转化在人文、政策支持、保障各方面都有较好的发展。

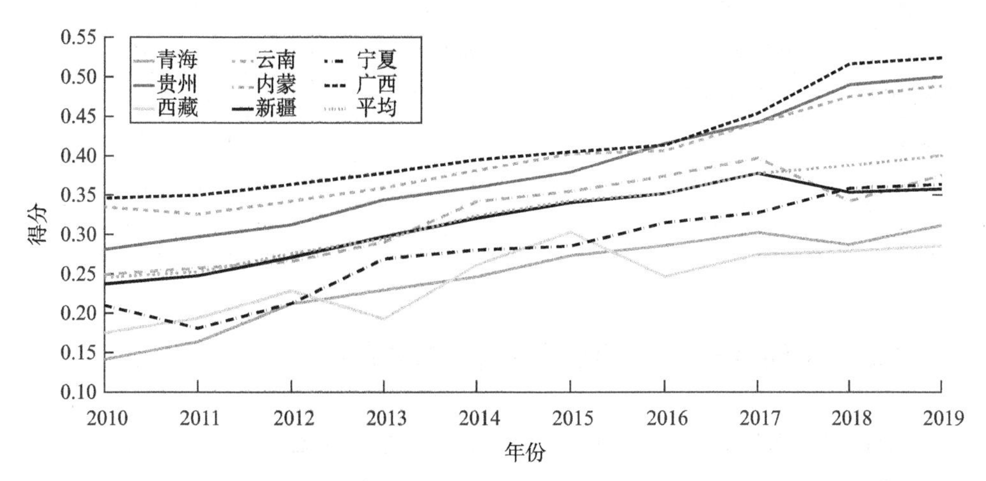

图 7-1 民族八省区"两山"转化成效评价综合得分曲线图

通过对八省区十年间的"两山"转化成效指数进行平均绝对得分和绝对得分增值的计算（见表 7-8），在民族八省区之间进行"两山"转化成效得分的横向对比，可以发现广西平均绝对得分及得分增值最高，说明其在"两山"转化过程中生态基础较好，并且在转化过程中能积极创新实践，大力发展生态经济下的融合，进行绿色转型，因而"两山"转化成效较高。从几何平均增幅来纵向观察八个民族省区自身的发展变化水平，其中青海几何平均增幅仅次于西藏，位于第二，表明青海在"两山"转化成效显著提升。体现了近十年，国家对于青海生态战略地位关注到地方各级政府生态建设的决心和力度，青海省在"两山"转化上也取得了巨大的发展成效。

表 7-8 民族八省区"两山"转化成效评价表

地区	2010—2019 年转化成效综合平均绝对得分	2010—2019 年转化成效综合绝对得分增值	2010—2019 年转化成效综合几何平均增幅
青海	0.170237282	0.245321106	0.081369276
贵州	0.218773072	0.286340962	0.056058683
西藏	0.110489175	0.159554700	0.098052008
云南	0.083277153	0.318542900	0.035869543
内蒙古	0.125342852	0.231231000	0.064591748
新疆	0.120104215	0.247625159	0.051187874
宁夏	0.153578929	0.170353518	0.062872539
广西	0.178067008	0.303800437	0.033511625

7.6 民族八省区"两山"转化成效综合评价分析

通过以上对民族八省区的"两山"转化成效的生态指标、经济指标、政策支持指标、人文指标、"两山"转化指标和保障指标 6 个维度的一级指标和 21 个二级指标进行"两山"转化成效的评价分析可以看出，各民族省区深入贯彻落实习近平总书记的"两山"理念，把生态环境的治理和保护放在战略地位，努力在保护生态的基础上开拓创新出一条经济发展的新模式，不断实现经济发展和环境保护的同步发展。通过数据可以发现，2011—2019 年民族地区的生态环境与生态资源状况不断改善，环境污染程度逐年变小，资源利用效率则逐年升高。各民族省区实施绿色发展战略以来，不断调整产业结构，经济发展稳中有升。八省区利用自己已有生态优势，落实生态战略，将生态优势转化为发展优势，在经济发展上取得一定的进步。通过数据也可以发现，"两山"的转化离不开政府资金投入、科技研发、基础设施等各种相关配套上的支持。同时，人文指标在很大程度上影响着民族地区"两山"的转化。例如，少数民族群众的受教育程度、生态文明建设的思维理念、居民收入水平、绿色生活方式等，这些内容会在一定程度上影响着“两山”转化的效果。

现将这个六评价指标分成两大类：绿水青山、金山银山及“两山”转化评价指标和政策、环境、人文等支持保障类指标，从两个维度来分析民族八省区“两山”转化的成效水平（见图 7-2）。

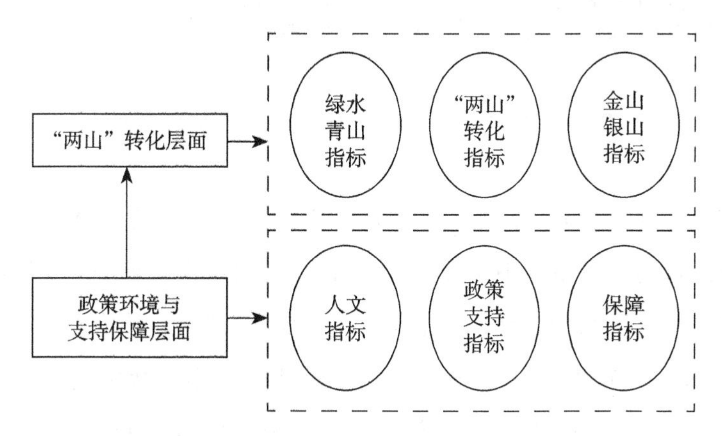

图 7-2　民族地区“两山”转化成效评价指标的二维层面

观察各省区对于生态建设和“两山”转化所给予的政策、人文等的支持与保障变化，以及在支持保障类指标变化下，“两山”转化的变化情况。按照民族八省区的“两山”和“两山”转化水平及支持水平高低不等，出现四种不同的“两山”发展态势。按照“两山”及“两山”转化水平为横轴，支持类指标为纵轴，绘制成四个象限（见图 7-3）。

选取民族八省区 2010 年与 2019 年两年的数据进行分析。对于横纵坐标轴的确定采用了“求中位数”的方法，目的是更加客观地描述各个区域的指标平均情况，防止个别区域得分过高或过低对均值影响过大。

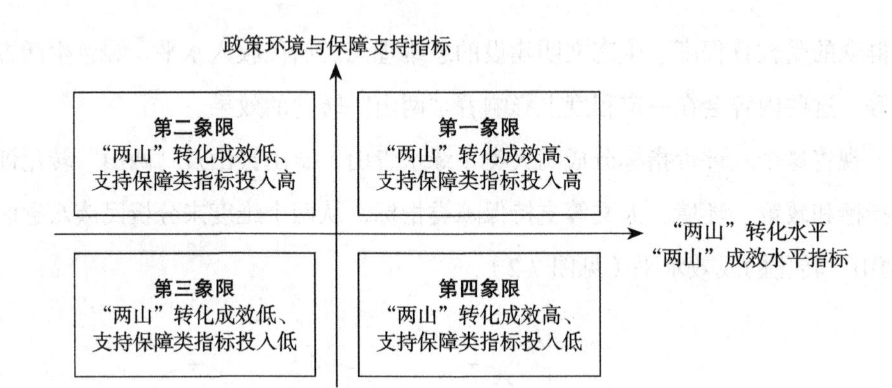

图 7-3　民族地区"两山"转化的二维指标四象限

具体步骤如下：先求出每个区域的 2010—2019 年各个二级指标的中位数得到"各区域的二级指标中位数"，然后再将所得数再次求一次中位数，最后将得出的"所有区域的二级指标中位数"按照"'两山'转化指标"与"环境与保障指标"的范畴求和得出。"两山"转化指标中位数确定为 X 轴，X 为 0.211243168，环境与支持指标中位数确定 Y 轴，Y 为 0.09035594，为了便于作图与计算，将其扩大 100 倍（即以 X=21，Y=9 作为坐标轴）。由图 7-4 可见，在 2010 年时，只有云南在第一象限，新疆和贵州两个省（自治区）处于第二象限，即"两山"转化水平成效较差，支持保障指标投入较高；青海、西藏、宁夏与内蒙古都处于"两山"转化成效水平、环境与支持保障层面投入均较差的区域；广西则属于"两山"转化成效水平较高，并且该指标超过在第一象限的云南，但支持与保障层面投入较低。

2019 年，民族八省区的"两山"转化成效水平指标在各个象限的布局发生了明显的变化（见图 7-4、图 7-5）。由图 7-6 可以发现，民族地区的"两山"转化成效的提升有三条路径：象限二至象限一（例如新疆和贵州，这两个省份在 2010 年均处于第二象限，"两山"转化成效评价得分相对较高，2019 年发展至第一象限，"两山"转化成效不断提高，且政策环境与支持保障也显著增

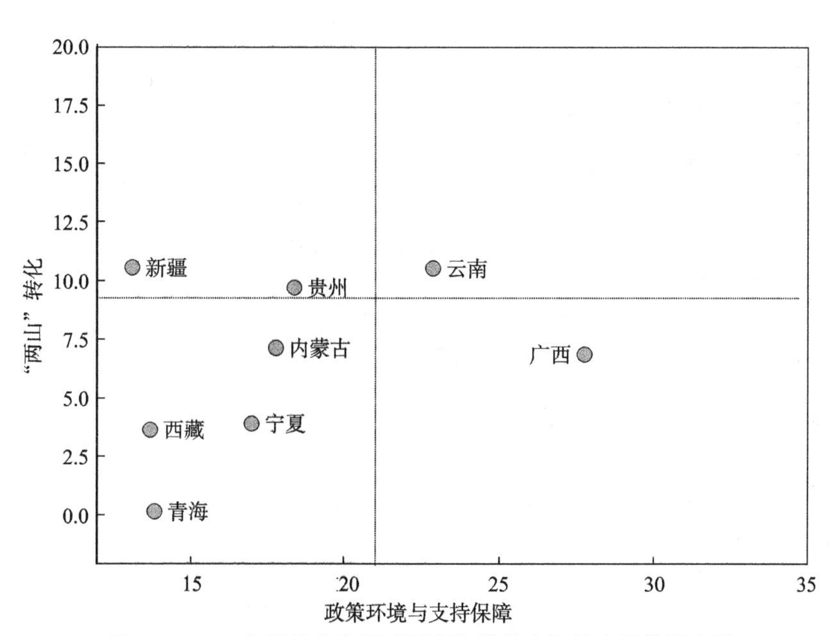

图 7-4 2010 年民族八省区“两山”转化水平综合评价散点图

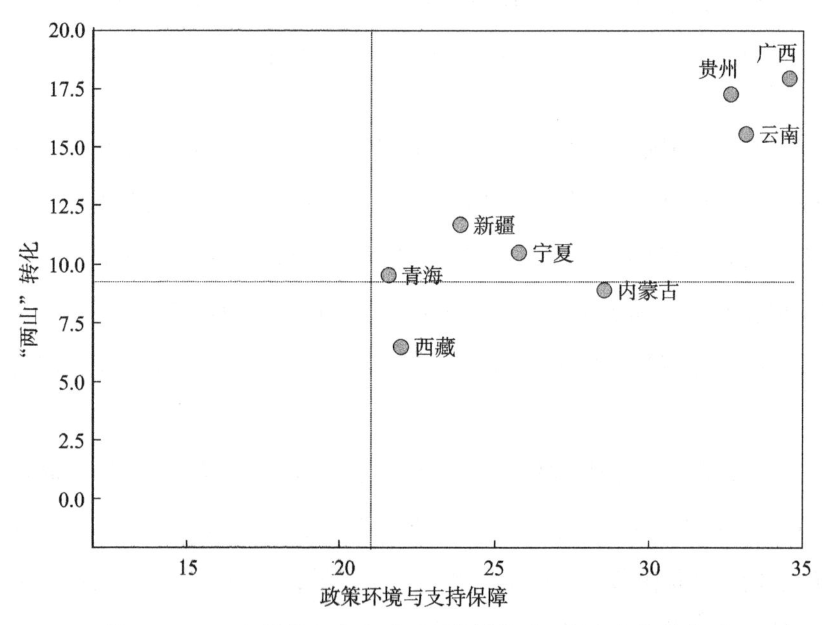

图 7-5 2019 年民族八省区“两山”转化水平综合评价散点图

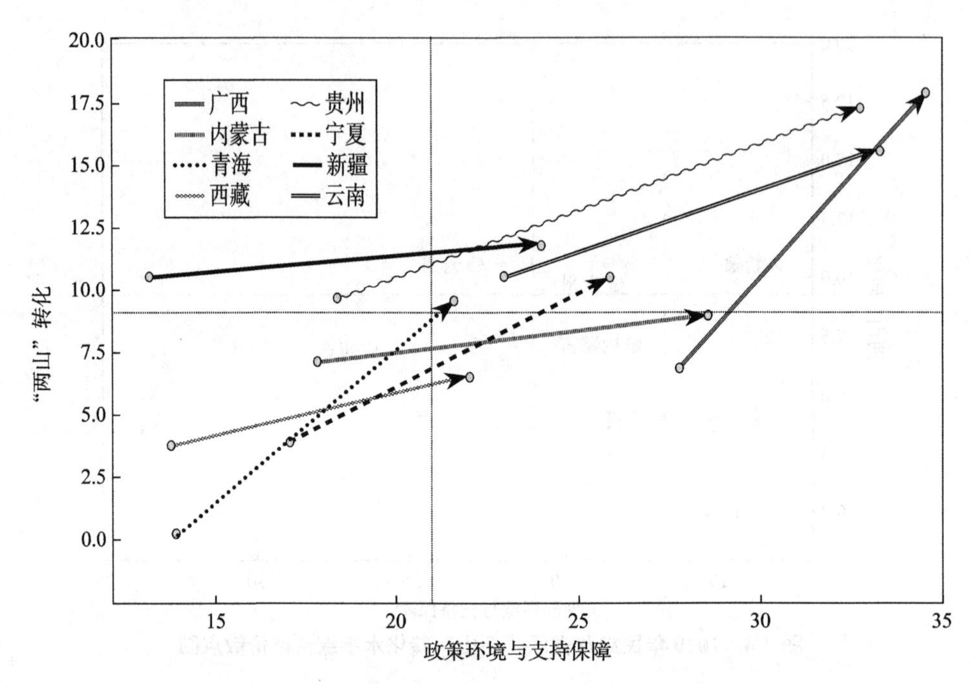

图 7-6　2010—2019 年民族八省区"两山"转化水平综合评价变化图

说明：箭头左端代表 2010 年指标数据，箭头右端代表 2019 年指标数据。

加）、象限三至象限一（例如，宁夏和青海，这两个省份在 2010 年均处于第三象限，"两山"转化成效评价得分是八个民族省份中最低的地区，2019 年发展至第一象限，"两山"转化成效明显提高，尤其政府在政策环境与支持保障上重视程度不断增加）和象限四至象限一（例如，广西，2019 年"两山"转化成效、政策环境与支持保障都出现了显著增加）。由此可见，总体趋势是良好的。

在 2010 年只有云南省处于第一象限，到了 2019 年，广西、贵州、新疆、青海、宁夏五个省（自治区）都步入第一象限，即"两山"转化成效水平和给予的支持保障投入均较高。由图 7-6 可见，广西、贵州、云南已成为第一象限的领军省份，尤其是广西的变化最为明显，广西由 2010 年的第四象限

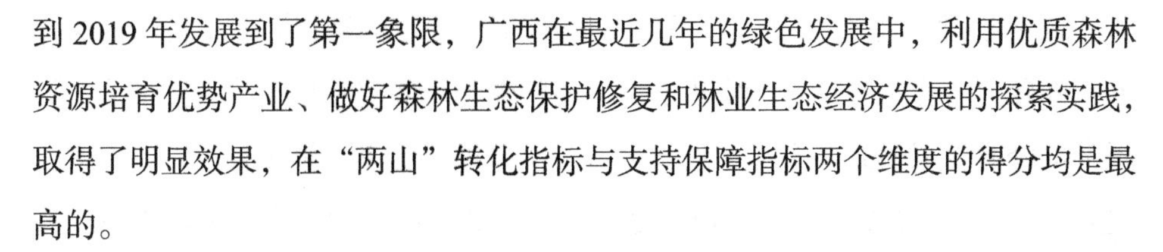

到2019年发展到了第一象限，广西在最近几年的绿色发展中，利用优质森林资源培育优势产业、做好森林生态保护修复和林业生态经济发展的探索实践，取得了明显效果，在“两山”转化指标与支持保障指标两个维度的得分均是最高的。

尤其是青海和宁夏从“两山”转化成效低和支持保障投入低转变为“两山”转化成效高和支持保障投入高，两个维度都发生了质的变化，“两山”实践取得了非常显著的成绩。西藏和内蒙古在“两山”转化成效水平上有了明显的进步，但是支持与保障指标水平仍有待提高。由此可见，通过不断提升人文指标、地方政府的政策支持及相关的保障机制，可以促进当地“两山”的不断转化及经济水平的发展不断提高。

7.7 民族地区“两山”转化路径启示

实践证明，“两山”理论是从内在逻辑和行动实践方面指导欠发达的民族地区的生态建设，经济落后的民族地区可以发挥生态优势，通过“做好生态环境大文章”，实现经济社会跨越式大发展，结合上述实证数据分析，提出以下路径对策和建议。

7.7.1 做好“两山”转化顶层设计，实现“两化”融合的协同发展

“两山”转化成效与该地区的政策与保障支持是密不可分的，因此各省（自治区）应该在后期的深化实践中，做好顶层设计，实现“两山”转化与乡村振兴、城市与产业的融合发展。发展民族地区的“两山”实践与转化要切合实际，结合不同的区域、生态资源与生态承载力进行“两化”的协同发展。在城市，要大力进行“产业生态化”转型。产业生态化是从“经济到生态”的过程，要逐步将整个生产过程绿色化、生态化，对原有工业所造成的生态环境破坏要

进行环境治理和生态修复，要积极淘汰落后产业，改造传统产业实现自动化和智能化、培育新兴产业，实现新旧动能的转化，实现绿色低碳、可持续、可循环的经济发展模式和资源节约、环境友好的结构体系。[1]在农村，大力进行"生态产业化"转型。生态产业化是从"生态到经济"的过程，将民族地区特有的山水、林田、湖草等生态资源资本化，按照社会化大生产、市场化经营的方式来提供生态产品和生态服务[2]，要在大力利用民族地区原有的农、牧、渔业资源的基础上，进行改造更新，推广清洁型、节约型农业，优化种植结构，综合运用农产品及其附属产品生态农业及生态旅游，促进第一产业、第二产业、第三产业融合发展，让生态优势变成经济优势。通过"两化"融合实现高质量发展，为民族地区的脱贫攻坚注入活力，赋予内生动力。一方面着力构建生态屏障，从生态、环境、资源上去培育生态优势，通过生态产业化，实现生态资本和生态资源的保值增值[3]；另一方面大力发展绿色经济，提高低碳经济和循环经济的发展水平，实现产业生态化的绿色发展之路。两者相辅相成，产业生态化为实现生态目标保驾护航，生态产业化也为绿色经济发展提供重要的发展能量。

7.7.2 注重培养生态观念，形成"两山"转化的支持与保障环境

民族地区实现"绿水青山"向"金山银山"的转化，不但需要政府政策方面大力支持，还需要注重培育人文环境，这是"两山"转化的长期保证。一方面，不断增加教育、民生等公共性投入，让自然资本可以在人力资本和社会资本的帮助下更好地实现社会效益和文化效益。另一方面，还需要在全社

[1] 张波，白丽媛．"两山"理论的实践路径——产业生态化和生态产业化协同发展研究 [J]. 北京联合大学学报（人文社会科学版），2021，19（1）：11-19，38.

[2] 张云，赵一强．环首都经济圈生态产业化的路径选择 [J]. 生态经济，2012（4）：118-121.

[3] 王永莉．主体功能区划背景下青藏高原生态脆弱区的保护与重建 [J]. 西南民族大学学报（人文社科版），2008（4）：42-46.

会形成绿色氛围，唤醒民众的绿色生态意识、引导民众养成绿色行为，将生态文明建设落实到每一个人自觉自愿的行动上。首先，要贯彻“基本民生观”，尤其是民族地区生态脆弱，其生态安全决定着全国的生态安全稳定性，就更要求这些地区从长远战略出发，可持续发展。牺牲该地区的经济增长而谋求生态良性发展，会让当地老百姓产生不平衡的心理，因此需要大力度进行生态建设，贯彻生态价值理念，让全体民众认识到良好的生态环境是让全体民众认识到良好生态环境是最普惠的民生福祉，并要在政策上按照区域公平发展的原则给予生态补偿和资源补偿。❶其次，践行“全民行动观”，依托生态环境、气候条件等天然优势，结合本地区特殊情况，积极进行“两山”转化中的政策创新，让居民加入“两山”转化的实践中来。例如，青海三江源地区的生态管护工艺岗位的“一户一岗”制度让牧民华丽转身，让牧民成为生态保护地知情者、参与者、监督者。到 2020 年 12 月，三江源水源涵养量年均增幅 6% 以上，草地覆盖率、产草量分别比 10 年前提高了 11%、13%，17211 名牧民转变为生态管护员，人均年收入 2.16 万元。生态让越来越多的群众共享“绿水青山就是金山银山”创造的惠益和红利。因此，民族地区在未来的“两山”转化实践中，务必要营造一个全面共建生态的良好氛围，将“生态付费”的生态文明价值观贯彻到国家的现代化治理体系中，为构建政府、企业、社会共建共治共享的环境治理体系打下良好的社会基础。❷

7.7.3 因地制宜，依据实际情况采用不同的转化模式

民族地区尽管经济发展较落后，但大多数地区风景秀美，地理、气候、水文特征特殊，资源得天独厚，宗教与传统文化、风土人情极具特色，因此更能

❶ 许才明．“两山”理论与民族乡生态治理现代化建设研究 [J]. 黑龙江民族丛刊，2020（6）：35-41.

❷ 虞慧怡，张林波，李岱青，等．生态产品价值实现的国内外实践经验与启示 [J]. 环境科学研究，2020，33（3）：685-690.

充分发挥“绿水青山”独特价值，实现经济发展。但是，在转化过程中，应发挥比较优势，并根据当地生态环境的具体情况，采用不同的方式，探索“绿水青山”向“金山银山”转化的有效路径。

第一，对于生态极度脆弱且生态系统严重失衡的地区，以及国家生态保护和建设战略的重点区。例如，青海、西藏，要积极探索生态补偿的方式方法，提高生态产品的供给能力，在政府的战略部署安排下，提供资金和技术的帮助，采取公共生态功能区的试点模式[1]，不断保护、渐进式分区域开发，逐步改变该地区的生态状态。第二，对于生态底色较好但开发不足的地区，如果其自然、文化、工农业旅游资源较为丰富，则应考虑以生态环境质量优化为核心，在此基础上，合理布局产业，加强基础设施建设，开发优势产业，依托工业基础，结合现代农业，挖掘新产品业态，打造优势品牌，实现“绿水青山”与“金山银山”的双赢。第三，对于生态资源较为同质化的区域，要通过创新的方式发挥优势，借助“互联网 +”“乡村 +”“农业 +”等融合发展思路，将地区自然资源进行宣传，并实行农工旅结合的方式，实现资源整合。第四，对于自然生态旅游资源较丰富且生态文明建设良好的地区，可以作为“两山”实践的试点与创新实践的基地，发挥其产业优势，形成产业链，带动相关产业的共同发展，打造生态产业集群，形成独特的定位和品牌。

---

[1] 马中．绿色发展：从“绿水青山”到“金山银山”的转化路径和实现机制 [J]. 环境与可持续发展，2020，45（4）：31-33.

第8章

青海省“两山”转化实践探索、存在的问题及原因分析

8.1 “两山”转化是青海省绿色生态高质量发展的重中之重

“两山”理论的精髓在于解释了生态与经济发展之间的关系，提出必须综合考虑经济社会发展与资源节约、环境保护，让“生态山”与“经济山”都能亮起来，不是过去愚昧地去牺牲生态环境与资源，也不是今天僵化地失去经济的创新发展。“绿水青山就是金山银山”告诉我们只有保护好绿水青山，开发出更多的生态产品，才可以让绿水青山为人民群众带来经济效益，实现经济可持续发展。党的十八大以来，习近平总书记反复强调其对于提升民生福祉的重要意义，指出“良好生态环境是最普惠的民生福祉”。[1]党的十九大新修订的《中国共产党章程》中，将“两山”理论正式上升为我党治国理政基本方略和重要国策，成为新时代我国生态文明建设的基本遵循和行动指南。因此，“两山”理论还包含了更高层次的国家任务，各级政府需要把生态保护与生态治理作为重要的政治任务去做。

通过对“两山”理论的解读和内涵的把握，可以发现践行“两山”理论

[1] 习近平．习近平谈治国理政（第3卷）[M]. 北京：外文出版社，2020：362.

的关键是"两山"的转化问题。"两山"转化是践行"两山"理论最具挑战性和创造性的环节，是最重要的核心内容，也是目前迫在眉睫需要重点解决的问题。如何最大化实现生态产品价值，将生态优势转化为经济优势，是生态文明建设战略的目标，也是"十四五"时期巩固全面建成小康社会成果的必然要求。

"两山"转化在现阶段仍旧是一个需要不断深入研究的重要问题，因为"两山"的转化机制与实现路径是需要发挥人的主观能动性去系统设计的，"绿水青山"的自然禀赋无法自动转化成百姓的"金山银山"，需在厘清其内在逻辑基础、市场交易机制、规则等基础上[1]，建立有效的路径、协同机制和模式。又因为各个地区生态环境、生态资源存在明显差异，适用性的转化机制、路径和模式都需要结合当地实际情况进行实际分析。全社会对于"两山"的转化都在进行摸索，包括生态产品的补偿机制理论上的研究与实际的推进，生态产品与低碳经济的融合、不同地区不同产业发展类型省份对于生态环境的买单政策等，仍有许多瓶颈问题在制约着转化机制与转化模式。

"三个最大"作为"两山"理论的青海版，在具体的实践中仍存在很多的问题和制约，还需要更细致和深入地研究，探索其中的机制，深挖"两山"转化的路径。定位已有，策略必须跟得上。青海若要完成高质量发展，就必须去探求"两山"理论的内在转化机制，尤其青海在全国乃至世界的特殊生态地位及独特的生态环境与生态资源，青海的"两山"转化就更不能只采用"拿来主义"进行简单复制，更需要结合青海的实际，勇于创新，开发出青海特色的"两山"转化模式，实现"两山"转化的青海中的实践探索。

[1] 江小莉，温铁军，等．"两山"理念的三阶段发展内涵和实践路径研究 [J] 农村经济，2021（4）．

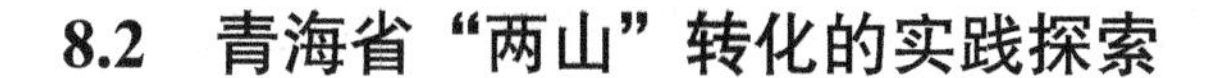

8.2　青海省“两山”转化的实践探索

8.2.1　青海省委、省政府积极开展“两山”转化决策部署

2005 年 8 月 15 日“两山”理念的正式提出，标志着党中央对推动“绿水青山”转化为“金山银山”的重视并开始了积极探索。党的十八大之后，党中央对“两山”转化的重要决策相继推进，提出了一系列重要战略部署，包括“两山”转化进行顶层设计、“生态产品”概念的提出、建立生态产品价值实现的先行区和试验区，以及提出积极探索推广“绿水青山”转化为“金山银山”的路径，在多方参与下实现可持续的生态产品价值的实现路径等。

青海省委、省政府在党中央战略部署的大战略下，紧锣密鼓地安排省级层面的战略部署。在 2007 年确立了“生态立省”战略之后，青海省追求经济社会与生态环境和谐共生的发展战略，实施了“生态立省”战略、“三区”战略、“四个转变”战略、“一优两高”战略等，正式开启了青海“绿水青山就是金山银山”的探索与实践。2021 年 12 月 25 日，中国共产党青海省第十四次代表大会聚力打造生态文明高地，加快建设产业“四地”，奋力推进“一优两高”，保持经济运行在合理区间，扎实推进生态保护和高质量发展取得新成效。[1]“四地”建设的谋划正式标志着青海对于“两山”理论的实践探索已经从上一阶段的概念界定、理念深化、内涵把握等初级层面不断进入“绿水青山”向“金山银山”转化的产业化发展路径的更高层面的研究。

青海省通过三江源国家公园的生态保护地体制，践行着青海独具特色的“绿水青山”不断向好发展，以及向“优”、向“富”发展的路径。《青海打造国家清洁能源产业高地行动方案（2021—2030 年）》《青海建设世界级盐湖产业基地行动方案（2021—2035 年）》《青海国际生态旅游目的地行动方案》出

[1] 中共青海省委十三届十一次全会召开省委常委会主持会议，王建军、信长星讲话 [N]. 青海日报，2021-12-25.

台标志着青海省未来在清洁能源产业、青海盐湖产业转型升级发展和生态旅游等方面提出具体的政策部署，为发展提供保障。

8.2.2 青海省“两山”转化的实践探索

青海省在上述政策部署的努力保障下，在全力保护“两山”资源的同时，努力在“两山”成果转化上创新思路与路径，逐步形成城市、农村与生态功能区三大绿色生态共进的空间格局，也尝试在不同的生态空间里探寻“两山”转化的有效路径（见图 8-1）。

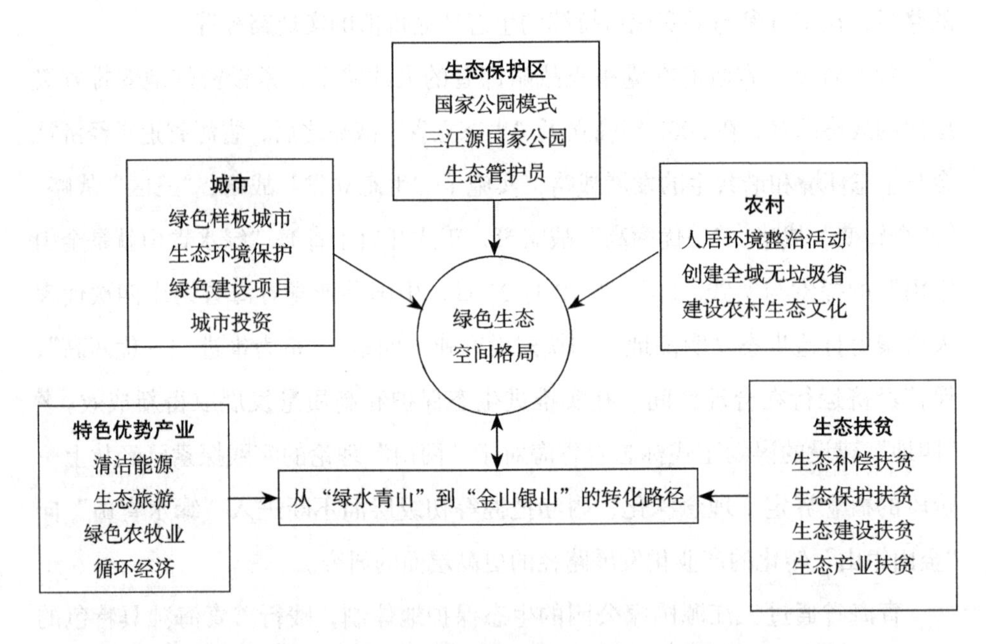

图 8-1 基于空间格局的青海省“两山”转化实践

首先，青海省以脆弱的生态环境保护为基础，建立了国家公园模式的自然地保护体系。三江源国家公园正式设立，位列全国首批青海第一，也是目前国内面积最大的国家公园。三江源国家公园构建起了省、州、县、乡、村全覆盖

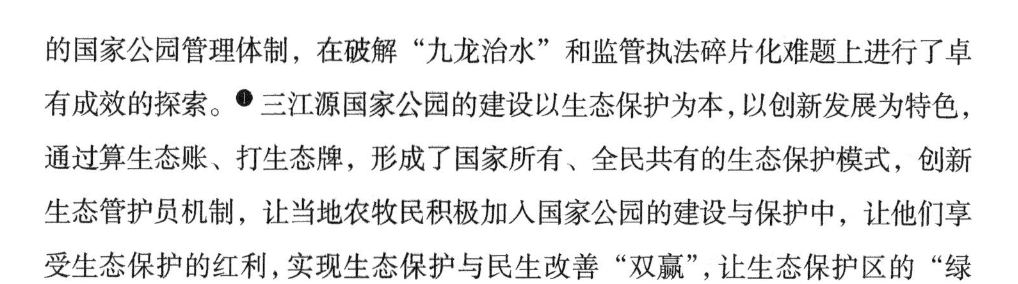

的国家公园管理体制，在破解“九龙治水”和监管执法碎片化难题上进行了卓有成效的探索。[1]三江源国家公园的建设以生态保护为本，以创新发展为特色，通过算生态账、打生态牌，形成了国家所有、全民共有的生态保护模式，创新生态管护员机制，让当地农牧民积极加入国家公园的建设与保护中，让他们享受生态保护的红利，实现生态保护与民生改善“双赢”，让生态保护区的“绿水青山”在全民的保护爱护、独特模式与创新管理下有序有效地实现向“金山银山”的转化。

其次，依托青海特色资源，构建特色产业体系发展绿色经济。独特的地域为青海孕育了独特的生态资源，在保护生态环境的基础上，青海从自身优势出发，转变经济发展结构，发展特色产业体系，实现生态产品产业化。青海在清洁能源、光伏、风电、光热、高原生态农牧业、生态旅游等产业上做大做强，实现绿色低碳循环经济的新发展。“青字号”绿色有机农畜产品品牌不断在数量和质量上获得突破，实现农牧产品的效益增加。丰富独特的旅游资源不但衍生出国家公园、国家级景区，还衍生出乡村原生态旅游景点。旅游业带动就业增长和乡村特色餐饮、住宿业等服务业发展，让群众切实感受到了生态反哺的红利。

再次，改善城乡融合的绿色空间，提升城乡质量。青海的“两山”转化还体现在城乡空间的保护与绿色化发展，即以“两山论”为引领，全面践行让城市融入绿色自然环境和乡村振兴战略。在城市，致力于打造西宁“绿色样板城市”的高原绿色省会城市，将绿色、生态作为西宁新时期的发展方向，以生态建设为抓手，实现经济、社会、环境与人的可持续性协调发展，实现从生态价值向经济价值的转化。践行新发展理念、建设绿色发展样板城市是西宁市对“两山”理论的内涵延伸与创新实践。“西宁蓝”“河湖清”等示范性工程和骨

[1] 三江源国家公园正式设立，这是青海生态文明建设的新答卷 [EB/OL].（2021-10-14）[2022-08-21]. https://photo.gmw.cn/2021-10/14/content_35229944.htm.

干性项目成效明显，在发展理念、产业路径、城市风貌、制度环境等领域取得了许多突破性进展和标志性成果。运用生态工程建设，借助绿色生产技术突破、产业融合发展，打通生态价值转换为经济价值的通道。在农村，积极全面开展青海农村人居环境整治行动，开展全域无垃圾省创建活动，建立覆盖全省的县乡村三级垃圾清扫体系、收集转运体系、无害化处理设施。在三江源地区率先实现全域无垃圾，实施农牧区"厕所革命"，开展畜禽养殖废弃物综合利用专项行动。农牧区生活污水治理等关乎民生与生态环境改善的重大项目，使农村垃圾、污水、面源污染等问题得到一定程度的解决，在一定程度上改变了村容村貌，农村人居环境得到了极大改善。[1]对重点区域的水土流失进行了有效的治理，发展高效节水灌溉，开展水资源消耗总量和强度双控行动等水生态文明的建设。与此同时，农牧民的生活方式发生了明显的改变，生态环保观念逐渐渗透在其生产和生活当中，形成了较好的农村生态文化。通过建设全域绿色有机农畜产品示范省，农村人居环境整治行动和水生态文明建设等不断提升农牧区绿色发展水平。这些在青海农村所发生的巨大生态变化为青海农牧民带来了巨大的社会福利，从生活环境的美化到生态乡村旅游的振兴，再到积极打造绿色农牧产品的品牌化经营与电子商务，使农村的"绿水青山"有效转化为"金山银山"。

最后，生态扶贫是青海"两山"转化的途径与社会目标。三江之源生态脆弱，生态责任重大，青海省坚持生态保护与扶贫开发并重，有效地实现了"绿水青山"与"金山银山"的良性发展与可持续性发展，创新发展模式，走出了一条生态扶贫的"两山"转化之路。在三江源生态保护区，通过易地搬迁让农牧民搬到县城居住，通过做大生态效益补偿蛋糕，开展生态补偿扶贫，促进贫困群众增收脱贫。让农牧民可以在县城进行技能培训，同时设立农牧民生

[1] 司林波．农村生态文明建设成就瞩目 [EB/OL].（2022-01-25）.[2022-05-11]. http://www.rmlt.com.cn/2022/0125/638604.shtml.

态管护岗位，让农牧民主动投入生态保护，成为生态保护区的管理人员，引导移居牧民发展多元产业，在推动生态保护的同时，让公益性岗位日渐成为贫困户稳定脱贫的重要抓手，进而形成了一条以生态保护助力脱贫攻坚、以脱贫攻坚促进生态保护的“生态脱贫”之路。[1]例如，“十三五”期间，青海省通过生态公益性岗位 4.99 万贫困人口，提供林草资源管护，5 年累计发放劳务报酬 39.6 亿元，年人均增收近 2 万元，三江源地区达到 2.16 万元，带动近 18 万贫困人口脱贫，实现“一人护林，全家脱贫”。青海还通过生态工程带动 176 万人次参与，人均增收 4557 元，并建立造林（种草）专业合作社 387 个，累计带动 4768 名贫困社员人均增收 2852 元。

在加强保护生态环境的前提下，青海省充分利用贫困地区生态资源优势，结合现有工程，大力发展生态旅游、特色林产业、特色种养业等成为生态扶贫的新路径，增加贫困人口经营性收入和财产性收入。农牧民易地搬迁后，在政府规划的扶贫产业园里可以获得各种助力，包括政府政策、企业的投资、平台的推介宣传，更方便快捷的物流、更广泛的电子商务销售渠道，加之少数民族独特的文化底蕴，使青海的特色农牧产品有了新的市场。例如，玉树囊谦县，政府引导支持特色企业入驻扶贫产业园。当地农牧民传承藏族传统手工技艺，生产藏式黑陶、泥塑面具、传统毡帽等特色产品销往国内外，大批藏族群众踏上致富路。

实施重大生态工程，积极吸纳贫困人口参与建设，在防护林、天然林资源保护工程、人工造林、封山育林等大型生态项目中，坚持引导当地贫困群众参与项目建设，吸纳将贫困户建立档案卡 1800 人次，为其发放劳务报酬。青海省通过“生态保护扶贫、生态建设扶贫、生态产业扶贫、生态补偿扶贫”四套组合拳，目前已经初步形成了一条以生态保护助力脱贫攻坚、以脱贫攻坚

[1] 在青山绿水间跨越千年——青海探索生态脱贫之路报告 [EB/OL].（2019-10-11）[2022-09-11]. http://m.xinhuanet.com/qh/2019-10/12/c_1125095218.htm.

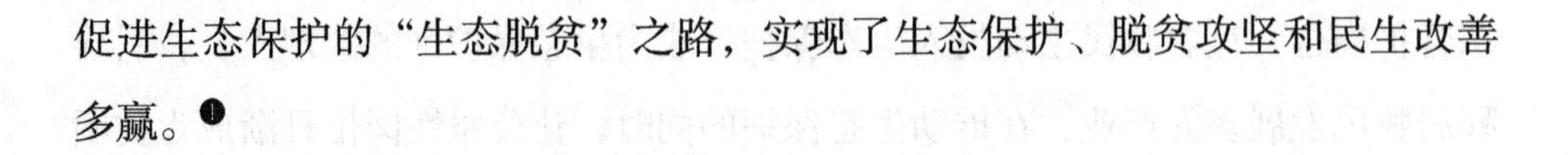

促进生态保护的"生态脱贫"之路，实现了生态保护、脱贫攻坚和民生改善多赢。❶

8.3 青海省"两山"转化的理论落地与特色实践

8.3.1 青海省"两山"转化的理论落地与实践内容

习近平生态文明思想在实践中不断创新和发展，成为青海生态建设的根本遵循和行动指南，对青海发展的科学定位、政治嘱托、产业发展等都作出了具体的规划与部署安排，并立足青海新的发展阶段、深化"两山"理论，提出了最终的发展目标，努力把青藏高原打造成全国乃至国际生态文明高地（见图 8-2）。

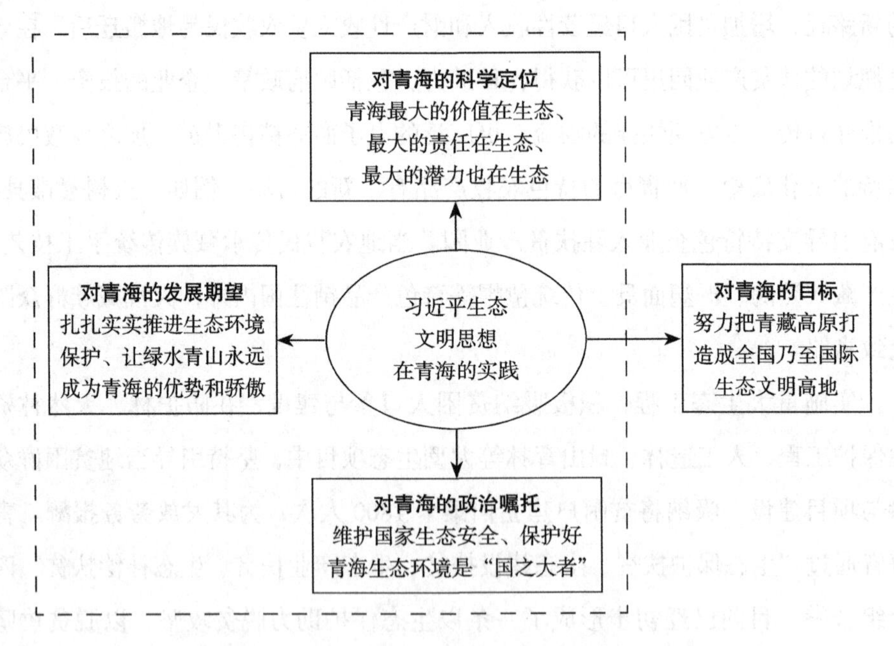

图 8-2 习近平生态文明思想理论在青海的实践

❶ 青海生态扶贫带动农牧民增收 [N]. 人民日报，2021-1-25（13）.

2020 年 6 月，习近平总书记在青海考察时指出：要立足高原特有资源禀赋，积极培育新兴产业，加快建设世界级盐湖产业基地，打造国家清洁能源产业高地、国际生态旅游目的地、绿色有机农畜产品输出地。这为青海的“两山”转化确定了科学有效的战略路径，依托青海特色资源优势，以产业生态化和生态产业化的融合发展来实现“两山”的有效转化，发展青海绿色经济。“四地”建设是青海未来经济发展的四个支柱，是青海不同于其他省份、地区的竞争优势。确定了“四地”，就是确定了青海发展的战略方向，为这四种产业标记上“青海”这个独特的品牌符号，也是“两山”转化的青海特色和青海路径。它们的起点是青海的“绿水青山”在不同领域的不同资源和不同表现，它们的发展终点都是要在不同领域实现青海的“金山银山”。“四地”建设正是以“两山”理论为指导思想，构建在青海省绿色低碳循环发展经济的基础上。

8.3.2　青海省“两山”转化的实践特征

在“两山”理论正确引领下，青海社会发展取得明显进步，生态文明建设已经融入青海经济社会发展的各个方面，生态建设质量与经济稳定发展相得益彰，并且持续良性互动。青海省在“三个最大”的省情定位和“三个安全”的战略定位背景下，不断创新发展，将青海的“绿水青山”进行内涵的丰富化与深化，践行“绿水青山就是金山银山、冰天雪地也是金山银山”的理念，探索出一条适合青海省情、低碳、高质量、可持续化发展的转化之路，为全省乃至全国提供更多的生态产品。青海的“两山”实践历程具有以下实践特征。

1. 以“两山”理论为引领的青海生态战略为青海谋划长远发展

“两山”理论已经成为中国生态文明建设的核心价值与指导思想，为青海指明了保护生态与发展经济之间的关系，因此在青海"三个最大"的省情定位下，"两山"理论可以更好地指引青海牢牢地把生态放在第一位，用生态发展来统筹规划社会经济发展。从 2007 年"生态立省"战略确定与实施，到"一优两高"战略的提出，再到打造全国乃至国际生态文明高地的"七个新高地"战略部署，都可以看出青海始终把生态文明建设放在第一位，并且坚持生态蓝图永续发展的不变理念，政策规划名称不同，内涵相同，理论依据相同，始终把"两山"理论作为生态文明建设各项制度安排、顶层架构与路径设计的总纲。这体现了"两山"理论的指导性和延续性，以及生态文明具体建设的落地性和操作性。[1]如今，青海生态文明建设取得了阶段性成效，生态环境得到明显改善、生态经济体系基本形成、生态制度不断完善、生态文明理念深入人心，这些都是在"两山"理论的引领下所取得的经济与社会成效。

2. 以创新为驱动力，打造全国首个"两山"实践的生态保护地样板省份

创新是青海生态建设与"两山"实践中的最大特色。第一，以生态文明理念为引领，建设三江源国家公园示范省，保护"中华水塔"，并将三江源国家公园创新打造成"人与自然和谐共生的先行区""青藏高原大自然保护展示和生态文化传承区"，创新探索生态管护员的公益岗位和社区参与共建共管共享机制，有效加强了国家公园保护管理。第二，特色化打造"两山"创新实践基地。将环境保护与"两山"转化路径相结合，以高原美丽乡村、农牧业"一村一品"、田园旅游示范建设等活动为载体，将农村环境综合整治、饮用水源地保护、畜禽养殖污染治理等环境治理在"两山"转化项目中整合融合，发挥整体效益。平安区打造"高原硒都"，把农村人居环境整治工作作为推进乡村振兴战略的重要抓手，建设美丽乡村，实现了生态乡村游等特色化生态产品。湟

[1] 刘晓璐．"两山"理论：新时代生态文明建设的根本遵循 [N]. 学习时报，2020-05-06.

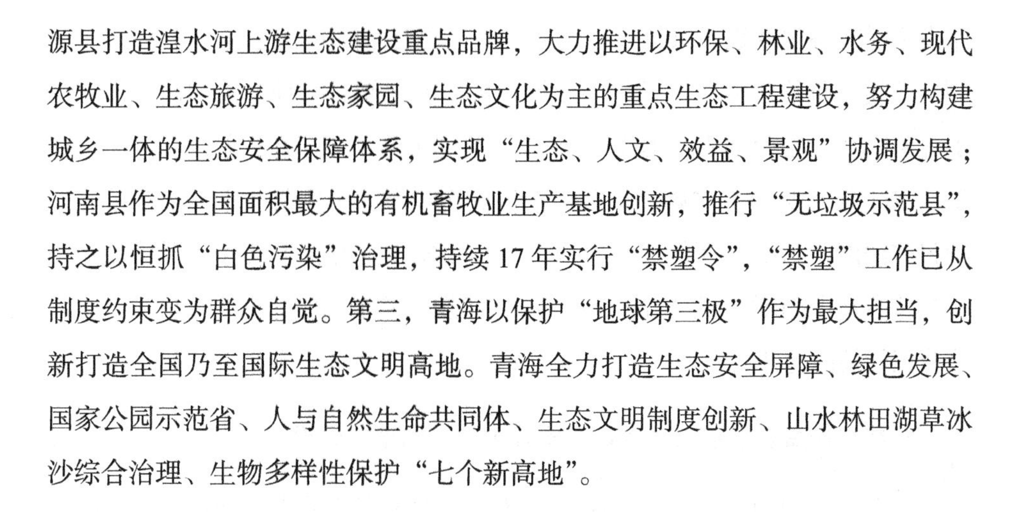

源县打造湟水河上游生态建设重点品牌，大力推进以环保、林业、水务、现代农牧业、生态旅游、生态家园、生态文化为主的重点生态工程建设，努力构建城乡一体的生态安全保障体系，实现“生态、人文、效益、景观”协调发展；河南县作为全国面积最大的有机畜牧业生产基地创新，推行“无垃圾示范县”，持之以恒抓“白色污染”治理，持续 17 年实行“禁塑令”，“禁塑”工作已从制度约束变为群众自觉。第三，青海以保护“地球第三极”作为最大担当，创新打造全国乃至国际生态文明高地。青海全力打造生态安全屏障、绿色发展、国家公园示范省、人与自然生命共同体、生态文明制度创新、山水林田湖草冰沙综合治理、生物多样性保护“七个新高地”。

3. 以严格的法治为保障，为“两山”实践保驾护航

习近平总书记强调：“只有实行最严格的制度、最严密的法治，才能为生态文明建设提供可靠保障。”青海“两山”实践的首要大事就是保护生态环境，只有护美绿水青山，才有可能去探索金山银山的转化，因此坚持最严格制度最严格法治保护生态环境是重要的保障。从源头做好预防、严格控制过程、赔偿对环境的损害、责任追究的全程式生态环境保护体系。不断强化生态环境司法治理，依法惩治破坏三江源国家公园建设、污染江源流域水环境和非法猎捕、杀害珍稀濒危野生动物等破坏环境资源犯罪活动；出台政策机制积极构建生物多样性保护网络，打通国内首个普氏原羚保护通道，推动外来鱼种放流管理机制，建立协作联动机制，实现生态治理修复，积极推动青藏高原生物多样性保护[1]；针对扬尘污染、农村牧区面源污染和河湖“四乱”等重点领域的生态环境突出问题，开展一系列检察专项活动专项整治。制定各项法律、法规及工作方案，有效保证生态环境保护，针对政府、企业的环境保护、监管与落实责任

[1] 李维，王丽坤．高端访谈——王建军：汇聚法律监督力量，推进建设生态文明高地 [N]. 检察日报，2022-03-07.

印发了《青海省省级国家机关有关部门生态环境保护责任清单》《青海省企业环境信用评价管理办法(试行)》;针对生态保护修复和环境治理制度,制定了《青海省生态环境损害赔偿制度改革实施方案》,明确了生态环境损害赔偿范围、权利及义务主体和损害赔偿解决途径等;积极落实中央生态环境保护督察制度,与中央环保督察形成合力,印发《青海省生态环境保护督察工作实施办法》;积极推进空间环境管控,印发《关于实施"三线一单"生态环境分区管控的通知》。❶

4. 结合青海省情创新"两山"实践中的"四地"建设

青海的"四地"建设是"两山"转化在青海实践的重要载体。青海的生态具有特殊性,加之与东部地区存在明显的地域性差异,"两山"理论在青海的实践有别于东部地区,因此确定青海的"四地"建设,是对青海发展高瞻远瞩的战略规划。第一,建设世界级盐湖产业基地,是对青海盐湖资源优势的践行创新,并积极构建循环经济体系。第二,打造国家清洁能源产业高地,践行绿色发展理念并为实现"双碳"目标提供重要的产业支撑。第三,打造国际生态旅游目的地,发挥青海绿色生态旅游资源优势,结合青海传统文化,打造生态旅游,吸引全世界的旅游者前来观光探险体验,挖掘更多的乡村资源,打造乡村旅游、实现乡村振兴,带动青海经济持续发展。第四,打造绿色有机农畜产品输出地,是一个将青藏高原特色农牧业带向世界的重要手段,是践行和谐、共享发展理念的具体体现。在农牧业不断地提质改进增产的基础上,通过品牌化经营和电子商务,"青"字号农牧产品销往国内国际市场,提升产业和产品的市场竞争力,为青海省经济发展、社会稳定和民族团结作出重要贡献。

❶ 秦睿 . 全力筑牢打造生态文明高地的制度保障 [N]. 青海日报,2021-10-11.

8.4　青海省“两山”有效转化的瓶颈问题与制约因素分析

“十三五”期间，青海在生态建设中取得了伟大的历史成就，但是未来的发展仍面临许多困难和问题：生态文明制度体系还不完善，生态保护和建设任务仍然艰巨，能源资源总体利用水平不高，环境治理能力亟待提升。在“绿水青山”转化为“金山银山”的过程中，东部地区有许多优秀的案例和先进地区的经验探索，这些给青海省的生态建设发展以启发，但不具备普遍适用性。不仅是处在西部的青海，从全国范围内来看，“两山”的生态产品价值的相关问题仍处于研究的初级阶段，并没有形成的一套完整“两山”转化体系，所以青海省作为生态建设大省，对于“两山”理论的应用实践仍有诸多不足，具体实践中存在以下问题。

8.4.1　对“两山”理论的核心要素生态产品价值认识有待深化

“绿水青山”之所以可以转换为“金山银山”，是因为作为绿水青山的生态产品可以产生经济价值，在“两山”转化与实践中，对于界定生态产品和生态系统服务、生态产品的内涵与外延的核算、挖掘生态产品价值等这些重要问题仍旧缺乏正确和深入的认识。学术界专家、学者已经通过大量的研究在不断对相关问题进行积极的探索与分析研究，但这些研究成果以东部地区为主，对于青海地区的生态产品及生态建设的研究较为缺乏，其他地区的研究成果对于青海的发展具有一定的指导意义，但在指导具体实践中，仍然缺乏有效的针对性。同时，青海的“两山”大量实践中，由于青海省的生态建设起步晚、建设理念不够先进，依然存在着认识不到位、不准确、不深刻的问题，具体表现在理论研究和实践两个方面。

在理论研究上，青海省处于三江源头，是全中国生态的重中之重。青海放弃了工业发展专心进行绿色生态建设，但是关于青海的生态的补偿还没有能够形成较好的模式与路径。目前，关于青海省乃至全国的生态产品产权认识是亟待解决的重要问题，对于生态建设效果缺乏精准科学的计算方法，对于生态产品价值也尚未形成公认、有效的评估指标体系和评估框架。从深层逻辑和系统结构去分析“绿水青山”向“金山银山”的转化路径依旧是一个薄弱环节。如何实现“两山”转化过程中的良性循环，从生态到经济、从经济到生态产生良性循环反馈机制，以及经济效益的合理分配问题，这些都是在青海生态建设中需要解决的重要研究问题，只能伴随不断的实践逐渐解决。

在实践中，青海省对于“两山”理论的实践是从不知道到不理解，再到理解及应用的过程。由于认识局限和长期以来形成的路径依赖，绿色发展理念还没有转化为普遍意义上的生态实践，绿色文化也没有渗透到居民的生产和生活中，没有摆正经济与生态的地位，出现一些发展中的“经济近视症”，造成为了获得短期的经济利益而损害长期生态利益，使一些工业污染损害了青海生态环境；一些山清水秀的农村牧区，农牧民守着良好生态环境却难以摆脱贫困的现象，不懂得把“绿水青山”转变为经济财富。

8.4.2 对“两山”理论的实践应用有待深入

“绿水青山就是金山银山”理论是在社会发展实践中不断被论证、被实践证明的正确论断，尤其对于青海省的生态发展一定具有重要的理论指导。用“两山”理论指导青海省的生态建设，可以从科学性和战略性上有正确把握。在实践中，“两山”理论在实践中的涉及范围、领域宽广，因此应用会有一定的难度，需要紧密结合实际，进行有效创新，创新需要魄力去改革。从全国范围内来看，全社会对“绿水青山”生态产品价值实现的认识、理解和设计尚处于初级阶段，尚未形成“两山”转化的完整体系，因此青海的“两山”转化实践需要在探索中创新，建设适合青海的特殊模式。同时，在三江源国家公园建设，在乡村振兴、生态旅游、城市绿色发展这些固定的领域，有一个相对固定的实践场景去更好地应用“两山”理论。尽管不同领域模式不同，但是可以在不同场景有针对性地进行摸索实践，为其他领域的“两山”实践提供借鉴。在实践工作中，探索有效转化的主动性不够、投入精力不足，缺乏灵活应用及实践不够深入、方法不够有效。“两山”转化作为“两山”理论中最具有挑战性的内容，在实践中仍存在许多发展的瓶颈和制约因素，使青海省在“两山”转化过程中尚存诸多问题。

8.4.3 “两山”转化中对于生态产品价值的确定缺乏完善性和系统性

“两山”转化的关键就是将生态产品的价值转化为经济效益，但是生态产品的表现形式多样，对于不同形式的生态产品的价值确定与核算是具有一定难度的，目前看来对于各种生态产品价值的确定是不够清晰和准确的。

1. 关于生态产品的内涵尚未形成广泛的共识

目前，社会对于生态产品的内涵认知不够准确，大多局限于“绿水青山”字面意义上绿水和青山的美景或者扩展到气候空气、水土资源、森林草场、绿树植被、野生动物等自然生态资源，没有灵活地把“绿水青山”与不同地域特点结合起来；同时，对于其他自然生态资源形态产品或者对由生态产品所衍生出来的生态服务产品、生态旅游产品及生态农牧产品等经营性生态产品的认识是非常不到位的。

2. 没有正确认识生态产品的价值属性

生态产品普遍具有公共产品和经营产品双重属性。所谓公共产品属性是指生态产品的排他性、非竞争性和公共性；经营性是指生态产品可以被广泛开发参与市场竞争，但是在实践中，对于生态产品的价值属性认知往往发生偏差，没有综合考虑两种属性。要么只是简单地强调生态产品的公共产品属性，通过生态补偿和转移支付实现生态产品价值，没有积极地调用各类生产要素进行生态产业化经营；要么只是单纯地把生态产品当成完全的商品，对自然资源盲目过度开发，忽视了生态产品的公共性。[1]青海"两山"转化的实践中对于三江源的生态已经有了相对科学的认知，也提出了生态补偿和转移支付等系统性保障对策，但对于其他领域的生态产品如何转化，如何通过产业来带动则相对较为欠缺。

3. 生态产品价值的核算体系不够健全

生态产品价值核算是一个复杂的系统，目前就全国范围而言也缺少一个对于生态产品价值成熟规范的核算体系，包括生态产品的价值确定、价格体系、价格模型等内容都不够完善，并且生态产品的种类不同，购买量的难以计算等因素使其计算更加困难。中国科学院生态环境研究中心欧阳志云团队建立了生态效益评估的生态系统生产总值（GEP）核算框架，对生态系统生产总值进行核算，并以青海省为案例开展了实证研究。结果显示，青海省2015年的GEP比2000年增长74.9%。增长的原因：15年来大规模生态保护工程增加了生态资产质量和数量，并且在青海省产生的生态系统产品和服务中，将近80%惠益的受益者是青海省外的其他省份[2]，因此，如何采取有效的付费机制，设计统一而有效的生态产品价值核算方法体系，让青海作为生态产品的提供者与受益者共同维持均衡化发展持续性进行提供是一个重要的任务。

---

[1] 庄贵阳，丁斐."绿水青山就是金山银山"的转化机制与路径选择[J].环境与可持续发展，2020（4）：26-30.

[2] 宋昌素，欧阳志云.面向生态效益评估的生态系统生产总值GEP核算研究——以青海省为例[J].生态学报，2020，40（10）：3207-3217.

8.4.4 “两山”转化过程中缺乏有效的资源与主体的整合

要从根本上实现“两山”有效的转化，取得好的效果，就需要用系统观和全局观来指导工作。从资源角度来看，不仅需要的良好的生态环境，还需要与物质资本、人力资本和社会资本相互配合，共同作用。从参与主体角度来看，除了政府的政策与资金的支持、引导，还需要企业、相关组织协会与社会公众的广泛参与。青海“两山”转化缺乏有效的资源与主体的整合，转化成效不够，存在以下问题。一是人力资本的缺乏与不足。青海的生态资源丰富，从青山绿水的生态环境、生态资源如何进行产业化，如何有效地开发生态产品、进行生态产品的价值核算等。这些“两山”实践工作需要物质资本、社会资本与人力资本的相互整合，尤其需要人力资本要素的参与，为“两山”转化提供智力支持，也有助于物质资本和社会资本快速积累。青海恰恰缺乏在“两山”实践中既懂社会经济发展又懂生态科学和先进思维理念、管理经验的人才，因此人力资本是青海“两山”实践转化中一个短板。二是“两山”实践的参与主体实践能力不强，各类主体不够完善，整合力不足。政府或各级政府作为“两山”理念的主导、实践的主体和引导者，在生态产品价值实现过程中主动性创新性不够、投入精力不足，缺乏探索及有效的方法。政策手段相对较为匮乏，政府的政策手段较为单一，主要包括财政转移支付和政府购买等；政府生态补偿资金来源单一、缺口大，且资金使用效率低下。三是企业等其他相关群体的参与度不够。由于生态产品的市场机制没有确定，缺乏有效的监管制度，所以社会组织和社会资本的进入方式和进入渠道尚未明确。此外，普通民众对生态环保的认识仍停留在较为浅显的层面，没有从自身的生活方式、行为方式采取有效的绿色化行动，整个社会层面没有形成强有力的“两山”实践转化的合力。

8.4.5 "两山"转化的市场及市场机制尚不完善

青海的生态建设是在国家生态战略的推动下，在青海生态责任与生态现状下，通过国家公园模式进行保护地的生态建设，一步步取得青海特色成就的。但是作为第一个通过国家公园模式进行实践的省份，有许多内容仍在摸索中，特许经营权、市场的内生动力、开放渠道、供求平衡问题等都是青海在下一步需要重点解决的问题。总体而言，青海的"两山"转化还没有形成一个完整的市场，并且缺乏有效的市场机制，没有充分调动各方的积极性。

一是生态产品不同于其他产品，早期对于生态环境的保护修护成本高，尤其是三江源国家公园生态保护区，并没有对普通游客全面开放，因此回报率相对较低。加上收益回报周期过长，不能充分调动各相关方投身生态环境保护修复的积极性，导致市场内生动力不足。二是"两山"转化市场机制不完善。生态产品的核算体系不健全，不能有效地推动生态资源量化为生态资产；缺乏有效的绿色金融支撑去推动生态资源转变成资本金；生态产品统计和监测体系不健全，影响生态产品价值评估等。作为生态补偿的重要试点地区，青海与其他省份的生态区域之间交易市场不通畅，未能建立起统一的市场交易准则，导致区域间交易成本加大。青海作为生态脆弱地区和国家重点生态功能区，转化的主要路径就是"生态补偿"，目的就是要保护好"绿水青山"，让"受益者付费、保护者得到合理补偿"，但投资周期长，转化的通道暂时尚不通畅且转换模式也不如其他模式简单明了。目前的补偿方式是政府主导型，以政府财政转移支付为主，所以补偿的数额不足、渠道过窄，补偿机制的资金来源过于单一，这些都是青海生态产品价值转化中存在的市场机制不健全问题。

8.4.6 "两山"转化基础保障性制度不健全

基础保障性制度对于"两山"转化是至关重要的。就整个"两山"转化的

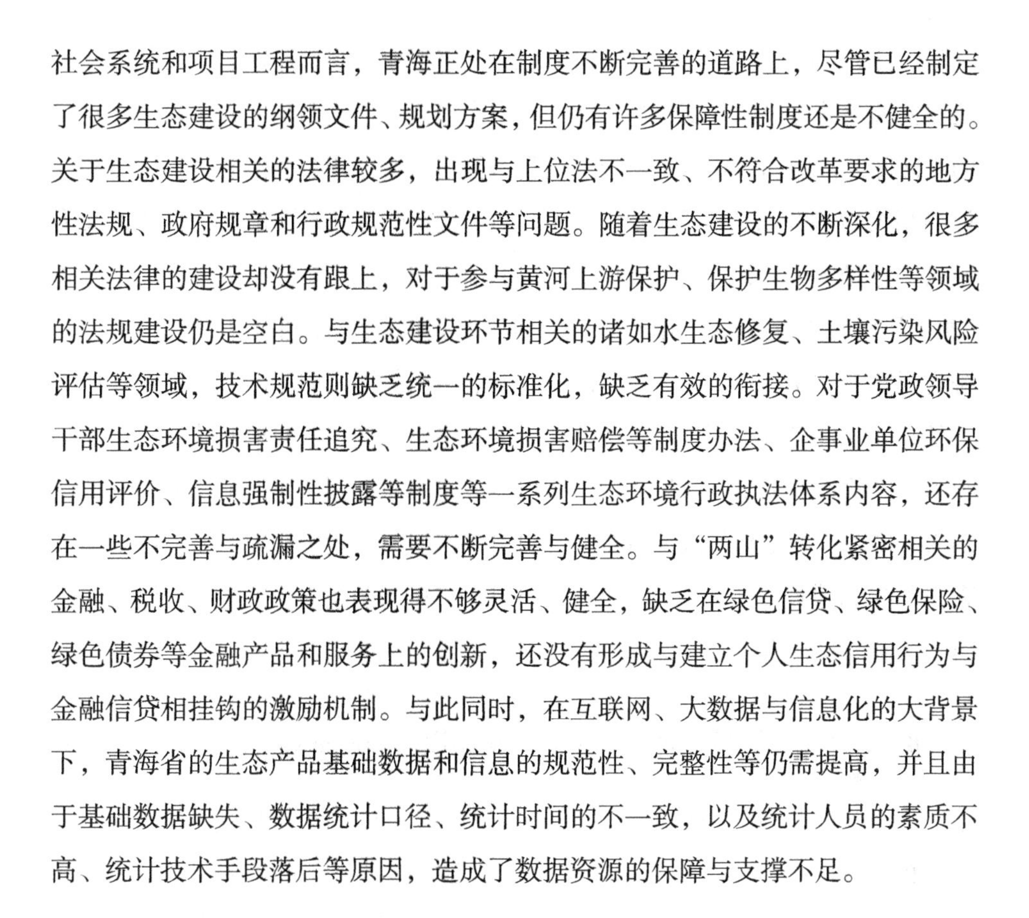

社会系统和项目工程而言，青海正处在制度不断完善的道路上，尽管已经制定了很多生态建设的纲领文件、规划方案，但仍有许多保障性制度还是不健全的。关于生态建设相关的法律较多，出现与上位法不一致、不符合改革要求的地方性法规、政府规章和行政规范性文件等问题。随着生态建设的不断深化，很多相关法律的建设却没有跟上，对于参与黄河上游保护、保护生物多样性等领域的法规建设仍是空白。与生态建设环节相关的诸如水生态修复、土壤污染风险评估等领域，技术规范则缺乏统一的标准化，缺乏有效的衔接。对于党政领导干部生态环境损害责任追究、生态环境损害赔偿等制度办法、企事业单位环保信用评价、信息强制性披露等制度等一系列生态环境行政执法体系内容，还存在一些不完善与疏漏之处，需要不断完善与健全。与“两山”转化紧密相关的金融、税收、财政政策也表现得不够灵活、健全，缺乏在绿色信贷、绿色保险、绿色债券等金融产品和服务上的创新，还没有形成与建立个人生态信用行为与金融信贷相挂钩的激励机制。与此同时，在互联网、大数据与信息化的大背景下，青海省的生态产品基础数据和信息的规范性、完整性等仍需提高，并且由于基础数据缺失、数据统计口径、统计时间的不一致，以及统计人员的素质不高、统计技术手段落后等原因，造成了数据资源的保障与支撑不足。

8.4.7 “两山”转化路径与模式中缺乏专业人才

从“绿水青山”向“金山银山”的转化，需要生态资本、物质资本、社会资本及人力资本相互配合，共同发挥作用，人才是推动青海省生态建设和融合发展的重要生产力要素。尤其对于青海这样一个发展起步晚、经济落后的省份而言，人力资本是极为不足的，这会影响青海省生态经济发展的效率与效果。生态经济的发展，“两山”的转化需要有优秀的管理者在处理生态与经济的关系中，发挥主观能动性，大胆创新科学规划、制定战略等。因此，优秀的人力资本可以提供先进的科学技术、科研项目、管理思维模式及管理经验，为

"绿水青山"向"金山银山"的转化提供一定的智力支持。"两山"转化过程中还需要大量的高技能、复合型人才，在生态建设不同环节的工作需要与之相关的不同专业。例如，在对生态资产进行核算过程中，需要具有经济、生态和统计等相关学科背景的综合性人才；在对自然资源资产确权登记过程中，又需要具有地理学、遥感等专业知识背景的人才。但目前这类人才短缺是青海省"两山"转化中存在的突出问题，亟待解决。除此之外，在用人制度方面，青海省目前在"引人、育人、留人"等方面的政策仍不够完善，人才成长环境不佳，人才吸引力不高。以上的这些因素都使青海"两山"的转化存在人才与智力方面的动力不足、效果不佳，所以要确定"人才强生态"的战略，开辟新的人才渠道，制定新的人才机制是青海未来高质量发展的重要一环。要努力为青海的生态建设一支数量质量双优、结构比例合理的高素质生态建设人才队伍，为青海打造全国乃至国际性生态新高地蓄力赋能。

8.4.8 "两山"转化过程中生态文化建设的力度不够

生态文化是以生态价值观为导向，对生态文明建设理论和实践成果的总结、提炼和传承，包括生态精神文化、生态行为文化、生态制度体系和生态文化物质载体四个主要方面，是生态文明的重要组成部分。[1]生态文化是生态文明建设的根和魂，是"两山"转化中重要的精神激励和行为动员。青海省在"两山"转化过程中对于生态文化的建设力度不够，还缺乏有效的体系化建设和深入的内涵性建设，总体而言，还有很大的提升空间。首先，青海"两山"转化缺少完善的生态文化体系。一套完整的生态文化体系应该包括富有特色的生态文化价值观、生态文化制度与体制、生态文化产业、生态文化宣传教育等。青海省在生态文明建设的道路上也形成了许多自己独特的生态文化，如

[1] 焦晓东．弘扬特色生态文化 助力生态文明建设 [N]. 中国经济时报，2021-08-21.

三江源文化、河湟文化等，但是在生态文化体制与制度保障、生态产业的发展上还存在一些短板，起步晚、发展较为滞后。其次，生态文化缺乏丰富的多样性及表现形式。生态文化包含的内容非常丰富而又内涵深厚，它的建设是需要用通俗易懂的形式让人民群众受益，因此要采用多元又生动的表现形式去传播。青海仍未从根本上寻找到一个有效的途径去展现生态文化，让它更接地气，更被群众所接受，从而去改变人民群众的生活和行为方式。例如，“两山”辩证观、生态底线观这些重要的生态文化价值观，缺乏对内涵的完整展示，而是倾向于表层化。最后，没有厘清“两山”理论与生态文化的关联，缺乏将“两山”理论内涵与青海的特色生态文化有机结合。习近平总书记视察青海，提出了青海的生态重任和青海发展的战略指引，肯定了青海的特色生态文化。青海为打造全国乃至国际性生态新高地，在不断探索生态文明建设的新路径和新内涵，这些都是“两山”理论的宝贵实践，如何通过案例整理和素材收集，以宽渠道和高频率的方式进行有效的传播是非常重要的。因此，生态文化建设既要塑形，更要铸魂。

第9章

“两山”的双向转化在青海实践中的战略思维与转化机制

9.1 “两山”双向转化在青海实践中的战略思路

“两山”理论实践转化路径就是“两山”转化通道，是“两山”理论中最重要的内容，也是“两山”论发展到一定阶段后必须要面临的问题。它是不同区域、省份基于自身经济社会发展基础和生态环境本底，探索形成的“两山”转化模式的集合。❶在“两山”理念实践建设中，由于生态环境禀赋不同、经济发展水平不同，所以如何对待、处理“两座山”的关系及其转化路径也有所不同。❷结合青海省情、生态现状及生态建设中存在的一些问题，根据“两山”理论的内容，为青海提出“两山”双向转化在青海实践的以下思路。

9.1.1 践行“两山”理论，坚持“双向发力”，实现“两山”双向转化

当前，青海深入践行“两山”理论，把经济社会发展同生态文明建设统筹

---

❶ 董战峰，张哲予．“绿水青山就是金山银山”理念实践模式与路径探析 [J]. 中国环境管理，2020（5）：11-17.

❷ 杜艳春，王倩，程翠云，等．“绿水青山就是金山银山”理论发展脉络与支撑体系浅析 [J]. 环境保护科学，2018，44（4）：1-5.

起来，始终坚持生态底线，将绿色发展理念贯穿经济发展的全过程，调动各方面的积极因素，实现生态保护与经济发展的有机融合、协调兼顾、久久为功，促进调整、优化、升级。对“两山”理论的实践必须双向发力，积极探索从“绿水青山”到“金山银山”的转化路径，实现青海省生态经济向好方向的发展，为人民群众谋取更多的福利，保障民生。同时，也要饮水思源，用经济发展所获得的资金反哺环境，对生态进行更多的关注、投资，并且升级生态环境（见图 9-1）。

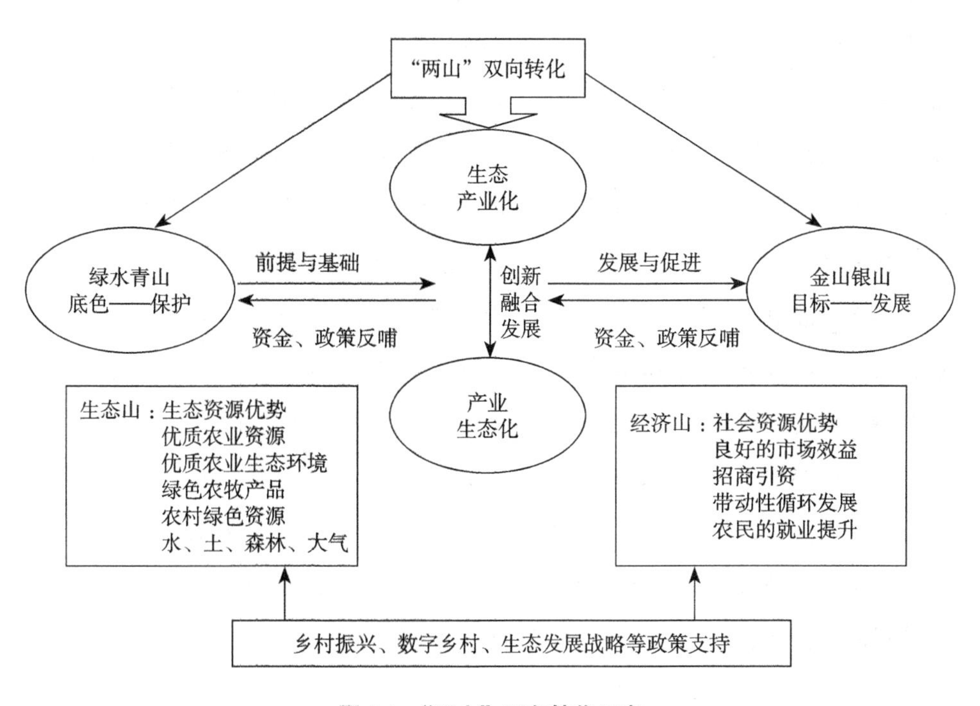

图 9-1 “两山”双向转化示意

1. 要积极打开从“绿水青山”向“金山银山”转化的通道

首先，以“绿水青山”的自然资源为底色大力保护生态环境，在保护的基础上根据不同生态环境的特征，有针对性地进行合理开发，将生态资源优势转化成为社会资源优势，寻找既保护生态环境又保障经济水平的双向促进方法。[1]继续完善和深化国家公园模式的相关管理内容，打造国家公园典范。高水平建设三江源国家公园，在三江源国家公园建设的经验基础上，大力推动祁连山国家公园建设，并相继规划建设青海湖、昆仑山国家公园，形成有经验、有步骤的国家公园群建设体系。[2]加快推进制定三江源、祁连山国家公园国有自然资源资产管理体制试点特许经营管理办法，以及社区农牧民参与国家公园保护建设和管理办法等，积极有效地对生态自然资源进行管理，让国家公园能产生巨大的生态效益。在完善的管理体制和有效监管的前提下，逐渐放宽市场准入标准，扩大生态产业基金、绿色信贷、绿色保险等多渠道支持方式，鼓励企业、社会组织和个人从事生态产品开发和利用[3]，提高生态产品的收益率和供给能力。在保障自然资本存量不减少、功能不降低的前提下，构建生态产品市场交易平台，从而逐步实现国家公园生态产品的经济效益。

其次，推动生态产业化与产业生态化相融合。立足青海的独特生态，将生态资源与生态环境所特有的运动休闲、观光旅游、高原体验等经济价值进行挖掘，将其做成青海特色产业，并发挥产业优势，实现生态资源资产的保值和增值。也可以结合当地生态资源，进行整合与模式创新，实现“生态+”产业，大力发展生态农业、生态文旅等。产业的生态化是在传统产业积极引进节能、环保、信息技术等产业要素，通过技术创新方式，推进传统产业的不断转型及升级，塑造资源能耗低、环境污染少、质量效益高的产业生态化，让传统产业也能在

[1] 杜艳春，程翠云，等.推动“两山”建设的环境经济政策着力点与建议[J].环境科学研究，2018（6）：1489-1494.

[2] 青海省人民政府网站.青海省国民经济和社会发展第十四个五年规划和二〇三五年远景目标纲要[EB/OL].（2021-02-10）[2022-06-10]. http://www.qinghai.gov.cn/zwgk/system/2021/02/19/010376582.shtml.

[3] 张壮.三江源国家公园生态产品价值如何实现[N].学习时报，2022-01-12.

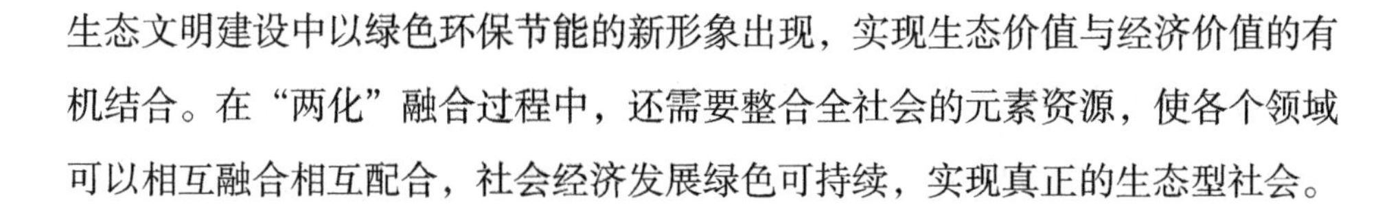

生态文明建设中以绿色环保节能的新形象出现，实现生态价值与经济价值的有机结合。在“两化”融合过程中，还需要整合全社会的元素资源，使各个领域可以相互融合相互配合，社会经济发展绿色可持续，实现真正的生态型社会。

2. 要主动打通“金山银山”向“绿水青山”的反向转化通道

一般情况下，我们都将关注点更多地放在如何将“绿水青山”转化为“金山银山”上，但在“两山”转化的实践中，尤其是青海这样一个“三个最大”特征的省份，则更需要更多的逆向思维，打通“金山银山”对“绿水青山”的反向转化通道，增加反哺力度。当我们从“绿水青山”的生态环境和生态资源中获得了经济收益之后，就更应该认识到生态的重要性，持续增加对于生态的关注和投入，争取更多的政策与资金扶持，加大力度推进生态文明建设，聚焦“生态惠民、生态利民、生态为民”的各项任务和活动，丰富生态产品和生态服务，形成全社会绿色生态低碳的生态行为，引导企事业单位和市民积极参与。在环境治理上，要继续攻坚，解决大气、水和土壤三大污染和突出的生态环境问题，不断提高空气质量、拓展绿色空间、净化土壤环境，让天更蓝、地更绿、水更清，使人民群众享受更多的绿色发展成果。[1]

9.1.2 实现生态产品价值是“两山”转化的关键路径

实现生态产品价值与“两山”转化可以理解为同一个本质问题，“两山”转化是要把“绿水青山”转化成可以带来经济效益的“金山银山”。其中，“绿水青山”与“生态产品”内涵相符,“价值”与“金山银山”有直接关联性，“实现”与“转化”可以理解为同义替代。[2]因此，实现生态产品价值不仅与

[1] 朱凯，深入践行“两山”理论的几点认识，北京市思想理论阵地建设研究专题。

[2] 肖雪琳．“两山”转化十种模式，四川如何适用？——四川省“两山”转化路径与典型模式探究 [J]. 生态文明示范建设，2021（5）：51-53.

"两山"转化同义，更可以看作"两山"转化的重要途径和手段。在深入推动长江经济带发展座谈会上，习近平总书记提出要积极探索推广"绿水青山"转化为"金山银山"的路径，探索生态产品价值实现路径。生态产品价值实现的过程就是将被保护的、潜在的生态产品转化成现实的经济价值。[1]其内涵是在保护生态的基础上，通过对生态产品的保值和增值，采用有效的市场机制或者政府行为，实现生态产品的生产、分配、交换和消费，使生态环境资源逐步转变为生态资本和生态产品，体现经济价值和社会价值。因此，实现生态产品价值就是实现生态保护效益外部经济化，协调生态保护与经济发展的关系，实现"两山"的有效转化。

青海省"两山"转化也同样需要在保护生态环境的基础上，坚持把青海的"绿水青山"作为重要的产业来经营，拓展青海的独特生态价值内涵，实现其人文价值、经济价值、社会价值的转化，推动建立生态产品价值实现机制。

首先，立足青海省情，盘点生态资源，做好战略规划，提高生态产品价值实现机制的"融合性"。将生态产品价值实现机制有效地融入青海省的经济社会发展规划、生态环境保护规划等各种总发展路径中。

其次，积极探索青海省生态产品价值实现机制。生态产品价值实现机制主要包括生态产品的价值评估机制和价值转化机制，且评估机制是生态产品价值转化的基础。生态产品价值实现机制的建设在国内各个省份均处于起步阶段，青海省特殊的生态环境与生态类型，使其更需要在这方面作出大胆的创新探索与突破性研究。应采用科学的技术方法、积极获得专业机构的支持，确立一套标准清晰、方法科学、范围广泛的生态产品价值评估体系[2]，全面提升生态产品价值评估机制的科学水平。在生态产品价值转化机制上，要科学有效地进行

---

[1] 王金南，王夏晖 . 推动生态产品价值实现是践行"两山"理念的时代任务与优先行动 [J] 环境保护，2020（7）：10-13.

[2] 沈舒 . 生态产品价值如何实现 [N]. 中国自然资源报，2020-08-11.

利益的公平分配，从而实现社会公平。将生态产品收益通过补偿的方式给予生态保护地原住民一定的生态岗位，让其有一定的收入。生态产品收益也要用于生态的反哺、环境的持续性保护和修复，还应该用于当地的经济发展与民生改善，发展生态项目以提升当地的就业水平。

再次，对于不同的生态产品类别实现差别化管理与差异化开发。青海省在《“十四五”生态环境保护规划》中确定构建系统治理新格局，聚焦“两屏三区”生态安全格局，以江河湖流域、山体山脉等相对完整的自然地理单元为基础，统筹部署区域、流域、生态系统、场地等不同尺度的山水、林田、湖草、沙冰一体化保护和系统治理。[1]这是一种“大生态”格局，也反映出青海的生态产品类型多样且性质不一，需要对各种生态产品进行有效的差别化管理（见表 9-1）。对于原生态产品，如山水、林田、湖草等自然资源要素应进行一体化保护；对于衍生生态产品，如草场上的动植物、青海湖的裸鲤等，应关注其原始生态产品、生态环境的保护和衍生生态产品的宣传；对于融合型生态产品，如休闲康养、农家乐等，应关注其经营模式与更多的市场规划与营销投入；对于转化型生态产品，如再生资源、太阳能发电等，应关注产品科技化应用与技术创新。根据生态产品的不同类型分类施策，激发和拓展各类生态产品价值，对自然保护地等生态产品进行有效的环境保护与治理也可以推动产业生态化与生态产业化融合。

表 9-1　生态产品类型、特征及作用一览表

生态产品类型	特征	作用	举例
原始型生态产品	山水、林田、湖草等的自然绿色和清纯呈现的价值状态	能够提供清洁水源、优良空气，促进水土涵养和生物多样性发展、维护生态系统平衡与调节作用	森林、草原、湿地、农田、海洋、矿产、水资源等

[1] 省政府办公厅 . 青海省“十四五”生态环境保护规划 [EB/OL].（2021-11-19）[2022-10-16]. http://www.qinghai.gov.cn/xxgk/xxgk/fd/zfwj/202112/t20211215_188181.html.

续表

生态产品类型	特征	作用	举例
衍生型生态产品	以山水、林田、湖草为直接材料和条件形成的生态产品	直接物质性产品的供给作用	农产品、水产品、动植物等
融合型生态产品	以自然生态环境为基础，与相关生产生活融合形成的价值	生态旅游、教育等的文化服务性作用	生态旅游、园林养生、休闲娱乐、自然康养等
转化型生态产品	运用科技创新等手段去污、减排、节能形成的生态型产业	去污、减排、节能形成的生态作用	绿色制造业、新型能源、太阳能等

以青海省三江源国家公园为例，它的生态产品有山水林田湖草，以及农产品、水产品、畜产品、清洁水源和清洁空气等，这些都是三江源优质的生态产品。国家公园内的草原、湿地、林区等作为重要的生态资源，同时又是农牧产品等生态产品的天然加工厂，为生态产品提供良好的生态循环系统及支持系统，它们相互依赖又相互转化。除了生态畜牧业、中藏药业等衍生型生态产品，三江源国家公园还有很多融合型生态产品，如民族手工业、生态旅游、现代服务业、生态文化产业等。由此可见，三江源国家公园的重要性就在于生态产品品类繁多，这些生态产品通过有效的转化机制，都可以为三江源地区创造价值，构建出三江源国家公园生态产品消费大市场。❶

最后，以“两山”实践基地为创新平台，探索生态产品价值实现的路径。在“两山”实践创新基地的实践中，摸索适合青海当地特殊省情与生态特征的转化模式，实现以生态产品为核心的转化，结合生态产品的不同类型，挖掘生态产品的内涵与外延，综合考虑生态产品生产能力、空间流转能力、市场效能等，并从不同产业视角进行考量，实现生态产品与其他因素、不同产业的整

❶ 张壮．三江源国家公园生态产品价值如何实现 [N]. 学习时报，2022-01-12.

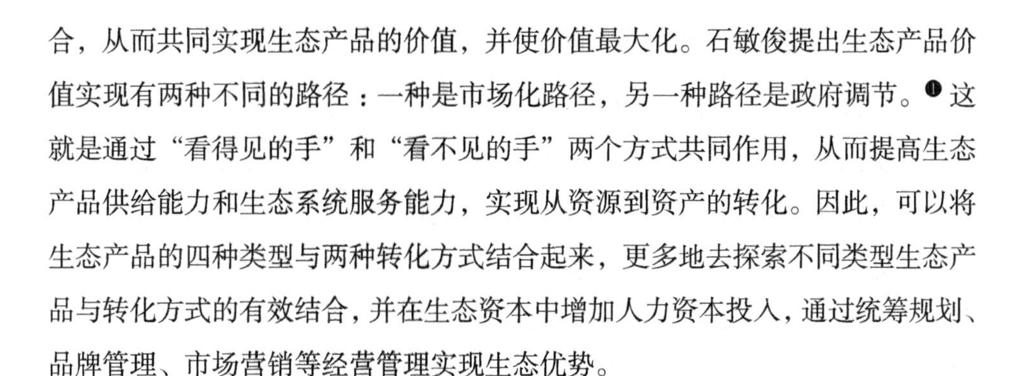
合，从而共同实现生态产品的价值，并使价值最大化。石敏俊提出生态产品价值实现有两种不同的路径：一种是市场化路径，另一种路径是政府调节。[1]这就是通过“看得见的手”和“看不见的手”两个方式共同作用，从而提高生态产品供给能力和生态系统服务能力，实现从资源到资产的转化。因此，可以将生态产品的四种类型与两种转化方式结合起来，更多地去探索不同类型生态产品与转化方式的有效结合，并在生态资本中增加人力资本投入，通过统筹规划、品牌管理、市场营销等经营管理实现生态优势。

9.1.3 探索“两山”有效转化的青海特色路径是重要的实践基因

伴随着“两山”转化理论的深入研究和实践的不断发展，东部地区及民族省份的一些地区在生态文明建设中成为“两山”的实践基地，紧密结合自身生态实际创新出了特色转化模式，寻找到一条适合该地区经济良性循环发展的路径。因此，青海的“两山”转化要具有区域化和特色化思维。要深挖青海的生态独特性，抓住青海生态文明建设中的瓶颈问题，在不同资源环境禀赋、不同生态功能定位的背景下创新理论，寻求适合青海特色的“两山”实践理论。青海主动融入国家发展战略的生态文明建设中，结合青海实际，设计、实施总体方案与建设蓝图，落实生态文明建设的长效保障机制，寻找改革突破口，以三江源国家公园为生态试点进行生态保护和恢复已成为青海生态文明建设中的王牌、抓手和重要标志。以生态文明新高地为发展方向和目标，以三江源国家公园的生态保护为特色引领，以青海特有的清洁能源、生态旅游资源、绿色农牧产品和循环经济为动力，以生态文明制度革新来推进青海的绿色发展、生态发展，努力实现在保护中发展、在发展中保护。[2]青海特色的“两山”实践应该表现在以下三个具体方面。

[1] 石敏俊．生态产品价值的实现路径与机制设计 [J]. 环境经济研究，2021（2）：1-6.

[2] 杨娟丽．从“绿水青山”到“金山银山”的青海路径 [N]. 青海日报，2020-3-21.

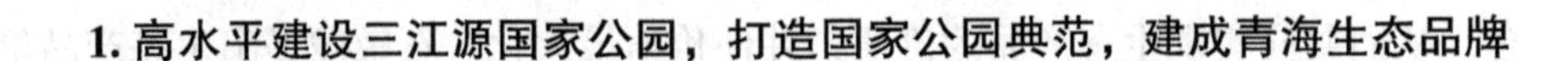

1. 高水平建设三江源国家公园，打造国家公园典范，建成青海生态品牌

将三江源国家公园建成世界著名的第三极生态亮点，大力保护物种多样性，加快推进三江源和祁连山国家公园国有自然资源资产管理体制试点，制定特许经营管理办法，在国家公园所在县域开展自然资源经营管理活动。在三江源国家公园的引导下，继续规划建设青海湖、昆仑山国家公园。[1]将社区与农牧民生产生活也纳入保护区经营活动，带动农牧民保护生态环境，实现对农牧民的生态扶贫，从而提高经济收入。

2. 形成以国家公园为主体、以三江源为核心的自然保护地体系

盘点青海省的生态资源、自然遗址、自然景观、生态多样性物种，建立综合的信息数据库，根据数据库进行有效的分层分级管理，率先在全国建成具有国际影响力、特色鲜明的自然保护地模式和样板。

3. 保护“中华水塔”，赢取生态红利

创新保护水塔的机制与思路，加强源头保护和流域综合治理，全面增强保水、增水、净水等核心生态功能，与周边省份协同合作，建立联保联治的协作机制，推动三江源流域省份协同保护“中华水塔”的共建共享机制。从空间维度对三江源进行区域性的有效保护，提高工作效率。青海正在生态文明建设中形成青海风格、青海特色与青海经验。

9.1.4　探索绿色城市与乡村振兴的城乡融合发展是“两山”转化的空间战略

谈到青海的生态特色，大家都会将目光焦点在三江源国家公园，但是生

---

[1] 青海省国民经济和社会发展第十四个五年规划和二〇三五年远景目标纲要。

态文明建设是一个系统工程，所以可以从空间思维角度去考虑“两山”的转化（见图 9-2）。

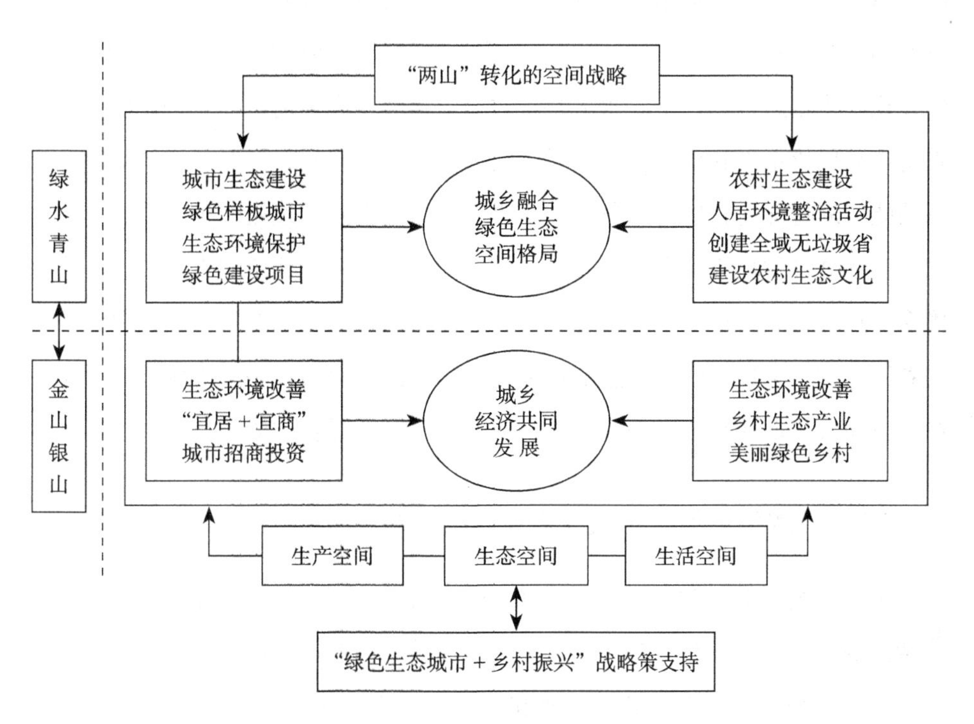

图 9-2 从“绿水青山”到“金山银山”转化的空间战略

以城乡融合式发展战略为目标，在评价资源环境承载能力和国土空间开发适宜性的基础上，统筹划定落实生态保护红线、永久基本农田、城镇开发边界等空间，逐步形成城市空间、农村空间和生态空间的三大空间格局。生态空间主要是指生态功能区，要坚持生态保护优先、自然恢复为主，实施生态保护和修复重大工程，统筹生态系统综合治理，提高生态产品供给能力，推动生态产品价值转化和人口逐步有序转移。在城市空间，要提高城镇空间利用效率，合理预留能有效支撑可持续发展的城镇和产业发展空间，统筹基本农田和生态空间保护；以西宁市绿色样板城市为核心，大力进行城市生态环境保护，推进城市绿色建设项目，从而改善生态环境，形成“宜居 + 宜商”的新城市特色，从而吸引更多的知名企业来青海投资设厂，带动青海地方经济和灵活就业。在农村空间，作为农产品主产区，要建立粮食生产功能区和重要农产品生产保护区，建设现代化生态牧场，严守永久基本农田、落实最严格的耕地保护制度，提高农畜产品供给水平和质量；加强对农村人居环境的整治，针对三江源等重点生态功能区的特殊性，应采用科技技术创新，研发有效的垃圾处理办法，学习海南州贵德县农村环境综合整治模式和经验做法，积极创建全域无垃圾省，多宣传多实践，在农村形成生态文化，通过农村人居环境整治打造美丽乡村，为广大农民提供一个良好的生产生活环境，促进生态优势转化为经济优势，加快农业农村现代化，让每个人都参与保护环境并在这个过程中受益。

9.1.5　探索“两山”转化实践中各主体的协同治理

生态环境作为一种公共产品或准公共产品，具有鲜明的广泛性、动态性、复杂性等特征，因此在生态建设中单纯依靠政府机制或者市场机制是难以实现生态产品有效转化及市场供需平衡的。多元共治模式通过引入多元主体的参与、互动与合作，以期最大程度地发挥多元主体间的协同治理效应。[1]青海的生态文明建设也是一种由上至下式的战略推进，由国家生态战略布局到青海省的生态定位及发展战略。政府作为主要的推动者与战略规划者，是重要的实践主体，但是随着青海生态文明建设的高质量发展，以及“两山”有效的双向转化，青海的“两山”实践也需要多元主体的协同模式。

积极构建政府、企业、社会公众等各主体协同的现代环境治理体系和治理模式，协同共治，统筹协调，形成合力。努力营造全民生态氛围，形成从“政

[1] 詹国彬，陈健鹏．走向环境治理的多元共治模式：现实挑战与路径选择 [J]. 政治经济学，2020（2）：65-75，127.

府治理”向“全民环保”的现代化治理格局。让全省民众能关心青海的发展方向与发展重心，形成环境共治的新格局（见图 9-3）。

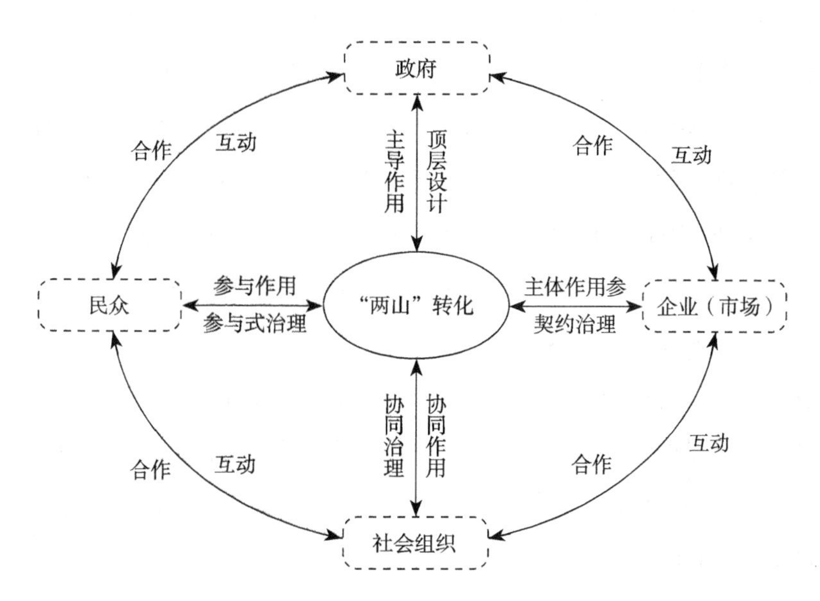

图 9-3 “两山”转化过程中多元主体协同共治模式

第一，确定政府为主导的制度性支持与生态保护责任。政府要切实发挥基础性作用与主导作用，整合各层级、部门职能，统筹协调，形成合力。以绿色 GDP、生态系统生产总值（GEP）政绩观为指导，做好“两山”转化与生态建设的顶层规划，从环境法规与政策的制定与执行、组织机构的优化、市场机制的制定、环境保护宣传教育、环境监管与环境问责等各方面做好制度设计与基础保障。同时，政府部门应落实生态环境保护目标考核责任体系，认真执行党政领导干部自然资源和生态环境损害责任追究，对违背科学发展和绿色发展要求，造成严重资源破坏和环境污染损害事件的，必须严格追责。[1]

第二，确定企业为发展动力与实践主体推动发展的主力军。企业在生态环

[1] 章松来，虞伟，等．“两山”理念转化的社会协同治理机制研究 [J]. 环境教育，2021（2）：58-61.

境治理与生态产品价值实现中都承担着不可或缺的环境责任与社会责任，在环境治理中，企业应落实绿色生产和环境保护的责任，积极采用科学技术进行绿色清洁生产与经营，减少污染物排放，保护生态环境、节约自然资源，依法采取措施防止各种污染和危害环境的经营活动。同时，企业应以绿色需求为导向，开发绿色环保产品，实现产品生命周期与生态环境影响最小化的融合式产品设计。在“两山”转化中，还需要发挥企业的市场推动力作用，助力“两山”转化实现生态产品价值。要鼓励企业从事生态产品开发和利用，引导传统企业生产生态产品，提高生态产品的收益率和供给能力。

第三，引入社会组织参与协同共治发挥作用。社会组织在生态环境保护中的力量表现得较为薄弱，但对于平衡社会因素与综合管理可以发挥重要作用，尤其是当环境保护与生态建设的复杂性程度越来越高时，更需要社会组织的积极加入，通过环境科普、宣传、教育的方式进行社会引导与民众教育。后期可以通过早期的制度设计、进一步优化制度、政府给予更多的支持，让社会组织更加规范有序发展，更多地参与到环境监督、教育中来，提高社会组织参与环境保护的有效性。

第四，引导社会公众主动参与生态环保，践行绿色生活。构建生态文明建设的网络体系，打造绿色基因，自上而下贯穿到基层，使学校、企事业单位、社区、家庭内的每一个公民都成为环境保护的一分子。加强生态环境保护的宣传教育，弘扬保护自然的生态文明观，提升全社会生态环保意识。通过开展绿色行为规范行动，深入传播生态文化，将绿色生活方式内化于心、外化于行，提升公众的生态文化素养。完善生态文明建设机制，保障公众知情权与参与权，拓展公民参与环保的渠道、载体与平台，让民众有适当的渠道享有生态保护的权利、担当保护环境的责任，并实施对环境保护等社会公共事业的社会舆论监督，激发公众参与的主动性与积极性。

9.1.6 探索制度建设是“两山”转化的坚强保障

习近平总书记强调：“只有实行最严格的制度、最严密的法治，才能为生态文明建设提供可靠保障。”进一步推进和完善青海生态文明体制改革，用制度体系守护绿水青山，维护区域生态安全格局，是青海生态文明建设中的不断探索与特色化实践，同时也是未来青海打造生态新高地，实现“两山”有效转化、生态文明建设行稳致远的重要保障。从青海生态文明的历史实践来看，青海省委、省政府在全国率先制定《生态文明制度建设总体方案》，为青海乃至全国生态发展作出了重要贡献，也为青海生态文明建设搭建了一个有效的制度框架，从生态监测、评价、考核、责任追究制度体系和源头防控、损害赔偿、严惩等方面制定了相关的制度措施。

面向未来，青海的生态目标是要打造全国乃至国际生态新高地，因此要通过更严密的法治保障来保驾护航，为“两山”转化强化制度落实提供重要保障，用制度保护生态建设。政府应积极出台推动“两山”转化的纲领性文件，加快建立与“两山”转化息息相关、系统完整的制度体系。在战略层面，应继续大力发展生态经济，推动绿色发展，走绿色、循环、低碳发展之路。在核心层面，制定健全的“生态保护补偿机制”和“生态产品价值实现机制”，对环境保护机制和价值实现机制的创新，从根本上调动各地区环境保护的积极性，也为具有生态优势的地区构筑发展的新动能。重点解决生态产品价值实现中生态产品的度量难题、抵押难题、市场交易难题和变现难题，通过积极探索包括 GEP 核算应用体系、绿色金融政策工具、搭建市场化运作的生态资源运营服务体系，以及加快推进产业生态化与生态产业化等有效的解决对策。在辅助层面，建立关于生态资源与生态环境相关的节能评估审查、土壤环境保护等方面的政策法规，健全绿色低碳循环发展的经济体系，完善能耗、污染物排放、环境质量等方面的制度机制。

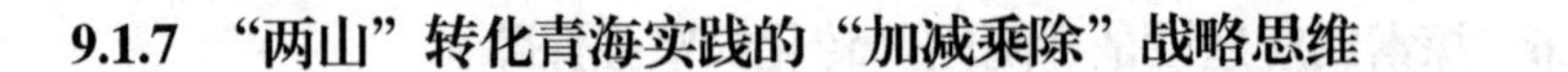

9.1.7 “两山”转化青海实践的“加减乘除”战略思维

人类社会的发展实践证明，通过制度、科技创新确定政策法律保障，鼓励全民共同参与，可以使“污水荒山”变成“绿水青山”，进而成为“金山银山”。通过实现生态价值的提升来实现社会整体经济效益的提高，可以提升人民群众的幸福感与获得感，从而提高社会整体福祉。打通“绿水青山”与“金山银山”双向转化通道，走出一条适应青海特色发展的新路子是增加青海发展活力，脱贫致富，提高居民收入水平，实现新时代生态文明建设的重要任务与奋斗目标。深挖青海“两山”转化模式与路径，创新思路，通过“加减乘除”的思想方法去做转化，把“生态山”转化为“经济山”。

1. 善于做“加法”

在“绿水青山”上增加活力与动力，拓展空间。在生态环境中增加、融入更多的民族文化与传统文化因素，让青海的生态环境具有浓郁的文化属性，打造生态文化品牌，发展生态文化产业；增加建设“绿水青山”的活动项目，以生态为核心，以生态为主题，以项目为载体，增加青海生态文明建设的内容和深度。增加对“绿水青山”可持续化发展的投入，实现青海生态文明建设的区域化、战略化、项目化、持续化和智能化，从“生态 +”走向“互联网 + 生态”和“生态 + 产业”的现代化生态发展之路；加强公民的环境意识，推进公民参与生态保护，加强生态文化教育和宣传，引导绿色生产、绿色消费、绿色采购，让人民群众积极践行绿色的生产和生活方式，把生态保护优先融入经济社会发展的各个方面。

2. 敢于做“减法”

减掉短期利益和不经济行为。牢记青海发展的根本使命，稳步推进生态保护工程，筑牢国家生态安全屏障；减掉“经济发展近视症”，不追求短期经济

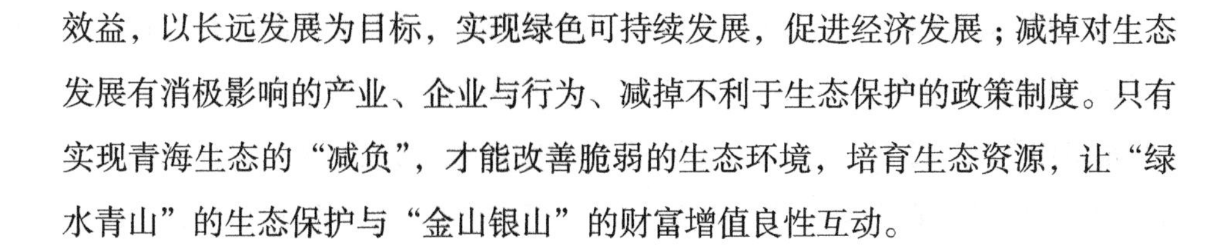

效益，以长远发展为目标，实现绿色可持续发展，促进经济发展；减掉对生态发展有消极影响的产业、企业与行为、减掉不利于生态保护的政策制度。只有实现青海生态的“减负”，才能改善脆弱的生态环境，培育生态资源，让“绿水青山”的生态保护与“金山银山”的财富增值良性互动。

3. 乐于做“乘法”

从多方借势、借力，整合联动，发挥最优效果。多方寻求发展思路、积极寻求政策的支持和发展资金、拓宽渠道等，让多方力量实现整合。最大程度地发挥三江源国家公园的示范效应，理顺三江源保护机制，提升保护的科学性，从而在其生态资源的带动下打造一批可吸纳就业的旅游、有机农牧等绿色产业，改善农牧民生活，通过让群众共享生态保护红利。积极调动农牧民生态保护意识和生态保护的积极性，让农牧民成为生态保护的主人，广大群众、各级各部门发挥力量，共同构建生态体系链条。借助省外已有的相似的案例进行学习，发展与生态保护相向而行的产业体系，依托“绿水青山”实现“生态 +”的各类产业，如生态农业、生态工业、生态旅游业等。与省内高校积极合作，获取生态发展的理论知识与科技支撑平台。

4. 勇于做“除法”

除去“绿水青山”建设转化过程中不利的因素和思想，舍得“动真格”，从立法、政策和机制等方面给予保障。借助环境财政政策、环境税费政策减少市场机制的自发性、盲目性和滞后性。建立生态文明建设长效机制，系统出台青海地区生态环境保护的系列法律，将一些不文明行为上升到法治层面进行约束，制定明确领导干部工作职责，依法治理，依法保护风景名胜区、水源地和生态敏感点，挖除生态环境保护中的隐患，扎实、系统地推进生态环境的管理制度。

青海蕴藏在绿水青山之间的经济价值还有很大，下一步青海的发展应该是保住绿水青山存量、加大绿水青山增量、倒逼经济发展方式绿色转型、提高"绿水青山"与"金山银山"的转化率。将绿水青山的生态文明建设与深入实施"五四战略"、奋力推进"一优两高"紧密融合，向绿色要持续发展的红利。青海需要改革创新，把它的优势显现出来、挖掘出来，把它变成资产、资本、资金；青海的"绿水青山"更需要永久地保持下去，不能总依赖"输血"，要创造发展的内生动力，打通"绿水青山"与"金山银山"的双向转化通道，以资金来反哺生态，投资生态，形成经济反馈自然的循环圈，走出一条经济发展和生态文明相辅相成的新路子。[1]

9.2 建立"两山"双向转化青海路径的长效实践机制

2018 年，习近平总书记在深入推动长江经济带发展座谈会上强调指出，要积极探索推广"绿水青山"转化为"金山银山"的路径，选择具备条件的地区开展生态产品价值实现机制试点，探索政府主导、企业和社会各界参与、市场化运作、可持续的生态产品价值实现路径。2021 年 4 月，中共中央办公厅、国务院办公厅印发《关于建立健全生态产品价值实现机制的意见》（以下简称《意见》），这是首个将"两山"理论落实到制度安排和实践操作层面，并指出"两山"转化的核心即实现生态产品价值的纲领性文件（见图 9-4）。由此可见，国家已经从战略层面去推动建立健全生态产品价值实现机制，创新出生态发展的新路子。在《意见》中的战略取向中提出：让提供生态产品的地区和提供农产品、工业产品、服务产品的地区同步基本实现现代化，人民群众享有基本相当的生活水平。[2] 这标志着生态产品被提到了战略高度，它与传统的农产品、

---

❶ 杨娟丽. 从"绿水青山"到"金山银山"的青海路径 [N]. 青海日报，2020-03-23.

❷ 中办国办印发意见：建立健全生态产品价值实现机制 [N]. 人民日报，2021-04-27.

工业产品、服务产品一样具有重要的地位，都是国家重要的战略单元，生态资源将作为重要的生产要素，不断转化为生态资本和生态产品，生态产品又会形成价值。《意见》提出要注重发挥政府的主导作用，充分发挥市场资源配置作用，二者共同推动生态产品价值有效转化。因此，探索生态产品市场机制是“两山”转化中的重要问题，如何在政府主导下，在市场机制的调节下，达成生态产品的供需平衡，促进生态产品交易与增值，实现市场化是“两山”能够转化的关键问题。

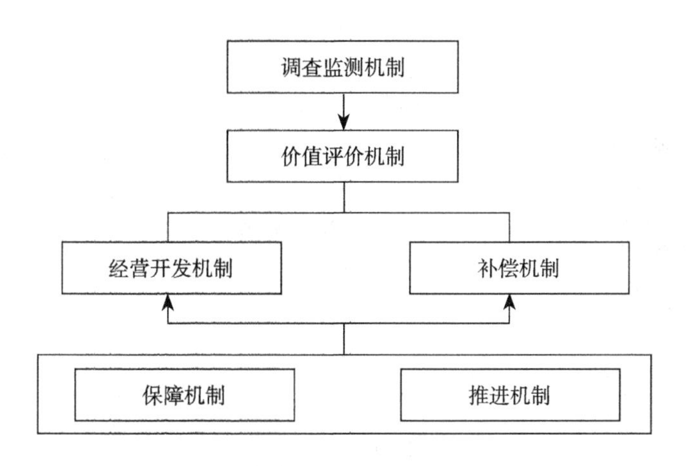

图 9-4 生态产品价值实践机制工作路线

《意见》还以系统性思路，提出了生态产品价值实现的六大机制，即生态产品的调查监测机制、价值评价机制、经营开发机制、补偿机制、保障机制、推进机制。[1] 这六个机制对生态产品价值实现的工作线路、有效地保障生态产品价值最大化（见图 9-4），分别从计划、执行、监督、控制四个管理模块进行了系统而全面的实践规划与机制安排。

[1] 中共中央办公厅 国务院办公厅印发《关于建立健全生态产品价值实现机制的意见》[EB/OL].（2021-04-26）[2022-4-14]. http://www.gov.cn/zhengce/2021-04/26/content_5602763.htm/2021/02/19/010376582.shtm.

作为青海生态建设中重要的理论指导，“两山”理论需要紧密结合青海实际，实现生态实践的有效性与适应性，打开“两山”双向转化的通道，要在《意见》的战略方向和内容要求下，结合生态产品价值实现的六个机制，建立适合青海生态建设的有效机制，构建生态产品价值实现机制基础上的大生态环境普惠机制和“两山”双向转化机制的二元内容（见图 9-5）。

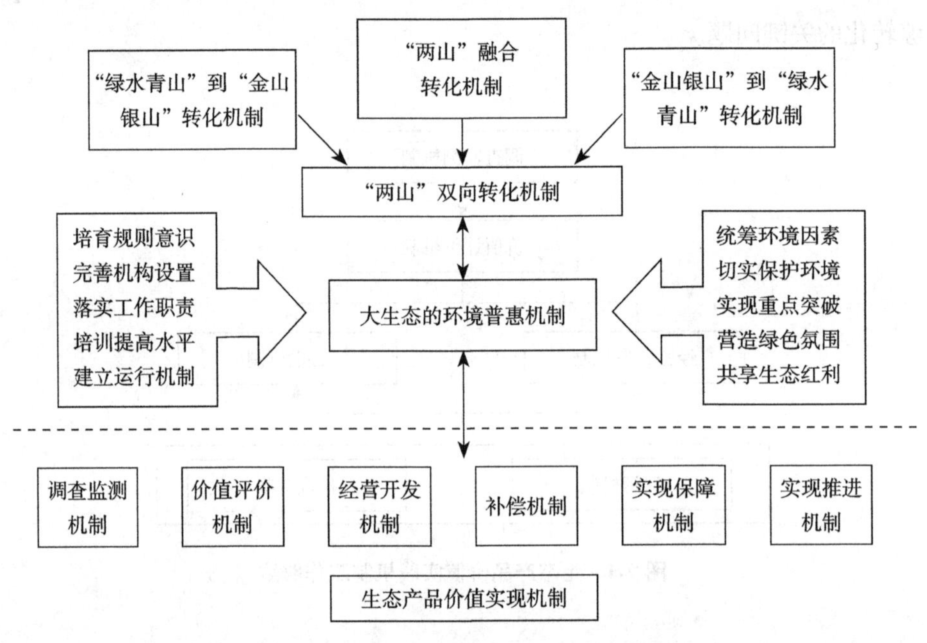

图 9-5 青海“两山”双向转化的实践机制

9.2.1 构建“两山”双向转化的大生态环境普惠机制

大生态环境普惠也是良好生态普惠。良好生态环境是公共产品，是最普惠的福利。青海是一个生态大省，因此需要把青海建设成为一个“良好生态环境”的省份，让每一个青海人都可以从中受益，实现青海的高质量发展。这个目标

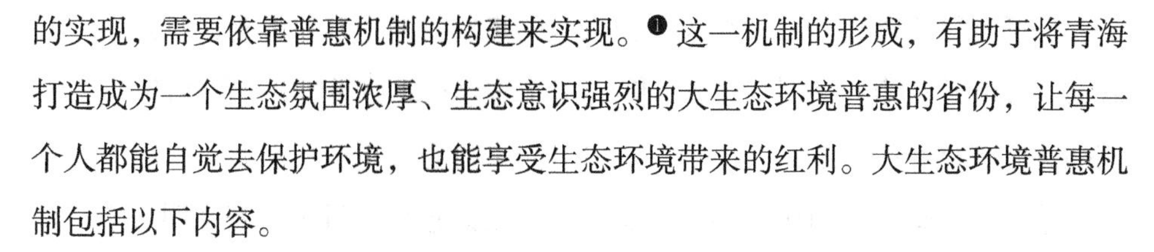

的实现，需要依靠普惠机制的构建来实现。[1]这一机制的形成，有助于将青海打造成为一个生态氛围浓厚、生态意识强烈的大生态环境普惠的省份，让每一个人都能自觉去保护环境，也能享受生态环境带来的红利。大生态环境普惠机制包括以下内容。

第一，培育规则意识，形成人人生态的良好环境。让公众知道青海的省情与定位，可以更好地认识青海发展的路径，审视青海的自然生态，形成生态自信与战略自信，让每个人都成为生态环境的保护者和管理者。

第二，完善机构设置、落实工作职责。从省委、省政府到各级政府，在组织机构上进行部署安排，制订明确、具体的工作方案，细化各责任部门工作内容与任务，扎实推进与落实，加强时间节点化管理，为“两山”理论的实践转化机制提供组织结构保障。

第三，统筹各项因素，重点项目重点突破。结合青海省生态环境特点和生态保护地体系，统筹考虑大气、水、土壤、山、林等环境要素，融合城乡共同发展，顶层规划重点项目方案，对于急需解决的生态问题，下大力重点解决，实现重点突破。

第四，强化生态责任意识，持续聚集发力。对于青海的生态文明建设，任何人都要提高政治站位、严把思想关，清醒认识生态的重要性，坚决克服麻痹大意思想，把生态环境保护的政治责任牢牢扛在肩上，把未来青海的生态高地定位放在心中，时刻把握“两山”理论内涵思想，用理论指导青海生态文明建设工作。

第五，通过专业培训提高工作管理水平。在青海生态环境保护与“两山”实践中，需要用专业理论知识来指导工作，落实培训制度，实行定期培训定期考核，提升工作理念和业务水平。针对党中央关于生态文明建设的相关政策文件、会议等进行学习，并对基层环保工作人员进行关于生态环境保护、环境评

[1] 刘瀚斌．生动实践“两山”理念 科学引领“两山”转化 [N]. 解放日报，2020-08-18.

估、环境监察管理等方面及相关法律法规的培训。可以与东部地区"两山"实践成效显著的省市开展对口合作，借鉴先进理念和成功经验，让青海的"两山"实践有更多创新的可能。

第六，营造绿色氛围，共享生态红利。全面宣传习近平生态文明思想，全省各界发挥联合优势，依托自身宣传载体，走进机关、校园、社区、牧区、农村，用浅显易懂的语言、群众喜闻乐见的方式，引导人民群众把认识化作自觉行动，做生态文明建设的坚定支持者和积极践行者。[1]良好的生态环境是最普惠的民生福祉，全省发展都要以生态建设为基础，生态利民、生态惠民，让人民群众既能享受良好的环境，也能享受由生态环境带来的长期红利。

9.2.2 构建"两山"双向转化机制

9.2.2.1 从"绿水青山"转化为"金山银山"的机制

1. 建立生态安全监测与检测机制

青海省生态建设取得了巨大成就，草原生态系统退化趋势得到有效遏制，生态功能不断增强。但是就筑牢国家生态安全屏障的生态重任而言，青海的生态安全仍然存在短板和问题，如水土流失、土地荒漠化、区域超载和不科学的草地生产方式等威胁草地生态状况的重要因素依旧存在；山水、林田、湖草、沙冰的综合联动治理项目相对较少，缺乏治理后可持续的生态监测与保护；生态系统保护工作被分割为多个保护地，碎片化管理问题比较严重，保护管理效能低下；生态保护修复工作，公益性强，盈利能力较低，巨额的生态保护成本仍然以政府财政投入为主。所以，要想更好地实现从"绿水青山"到"金山银山"的转化，就需要关注"绿水青山"的生态安全。应建立涵盖所有生态要素的生

---

[1] 韩学历．一以贯之加强生态文明建设 [N]. 青海日报，2022-02-17.

态安全综合监测与预警网络，对生态环境进行监测、预警与评估，对生态安全重点领域严密监测，对突发生态问题要有相应的应急预案和管理体系，制定多级联动的监测与应急网络❶，完善综合生态监测保护体系，并结合跨区域生态环境监测网络建设需求，建设生态环境大数据库。例如，青海省祁连山区“天、空、地”一体化生态环境监测网络的成功建立，不仅建立了该区域生态监测站点体系、指标体系、评估体系，还提高了生态监测与评估业务化运行水平，为青海省祁连山区生态保护工程本底评估、工程成效评估提供数据支撑。❷另外，要动态管理生态安全文明，不断反思、不断认识、不断提高。积极解决老问题和不断日益增加的新问题，通过先进科技给予支撑和支持，积极从政策、经济等方面，鼓励、扶持符合可持续发展理念的绿色技术供给。同时，应根据生态安全区域性和动态性特征，针对全青海省的生态安全体系的整体性特征，从全局出发、从长远考虑，对青海生态安全体系建设做整体考虑。用“整体理念”思考生态安全问题，实现人与自然和谐，因地制宜的生态治理模式，防止由于生态环境的退化对经济发展的环境基础构成威胁。

2. 创新资源开发利用技术机制

“绿水青山”蕴含了很多生态概念，包括自然环境、自然资源等自然要素，要善于创新资源开发利用技术，以现有的思维模式提出有别于常规或常人思路的方法策略为导向，利用现有的知识和物质，改进或创造新的环境资源开发利用模式或方法，发挥生态产品的最大价值。通过创新驱动、技术改造、工艺提升，发展以新能源和低碳经济为主的生态产业，实现资源多次反复利用、梯级利用和循环利用，提高自然资源利用效率。充分依托自然资源和各类科技创新平台，发动企业、科研院所、高校等各方力量，带动基础科学和工程技术发展。

---

❶ 赵建军，胡春立 . 加快建设生态安全体系至关重要 [N]. 中国环境报，2020-04-13.

❷ 青海省祁连山区“天空地”一体化生态环境监测网络成功建成 [EB/OL].（2021-12-06）[2022-9-14]. https://www.chinanews.com.cn/gn/2021/12-06/9623714.shtml.

在此过程中，逐步培养和汇聚一批创新型科技人才，打造一批高水平的稳定创新团队，为自然资源智能化转型升级提供充足的人才和技术保障。[1]

3. 智慧化、数字化生态环保机制

随着科技不断发展，数字治理能力已经成为推动国家治理体系和治理能力现代化的重要手段。近年来，青海不断将新技术、新产业基因注入高质量发展中，逐步释放数字技术对经济发展的放大、叠加和倍增效应。青海的生态环保在未来还有更多挑战，因此必须要将生态环保与智慧化数字化技术相结合，采用智慧环保解决方案以支撑打赢环境污染防治攻坚战和改善环境质量为目标，通过整合各部门、各系统、各层级的生态环境数据资源，促进生态环境保护部门业务深度融合、协同共治，推进生态环境治理体系和治理能力现代化，实现生态环境保护数字治理、精准治理、智能治理、全局治理。建立生态环境智慧数字化综合监管平台项目，有利于对全省生态环境质量进行实时监控、大数据运算、溯源分析，适时调整应急管控措施，及时整改存在问题。使环保执法人员能够对环保业务资源库、污染源信息、污染企业信息、案件、公文和法律法规等进行迅速地查询并对区域内的现状作出判断、减少失误，提高工作效率。智慧化环保有利于建立与实施生态环境质量改善长效机制，通过纵向时间数据可以分析出变化规律和发生生态问题的概率，从而第一时间进行环境问题的问责与整改。因此，对"绿水青山"赋予数字化动能，为青海省生态环境质量稳中向好、社会经济高质量发展提供强有力的科技支撑与保障。

4. 生态产品的市场交易机制

要实现"绿水青山"的经济价值，就要实现从生态环境和生态资源到生态资产和生态产品的转化，通过建立市场交易机制实现生态产品的市场价值，从

---

[1] 武昊．加强时空信息技术创新助力自然资源高质量发展 [N]. 中国自然资源报，2021-09-26.

而实现“金山银山”，这个转化过程需要交易机制来完成。市场交易机制需通过明确生态资源产权、鼓励产业生态转型、创新生态产品市场化模式三方面着力解决。

继续完善生态资源的产权制度，确定自然资源权属，促使生态资源转化为生态资产和生态资本，打通生态产品通过市场交易转化为经济效益的路径。并不是所有的生态产品都需要政府买单，只有诸如清新的空气、防风固沙、生物多样性维持等公益性极强的生态产品才需要政府负担[1]，要结合青海生态特点，有针对性地进行分类对待。可以按照一定的方式和程序，将生态保护红线生态产品生产、生态保护红线生态管护等服务通过合同外包、特许经营、凭单制等方式交由符合资质条件的社会力量承担。健全生态产品经营开发机制，丰富价值实现路径：引导自然资源优势突出的地方，守牢自然生态安全边界，提档升级生态产品的价值实现，实现生态优势向经济优势的多元化路径转化。鼓励打造特色鲜明的生态产品区域公用品牌，将各类生态产品纳入品牌范围，加强品牌培育和保护，提升生态产品溢价。

努力实现青海经济发展中的产业生态化。在传统产业发展中将生态环境作为产业发展的外在约束条件，通过依靠科技创新构建绿色技术体系，破解绿色发展难题，通过技术进步实现发展方式的变革。青海省产业生态化具有得天独厚的优势，在清洁能源与循环经济方面具有明显的竞争优势。因此，节能环保产业、清洁生产产业、清洁能源产业，可以推进能源生产和消费革命，构建清洁低碳、安全高效的能源体系[2]，为产业生态化提供必要的保障。通过产业生态转型，让良好的生态环境成为重要的生产要素，支持发展生态农业、生态工业和生态服务业，将生态资源优势转化为发展优势，从而最终转化为经济收益。[3]

---

[1] 丘水林，靳乐山，等 . 高质量推进生态产品价值实现 [N]. 中国社会科学报，2021-11-10.

[2] 陈梓睿 . 生态环境保护与经济发展的协调之道 [N]. 南方日报，2019-3-25.

[3] 王永昌，李学敏 . 绿水青山转化为金山银山的基本路径 [N]. 学习时报，2020-8-17.

用市场推动生态产品的价值实现，探索生态价值核算机制。科学核算生态产品所蕴含的生态价值，包括其货币价值总量，使用价值和生态产品的功能量，解决定价方法和定价机制问题，为产权制度和价值转化奠定基础。大胆探索创新生态产品的生态指标和产权交易，如森林碳汇交易、水权交易、生态产权交易、排放权交易等，完善生态环境的市场化机制，通过市场机制真实反映生态资源市场供求和资源稀缺程度，从而保障生态资产保值和增值。将绿色金融与生态资产相结合，通过生态银行的模式在保持生态资源价值的基础上，将零散的生态资源集中化收储和整治成优质资产包，对接金融市场构建自然资源权益进行确权、转化、交易的可持续经营模式。[1]

5. 生态产品价值实现机制的组合使用

《意见》提出，生态产品价值有六大实现机制，在实践操作中，可以将生态产品价值实现保障和推进机制与经营开发和补偿机制相互作用，来拓展生态产品的价值。一方面增加了生态产品的多样化形式，另一方面又从市场的角度为生态产品提供更多的融资渠道和开发渠道，形成一个相对成熟的市场，从而对金融机构产生足够的吸引力，给予更多的金融支持来盘活生态资产，为生态产业化路径进行金融助力。

9.2.2.2 从“金山银山”转化为“绿水青山”的机制

1. 完善区域生态补偿机制

完善区域生态补偿机制，需要牢固树立生态优先和生态底线的理念，通过建立流域、森林和湿地等多元化生态补偿机制，促进生态资源保值和增值。由于“绿水青山”具有公共产品属性，因此采取生态建设资金安排、转移支付和生态补偿等办法，实现部分生态产品和生态系统服务的价值，将经济效益转化为

[1] 生态银行：生态产品价值实现机制的创新模式 [N]. 中国改革报，2021-5-31.

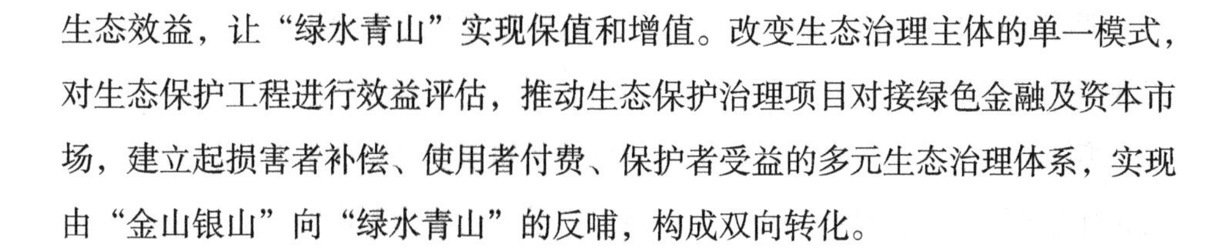

生态效益，让“绿水青山”实现保值和增值。改变生态治理主体的单一模式，对生态保护工程进行效益评估，推动生态保护治理项目对接绿色金融及资本市场，建立起损害者补偿、使用者付费、保护者受益的多元生态治理体系，实现由“金山银山”向“绿水青山”的反哺，构成双向转化。

2. 创新产品绿色研发技术机制

创新产品研发技术，可以从设计、制造、使用到报废整个产品生命周期中不产生环境污染或环境污染最小化，符合环境保护要求，对生态环境无害或危害极小，节约资源和能源，使资源利用率最高，能源消耗最低。

3. 建立社会宣传环保机制

建立社会宣传环保机制，让社会中的每一个人将环保变成习惯，从每一个人的行动之中践行绿色环保，只有将环保宣传教育落到实处，才能真正发挥其效用。通过宣传教育，让人们树立强烈的环境保护意识，调动人们参与环境保护的积极性和主动性，如举行评选“环保标兵”的活动等，通过积流成海的环保行动和对环保卫士的激励，更好地保护“绿水青山”。

9.2.3 “两山”实现融合的双向转化机制

从“绿水青山”到“金山银山”的双向转化在某种程度上反映出生态文明建设的一个高水平阶段，能从社会系统和各方面综合考虑，对各个社会要素统筹考虑，对各种机制灵活应用与创新，实现生态环境保护与经济发展互动式的良性动态平衡。只有在前期扎实的生态环境建设基础上,才会得到“绿水青山”的经济性收益。只有在对经济收益加以合理设计，通过资金与政策的反哺，加大对“绿水青山”的持续性投入与修复，才可以让“绿水青山”永远有活力。因此，“两山”的融合性双向转化机制的制定更有助于青海生态文明建设的长期持续发展，为生态环境和生态资源注入不竭动力与活力，实现高质量发展。

第一，建立双向监督机制。建立双向监督机制，从生态监督角度来看，可以通过将地区环境信息数字化来精确测度环境状况，从而间接监察企业生产状况。从经济监督角度来说，企业自身需要建立完善的内部监督体系，而且政府方面也需要完善监督机制，要辅之以有效的公众监督与舆论监督。

第二，政府规制机制。通过政府调控与规则的制定，对不同的生态类型采用不同的环境规则，综合利用命令控制型、经济激励型两类环境规制政策，达到私人成本与社会成本、私人收益与社会收益的一致。建立资源调控机制，对生态资源的监督可以为生态资源的调控提供基础条件，从侧面对生态资源进行调控；同理，对经济资源的调控也是如此。通过对生态经济资源的双重调控可以使人与自然达到平衡，促进经济与生态和谐发展。加大监管执法力度，遏制污染存量，倒逼绿色转型。坚持党政同责、一岗双责，推动部门齐抓共管、发挥合力。特别注重将绿色科技成果转化为生态经济的重要支撑，促进科技创新与制度创新的耦合。

第三，社会参与机制。在全社会自愿参与的基础上推进生态文明建设。全社会生态文明理念的提升和生态文明建设参与程度的提高是实现"绿水青山就是金山银山"的长期基础，是保住"绿水青山"存量、加大"绿水青山"增量、倒逼经济发展方式绿色转型、提高"绿水青山"与"金山银山"转化率的根本保证。

第四，保障机制。科学研究的保障，联合省内外高校和科研单位，推动设立黄河流域生态保护和高质量发展科技专项，促进区域生态保护协同创新、产业发展合作共赢。发挥中国科学院三江源国家公园研究院、高原科学与可持续发展研究院、三江源生态与高原农牧业重点实验室等平台的作用，开展生态系统维护及修复、生物多样性保护等重点领域科研攻关。重点项目保障，在生态领域实施国家公园建设等重点项目，通过技术、资金给予重点扶持。技术保障，强化重点领域绿色技术创新支持，鼓励和支持各类创新主体在新能源、节水节能、污染减排、绿色建筑、绿色交通、绿色包装、废弃物回收处理等领域开展以应用为导向的技术研发。

第10章

从“绿水青山”到“金山银山”的双向转化在青海省的实践模式与路径

10.1 青海“两山”双向转化的“八维度”综合协同模式

“两山”理论所涉及的内容是丰富而又多元的，是包括生态环境、经济、社会、主体和人等多个方面的复杂综合的系统，构成要素之间相互联系、相互作用。“两山”的转化涉及主体广、利益多、事务杂，是一项跨区域、跨时间、跨部门、跨行业的系统性工程。[1]“两山”转化实践应该与社会系统相融合，不能孤立而为，需要结合系统性和整体性从社会不同维度去考虑“两山”转化的实效性。应深刻理解“两山”在社会中的表现与转化，“生态山”与“经济山”作为经济社会的两个重要支撑点，两者的双向转化就是“生态产品产生价值，经济效益再续环保”的良性循环。促成这种良性循环就应该从社会整体出发，由政府引导，积极加强部门协作，并与相关的生态、资源、产业等各个维度综合协同发展。

[1] 张环宙，沈旭．“绿水青山就是金山银山”的浙江实践与转化路径 [J]. 环境与可持续发展，2021（1）：120-125.

青海“两山”转化也应该从系统工程和全局角度着手，大力推进青海地区生态环境保护和治理，统筹兼顾、多措并举，全面开展生态保护和治理工程，在此基础上，坚持系统性与整体性，积极促使社会各系统要素相整合，实现生态稳定与生态产品价值最大化，取得绿色经济效益。罗胤晨等认为，从实践层面看生态产品价值实现方式仍存在系统性、整体性欠缺的问题，据此提出“五维协同”系统观念，应坚持系统观念，从资源、主体、技术、链条和空间五个维度有机衔接来整体推进生态产品价值实现。❶本书在此基础上，结合青海省省情、生态实际情况与生态建设的具体工作，进行了理论的创新和内容的丰富，提出了“两山”转化实践的“八维度”综合协同模式。它是以社会系统与生态产品价值实现系统两者相结合，分别以“两山”转化所涉及的八个维度进行协同发展，包括参与主体、生态资源、市场、产业、生态文化、时间空间、智力参与和技术创新八个方面（见图 10-1）。

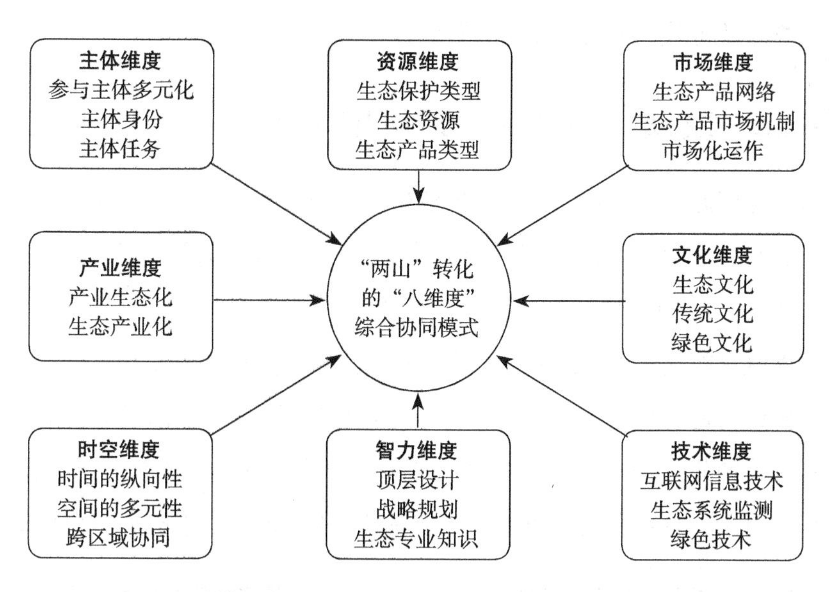

图 10-1　青海省“两山”双向转化的“八维度”综合协同模式

❶ 罗胤晨，等．“五维协同”系统推进生态产品价值实现 [N]. 中国环境报，2021-05-10.

10.1.1 主体维度视角下的“两山”转化

生态环境保护与生态文明建设是一项长期、艰巨和复杂的系统工程，应从多元化主体出发，采取环境治理多元共治模式。❶从参与主体维度来看，多元共治为日益复杂化和动态化的环境治理问题提供了新思路，是青海生态建设与绿色增长的内部基础性驱动因素。“两山”实践主体包括政府、企业和公众等，应鼓励多元化主体参与生态文明建设中，促进生态产品价值的实现，明确主体身份和主体任务，制定奖励机制。应通过宣传教育、提升生态意识、制度建设等途径促进绿色消费，形成“政府—企业—社会公众”共同参与的主体格局，为生态产品价值的实现发挥各种社会力量。尤其注重发挥企业“两山”实践中“转换器”的作用，发挥其在生态资源和市场之间的联系纽带作用。同时，在多元主体共同参与共治模式中，也需要在厘清多元主体职责、提升政府环境监管效能、创新生态服务投入机制、引导社会力量有序有效参与等方面进行创新❷，以确保多元主体参与的效果。

10.1.2 生态资源维度视角下的“两山”转化

从生态资源维度来看，应系统摸清生态资源家底，掌握生态保护的等级与类型，盘点生态资源的种类与内容及探索生态产品类型。青海省已经建立了清查制度和生态产品的图件制作体系，探索建立了“省—州—县”三级质量控制机制，尤其是祁连县已经建立了生态资产清查基础数据、台账和数据库，所以后期应尝试去建立互通相融的生态资源数据库与生态银行。对青海省的生态环境进行具体的分类，根据不同区域的生态特征、基础条件，全面挖掘生态资源，形成生态目录，并及时完善和更新，实现对生态资源的精准把握与全局掌握。

❶ 詹国彬，陈健鹏. 走向环境治理的多元共治模式：现实挑战与路径选择 [J]. 政治经济学，2020（2）.

❷ 同❶.

10.1.3　市场维度视角下的“两山”转化

从市场维度来看，青海“两山”的有效转化根本保障在于管控性创造需求，培育交易市场，按照生态产品不同的类别进行有级别的开发，创造差别性的生态产品交易需求，引导和激励利益相关方开展交易，创新“绿水青山”各类生态资源的经营模式，建立生态资产与生态产品市场交易服务体系，搭建生态产品交易平台，破解“绿水青山”资源市场交易与变现的难题。创新市场机制，激活生态产品市场化的内生活力，实现人才、资金等资源要素的有机统一与配置，实现产业、文化和组织的全面振兴。

10.1.4　产业发展维度视角下的“两山”转化

从产业维度来看，产业成为“两山”转化中的重要抓手，让生态资源落实到产业，实现生态产业化，让生态环境去约束传统产业实现产业生态化，通过这两种方式来实现生态资产的增值。生态产业化是将生态资源转变为生态资产和生态产品最好的形式，大力发展青海的生态旅游业、生态农牧业等；产业生态化则是尊重生态环境，遵循生态学原理与经济规律来指导产业实践，对传统产业进行转型和升级，同时以绿色清洁能源为创新引领，以低能耗、低污染为基础，实现循环经济与绿色高质量发展。青海的“两山”转化需要选择与生态保护相向而行的产业，推进现有产业向高质化、高端化、绿色化转型，通过产业的生态化和生态产业化的融合式发展来实现，在独特而又宝贵的生态资源与产业经济发展中搭建一座桥梁，以科技创新为助推力，实现生态与产业的协同式发展。

10.1.5　生态文化维度视角下的“两山”转化

从文化维度来看，生态文化是“两山”转化的内生动力与价值导向。在全社会宣传生态的重要性，把习近平生态文明思想进行广泛宣传，融入生态环境保护工作的各方面、各领域、各环节，指导推动全方位、全地域、全过程生态环境保护建设。❶生态文化在"两山"转化中的作用是非常重要的，通过生态文化建设可以唤醒人们对生态的保护意识，将生态文明的建设成就和智慧写进生态文化，增强青海人民群众的自信心和未来发展的动力。应将生态文化的宣传延伸到社会基层，发起一场自上而下的生态文化运动，在基层开展生态主题文化，宣传和践行生态文化价值观，在群众中大力宣传"绿色发展""绿色生产"和"绿色消费"理念。拓宽生态教育的渠道，建立生态文化科普场所和实践教育基地，增加生态文化的科学教育与体验场景❷，让群众能更生动地感受和体会其重要性。青海还应将"登高望远、自信开放、团结奉献、不懈奋斗"的新青海精神❸融入生态文化中，使绿色生态成为全社会的一种价值导向、思维方式、生活习惯，最大程度地释放全社会创新潜力，让劳动、知识、技术、管理和资本的活力竞相迸发。

10.1.6 生态建设时空维度视角下的"两山"转化

从时空维度来看，时间的延续性、发展完善与空间的合理规划是"两山"转化的系统思维。对于每一个特殊的地域省份而言，其生态建设及"两山"转化模式与路径都是独特的，需要遵循本地特色的特殊规律，因此在时间的纵向化发展中，不仅要了解国家层面生态文明建设的时间表和路线图，还应追溯本省融入国家战略生态建设的起源与开端，了解"两山"实践中历史过程及经验挫折，梳理时间节点下的生态政策，兼顾眼前利益与长远利益，以未来视野长远规划区域发展，为后期的发展实践提供清晰的思路与战略规划，实现可持续发展。同时，生态建设又是一个长期性工程，要立足过去、把握现在，更要惠

❶ 章少民．大力推进生态文化建设 [N]. 中国环境报，2018-04-12.

❷ 焦晓东．弘扬特色生态文化 助力生态文明建设 [N]. 中国经济时报，2021-08-21.

❸ 2018 年 7 月 23 日，青海省委十三届四次全会通过新青海精神，并对新青海精神进行了科学定义。

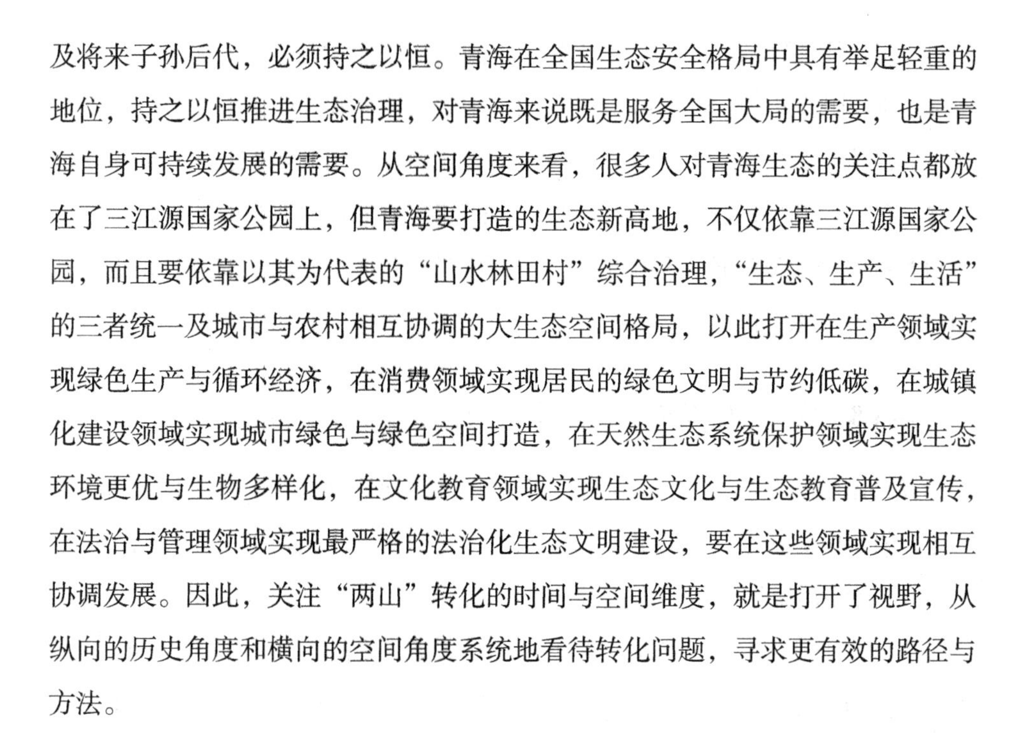

及将来子孙后代，必须持之以恒。青海在全国生态安全格局中具有举足轻重的地位，持之以恒推进生态治理，对青海来说既是服务全国大局的需要，也是青海自身可持续发展的需要。从空间角度来看，很多人对青海生态的关注点都放在了三江源国家公园上，但青海要打造的生态新高地，不仅依靠三江源国家公园，而且要依靠以其为代表的“山水林田村”综合治理，“生态、生产、生活”的三者统一及城市与农村相互协调的大生态空间格局，以此打开在生产领域实现绿色生产与循环经济，在消费领域实现居民的绿色文明与节约低碳，在城镇化建设领域实现城市绿色与绿色空间打造，在天然生态系统保护领域实现生态环境更优与生物多样化，在文化教育领域实现生态文化与生态教育普及宣传，在法治与管理领域实现最严格的法治化生态文明建设，要在这些领域实现相互协调发展。因此，关注“两山”转化的时间与空间维度，就是打开了视野，从纵向的历史角度和横向的空间角度系统地看待转化问题，寻求更有效的路径与方法。

10.1.7　人力资源与智力维度视角下的“两山”转化

从智力维度来看，人力资源是“两山”转化的重要知识引擎。青海省的生态资源犹如一个巨大的宝藏，正在慢慢被人们所认知和挖掘。青海若要成为全国乃至国际性的生态新高地，在“两山”实践中更好地展示生态产品的内涵与价值，就需要更多的人才提供重要的智力支撑。引进生态建设中急需的人才，如自然保护区学、生态学等专业的工作人员。鼓励专业人才在实际工作中发挥自身价值，将专业知识转化为社会价值与服务民众，为青海的生态实践寻求更优的方案路径，取得更佳的效果。也可以改变传统对于“智力”利用的思路，除了发现人才、吸引人才，还可以借力，实现“借脑留智”。可以邀请东部省市的专家“传经送宝”，在生态环境保护、水资源管理、乡村振兴、自然保护区管理、草场沙化等方面对相关人员进行专业知识教育培训。针对本地人才紧

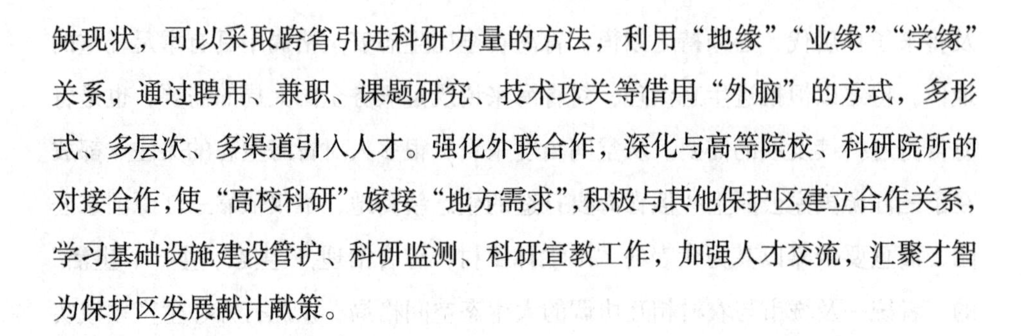

缺现状，可以采取跨省引进科研力量的方法，利用“地缘”“业缘”“学缘”关系，通过聘用、兼职、课题研究、技术攻关等借用“外脑”的方式，多形式、多层次、多渠道引入人才。强化外联合作，深化与高等院校、科研院所的对接合作,使“高校科研”嫁接“地方需求”,积极与其他保护区建立合作关系，学习基础设施建设管护、科研监测、科研宣教工作，加强人才交流，汇聚才智为保护区发展献计献策。

10.1.8 技术维度视角下的“两山”转化

从技术维度来看，科学技术是“两山”转化的重要助推力和加速器。2015年3月，中共中央政治局会议审议通过的《关于加快推进生态文明建设的意见》指出：“必须加快推动生产方式绿色化，构建科技含量高、资源消耗低、环境污染少的产业结构和生产方式，大幅提高经济绿色化程度，加快发展绿色产业，形成经济社会发展新的增长点。”因此，科技创新是“两山”转化过程中实现跨越发展的“加速器”，是促进生产方式绿色化和经济结构优化的重要引领和支撑力量。在数字经济发展的时代背景下，以网络数字赋能“两山”转化是高效的举措，有助于实现生态资源与生态产品的价值。在数字“两山”转化过程中，需要将数字科技与各种生态资源统计、生态战略顶层设计、平台建设、数据运营及其他服务相结合，打造数字生态农业、数字生态旅游业等，积极建立生态产业化的数字标准体系。此外，还要借助互联网技术，为生态产品提供市场销售平台，推动数字生态产业的持续发展。

10.2 创新“两山”青海实践的宣传传播内容与渠道

“两山”理论源于浙江，它对于“两山”理论的深刻实践具有重要窗口的示范效应，在不断地深化实践中让“两山”理论也有了新的内涵与发展，并且积极在全国的普及推广，为其他省份提供了宝贵生态建设经验。“两山”创新实践基地在全国遍地开花，产生了许多独特的地方样本。这些地方样本又汇集成了打造“美丽中国”的“中国方案”，深刻体现了“中国智慧”，凸显了“中国经验”的实践价值，被国际社会广泛借鉴和参考。“两山”理念是可持续化发展理念在中国的进一步深化与发展，对于“美丽世界”建设、推动全球生态经济协调发展和增进人类福祉均具有重要意义。[1]由此可见，“两山”理论的伟大价值在于它是可以无国界传播的理念，为人民谋求长久的幸福与可持续的福利。“两山”理论与实践的宣传传播是必要的，尤其是青海的“两山”实践具有一定的理论与战略高度。作为首个国家公园省，作为生态脆弱地区，作为全国乃至国际生态新高地的标杆省，青海应该通过独特的内容方式、有效的方法、途径将“两山”实践的青海路径进行普及、推广及传播，使青海的生态价值可以更好地得到社会各界的肯定与支持。

10.2.1　传播青海独特生态文化，增加“两山”理论的文化价值

生态文化是人类社会与自然界和谐统一的精神力量，青海鲜明的地域特色、独特的生态资源和生态环境共同构成了青海独特的生态文化。在文化上，具有鲜明的多民族、多宗教的鲜明地域特色，儒家文化、道家文化、藏传佛教及伊斯兰教等各类文化汇集于此。在青海省境内，有 33 个少数民族聚居，各类民族文化多元共存发展。在地域上，青海位于世界屋脊，青藏高原上的三江源保护区便位居于境内。它是世界上面积最大、海拔最高的地区，对于我国能否实现可持续发展，实现人类与自然关系的平衡具有至关重要的作用。[2]青海土生土

[1] 许伟杰，孔维一 . 媒体视域下“两山”转化路径与生态价值再实现探究 [J]. 中国广播电视学刊，2021（10）：53-56.

[2] 汪丽萍，王鹏 . 建设青海生态文化之路的路径探析 [J]. 哈尔滨职业技术学院学报，2019（1）：109-111.

长的各民族人民在世代生长的过程中，对青海的一山一水都具有生态敬畏，为它们冠之好听的名字。他们从宗教信仰、生活习惯、精神理念各个方面都对生态充满了情感的崇拜，这与他们的生活、生产方式是分不开的，在缺乏科学技术的环境下就更加依赖大自然和生态。例如，在藏区盛行一个名叫"和睦四瑞"的文化图案，它代表了大象、猴子、山兔和贡布鸟四种动物守五戒，互相尊重、和睦相处。作为文化符号图案，它本身也蕴含着生态理念，表达着生态系统互相支撑保持平衡的原理。又如黄河谷底的农耕种植与地理、环境、节气紧密相关；藏族的游牧文化与草原生态融合，河湟文化的刺绣等，这种朴素的精神情感正是青海独特生态文化的表现，也是青海生态文化之路的重要建设内容，能够给东部地区和其他省份展示和彰显一个独特青海、大美青海、神秘青海。

因此，要不断挖掘内涵丰富的青海原生态文化，将青海特有的，与自然和谐共处、天人共生、人与社会可持续发展的独特生态文化的文化养分，融入"两山"理论文化基因，挖掘青海省生态产品的文化附加属性，让生态产品发挥最大的价值。弘扬生态文化，不断激发生态文明建设内生动力。另外，要打造青海的生态文化品牌。牢牢把握"三个最大"，紧紧围绕"大美青海"，挖掘生态文化要素，不断丰富生态文化的具体内容，如大河大川、高原、三江源、昆仑文化、世界第三极、生态多样性等各种关键词，引发游客的兴趣。可以通过系列主题活动，打造生态文化品牌，丰富生态文化品牌体系内容，实施高原山水文化记录工程，持续推进国家级、省级文化生态保护（实验）区建设，做精做强青绣、藏毯、唐卡等传统工艺文化产业，建设青藏高原生态人文传承高地，增强影响力、感召力、吸引力。

10.2.2 重新定位宣传媒体角色，多种渠道讲好青海"两山"转化的故事

作为新闻媒体以及宣传部门，在"两山"转化实践中应发挥重要的发声与

桥梁作用。要善于发现优秀题材和有价值的话题，通过多种手段宣传推广青海“两山”实践中好的案例和经验，做“两山”理论的传播者，让青海的生态文明建设成果及青海的丰富生态资源能够在全世界生动展现。同时，媒体还需要有一定情怀与担当，不仅做新闻的报道者与评论员，还应该借助自身的资源优势和平台，为“两山”转化牵线搭桥，做功经验的推广者、资源对接的引导者，把媒体融合实践与生态价值再实现有机贯通。[1]新闻媒体在长期的新闻报道中获取大量的一线资料与实际情况，因此可以做“两山”转化的智库、参谋，帮助农民寻求转化灵感和致富途径。

“两山”理念正在不断地深入发展，也在不断地深化，其内涵愈加丰富。随着“两山”理论的不断提质，新闻媒体要细致体会“两山”的理念内涵，创新传播形式，用生动形象的方式把严肃的理论通俗地表现出来，让人民群众喜闻乐见，创新“两山”理念的内涵与传播形式。例如，浙江卫视推出电视理论节目《“两山”理念 15 年》[2]，以综艺节目的形式，通过沉浸体验、设置任务、嘉宾点评、访谈旁白等方式描绘出在乡村振兴和美丽乡村建设中的一个个“两山”故事，探寻“两山”实践中为当地老百姓所带来的经济收益与生活巨变，让观众体悟到“绿水青山就是金山银山”的真实魅力。通过发动群众的方式让群众参与其中，增加其主动性与关注度，可以通过征集网络短视频、摄影作品、有奖征文、“故事汇”等形式，或举办花儿新词、青绣设计等青海特有的文化活动，透过普通民众日常生活中的点点滴滴来发现家乡美景和“两山”故事。充分利用各类传播手段与中介，提高公众对“两山”转化的认同感，构建统一意识，开展统一行动，最终实现人与自然的和谐发展。

---

[1] 许伟杰，孔维一．媒体视域下“两山”转化路径与生态价值再实现探究 [J]. 中国广播电视学刊，2021（10）：53-56.

[2] 李学东，陈伟英．电视理论节目的创新表达 浙江卫视〈“两山”理念 15 年〉引入综艺手法做活重大理论节目 [J]. 传媒评论，2020（12）：80-81.

建立健全生态文明宣传教育体系，推进生态文明建设示范创建，深化"两山"实践创新基地示范试点，持续举办好中国（青海）国际生态博览会、青海文化旅游节等，推进设立"索南达杰生态卫士奖"，打造"保护青海湖，我是志愿者"行动等全国知名环保公益宣传品牌。[1]

10.2.3　关注电商带货等新渠道，优化和丰富青海的"两山"事件与传播

农产品、土特产品的直播带货已经成为各地乡村振兴、实现"两山"转化的重要手段和宣传渠道。直播带货简单易学，与消费者互动性强，也让众多的地方土特产走出深闺，走向市场，为当地的地方区域性品牌做了有效宣传，为脱贫攻坚作出了重要的贡献。因此，"两山"转换的宣传可以借助直播带货的渠道，以农牧产品为市场的"敲门砖"，也为当地的旅游形象、旅游资源和景区进行宣传，增加形象文化的新突破口。创新有效的"旅游产品"的网络直播形式，来吸引更多的市场需求。打造生态文化旅游品牌，提高青海生态文化旅游在国内乃至世界上的影响力。积极发现形象好、能量正的地方"网红"，如"理塘丁真"在网络走红后，为地方的农产品销售和农业深加工带来了巨大的商机。同时，还可以借助直播对农牧民进行劳动技能、新知识的培训，帮助农牧民脱贫，提高了村民的收入，带动了就业。

10.3　"绿水青山"到"金山银山"双向转化的路径分析

10.3.1　青海省"两山"转化路径的层级探析

"两山"理论的系统观与多维度理念告诉我们，需要从整体上为"两山"的双向转化设计路径，结合社会经济的发展，"两山"转化关系到多维度的

[1] 许娜．中共青海省委印发《关于加快把青藏高原打造成为全国乃至国际生态文明高地的行动方案》[N]．青海日报，2021-08-30.

内容，各种活动内容的关系都应得到很好的梳理，从而达到相互整合、统一规划的效果。根据“两山”实践与生态建设内容，可以为青海的“两山”转化设计五条路径（见图 10-1），它们相互影响、相互作用，为青海省生态经济的良好发展提供了有效的动能。

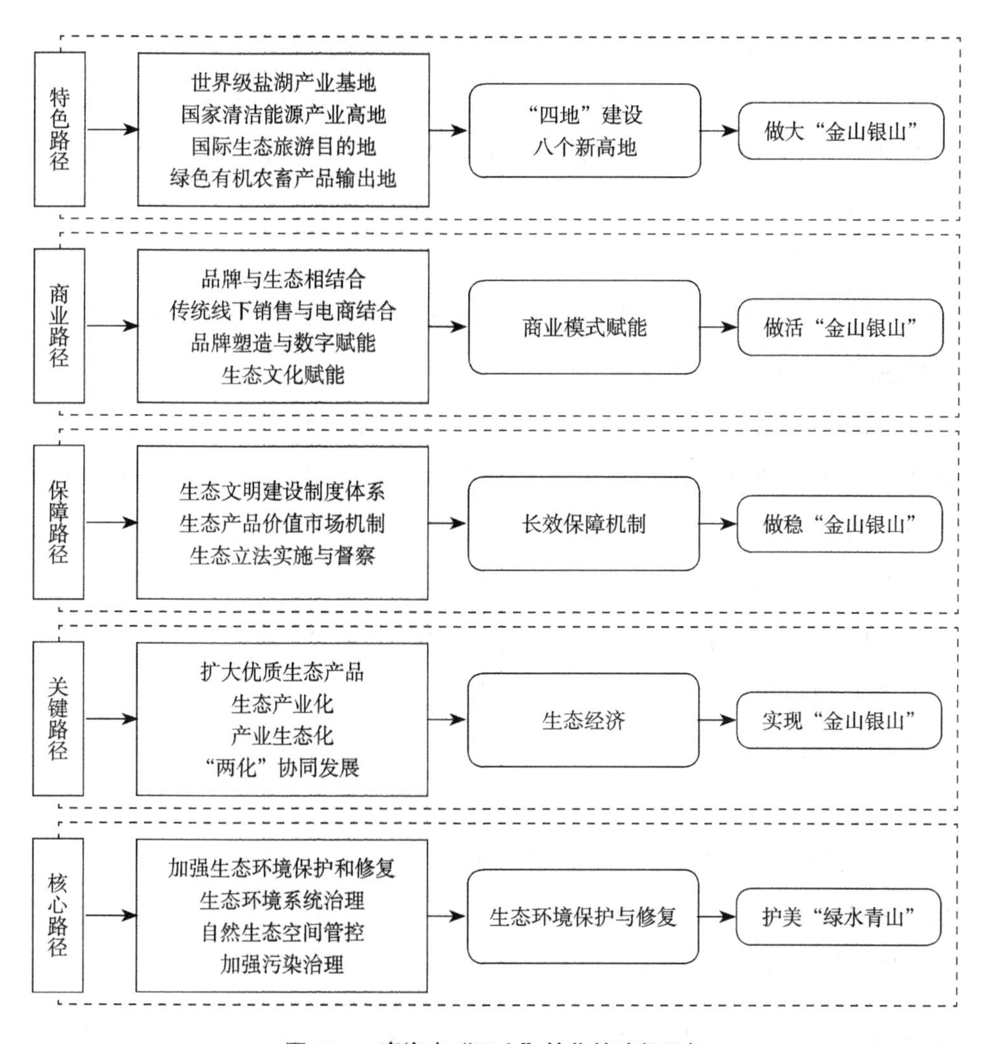

图 10-1　青海省“两山”转化的路径层级

第一条路径是“两山”转化的核心路径：加强自然生态保护，全面呵护绿水青山。青海的生态地位决定了青海的生态战略及生态任务，在“两山”转化实践的路径中，承担好维护生态安全、保护三江源、保护“中华水塔”的重大使命，全面筑牢“两屏三区”生态安全格局。重点解决突出生态环境问题，加强生态环境保护、实现自然生态空间管控、深化生态环境系统治理，修复改善自然生态、集中攻坚退化草原生态修复治理和流域水生态环境综合治理。加强农业农村污染治理和农村环境综合整治，实现“绿水青山”的保值增值。注重生态建设与环境保护中高效能治理、高水平保护与高质量发展的协同推进，实现“山水、林田、湖草、沙冰”四位一体化保护和系统治理、加强对国家公园、自然保护公园及自然保护地建设，推进碳达峰、碳中和。通过“四地”建设，倒逼生态环境保护和改革创新及生态环境政策的健全完善，实现具有青海特色的现代化生态治理体系。

第二条路径是“两山”转化的关键路径：通过扩大优质生态产品及“两化”的协同发展。“两山”理论深化发展的第三阶段所表达的理念：既要“绿水青山”，又要“金山银山”。这也正是“两山”理论对青海生态建设深化阶段形象的实践指导，它所对应的实践就是构造一种新的生产、生活、生态共赢的高效、绿色、可持续的高质量发展模式，即“产业生态化和生态产业化协同发展”。[1]通过“两化”的协同发展，可以在充分利用生态资源、减缓其受损的条件下，发展生态经济，并使传统工业尊重生态规律，使自然与经济和谐统一，实现“金山银山”。

第三条路径是“两山”转化的保障路径：完善生态文明建设制度体系，强化制度的实施刚性，加大生态环境立法实施与督察力度，建立最严格的环境资源管理和监管机制，加快实施环境资源产权制度。加快生态补偿立法，将生态

[1] 张波，白丽媛．“两山”理论的实践路径——产业生态化和生态产业化协同发展研究 [J]. 北京联合大学学报（人文社会科学版），2021（1）：11-19。38.

环境资源开发与管理、生态环境建设、资金投入与补偿的方针政策等内容纳入法律规范[1]，完善经济社会发展考核评价体系，把资源消耗、环境损害、生态效益等生态指标纳入其中并合理设置权重，使之成为推动产业生态化的指挥棒和硬约束。建立健全生态产品价值市场机制，包括实现机制、监督机制和补偿机制，有效实现“绿水青山”的持续性发展。探索生态保护的相关补偿机制，制定地方示范标准，从而做稳青海的“金山银山”。

第四条路径是“两山”转化的商业化路径：青海的“两山”实践内容是丰富的，既有三江源国家公园的自然保护地，也有其他类型的生态产品。对于那些具有良好的生态环境优势和民族文化底蕴的生态产品，需要通过营销与商业模式与上下游产业相融合，实现培育、种养、加工、销售和科研一体化模式，与市场需求充分对接，最大化实现生态产品价值。结合自身资源禀赋，用品牌元素去激活地方生态价值，打造地方特色生态产品品牌，提高消费者的认知度。通过品牌助推生态产品打开市场，实现“品牌 + 生态”的新模式，并且通过线上和线下的深度融合，发挥数字电商的作用为实体化经济插上数字化的羽翼，构建“品牌塑造与数字赋能”的新型生态产品销售模式，从而做活青海的“金山银山”。

第五条路径是“两山”转化的青海特色路径：立足青海资源禀赋、发展优势和区域特征，探索出一条适合青海经济社会发展的“生态之路”。通过生态产业化的有效方式，聚力打造世界级盐湖产业基地、国家清洁能源产业高地、国际生态旅游目的地和绿色有机农畜产品输出，从而将青海的“金山银山”做大做强。

---

[1] 张环宙，沈旭炜．“绿水青山就是金山银山”的浙江实践与转化路径 [J]. 环境与可持续研究，2021（1）：120-125.

10.3.2 两化融合式发展——青海"两山"双向转化的关键路径分析

10.3.2.1 产业生态化与生态产业化的内涵

产业生态化是在生态建设时代环境下、高质量发展目标引导下对企业或产业提出的一种绿色再造理念，以"绿色、生态、低碳、环保"为标准，仿照自然生态的有机循环模式来构建产业的生态循环系统，使产业能够在高效循环利用资源的同时，将生产活动所产生的环境生态负担减轻到最小，强调产业应主动适应环境，生态与产业的渗透与融合是一个渐进的过程。[1]

产业生态化包括如下重点内涵：第一，产业生态化要求企业一方面通过引进并培育发展资源利用率高、生态效益好的新兴产业发展新动能；另一方面通过采用新技术和新理念改造传统产业，促进产业绿色发展旧动能，并通过两者的协调发展，提高资源利用效率，实现产业生态化改造的过程。第二，产业生态化是对传统产业进行的生态化改造从而推动产业绿色转型、升级，它对企业的发展提出了更高的要求。企业需要在发展过程中考虑如何减少对环境的破坏，融入资源节约型、环境友好型的产业结构体系。第三，产业生态化是对生态系统机制的遵循，仿照自然生态系统的运行而实现的产业与生态环境相互作用的产业生态链（见图 10-2）。

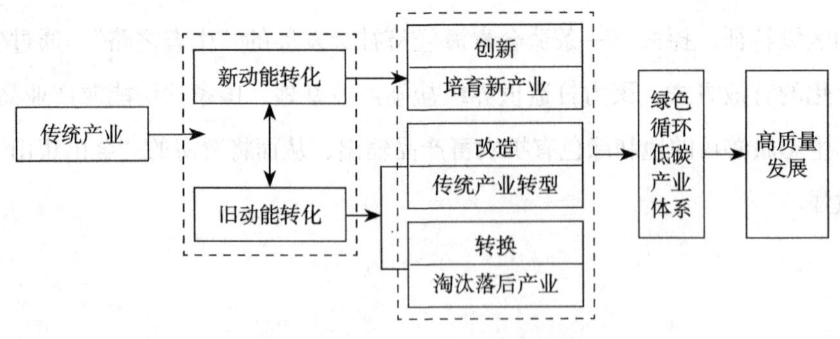

图 10-2 产业生态化内涵示意图

---

[1] 尚嫣然，温锋华 . 新时代产业生态化和生态产业化融合发展框架研究 [J]. 城市发展研究，2020（7）：83-89.

生态产业化是从生态环境与生态资源出发，把山水、林田、湖草作为重要的生态环境和生态资源，对它们及相关附属与延伸生态资源进行有效的挖掘和开发。通过对生态资源进行核算与确权将它们变成生态资产，通过投资和运营让它们成为生态资本，通过社会化大生产与市场化经营的方式，促进生态产品与服务实现经济价值，从而实现产业经济与生态环境良性循环发展。❶

生态产业化包括如下重点内涵：第一，生态产业化的本质是以产业发展的方式和规律去推动生态建设，将丰富的生态资源通过市场化经营方式，实现生态资源向生态资本转变。通过生态资源的产业化，为社会带来更大的经济效益和生态效益，保证生态资源的完整性和良性循环。第二，有效的生态产业化要依托当地自然生态系统优势，结合当地独特的资源禀赋和生态环境条件，在生态建设与经济发展之间建立有效的发展机制，在实现生态资源的保值增值的同时实现经济发展，实现“绿水青山”到“金山银山”的转换（见图 10-3）。第三，要注意生态产业化实现的条件。首先，需要考虑该地区是否具有优势的生态资源和生态环境。如果具备生态优势，还要考虑该地区是否属于国家禁止开发的区域或限制性区域；如果是，则应该考虑生态补偿机制，如三江源国家公园。其次，生态产业化必须遵循自然生态的发展规律，不能破坏生态环境。

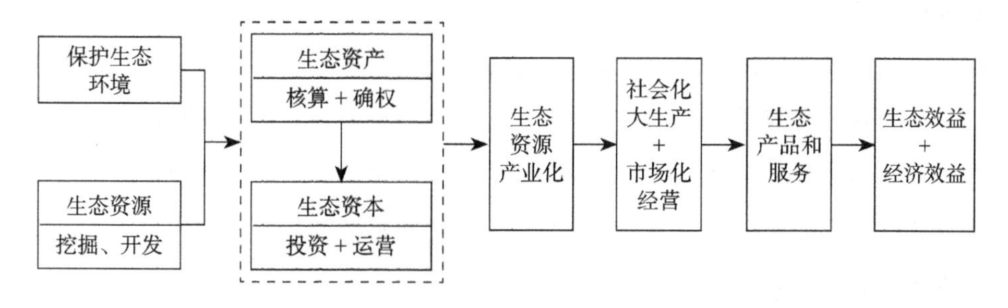

图 10-3　生态产业化内涵示意图

❶　柯水发，乔丹 . 生态资源价值实现的困境破解与可行路径 [N]. 光明日报（理论版），2021-02-02.

10.3.2.2 “两化”协同发展实现“两山”转化

实现“绿水青山”到“金山银山”的转化，与“产业生态化”与“生态产业化”的融合发展密切相关，“两化”的发展都是在保护生态环境、大力发展生态资源的基础上实现经济的可持续性发展，保证生态建设与经济发展双丰收，实现环境保护与产业经济的和谐发展，从而实现“绿水青山”向“金山银山”的转化。因此，要实现经济和生态的和谐发展，就要加快推进“两化”，“两化”协同发展是实现“两山”转化的重要路径。“两化”的内容不同、各有差异，但本质相同，核心目标都是要不断增强对生态环境的保护与改善的主动性和内生动力，逐步加强自然环境和生态资源的承载能力，促进生态建设的高质量发展。因此，可以从“两化”协同发展的生产、生活、生态共赢的高质量发展模式出发，结合产业生态化和生态产业化的不同内涵，为其设计不同的具体发展路径，实现生态系统的良性循环发展（见图 10-4）。

1. 产业生态化的具体发展路径

（1）加快传统产业调整、结构升级，降低能耗。这是产业生态化的“优先项”和“关键招”。青海矿产资源富集、资源型企业较多，在生态建设与生态保护中应加快传统企业的转型升级来确保资源的综合利用和循环利用。通过延伸产业链、创建新的产业链、补齐产业链等方式，采用先进的环保工艺，严格遵循国家相关环保标准，对废水、除烟、除尘等进行科学化处理。对资源进行充分利用，攻坚克难、变废为宝，围绕产业链循环经济发展模式，上下游企业之间互相消化，提高资源循环利用效率，“吃干榨尽”，通过延链减负实现产业间的深度融合。积极进行减量化生产流程再造等相关研究，推动资源综合利用不断向前发展。

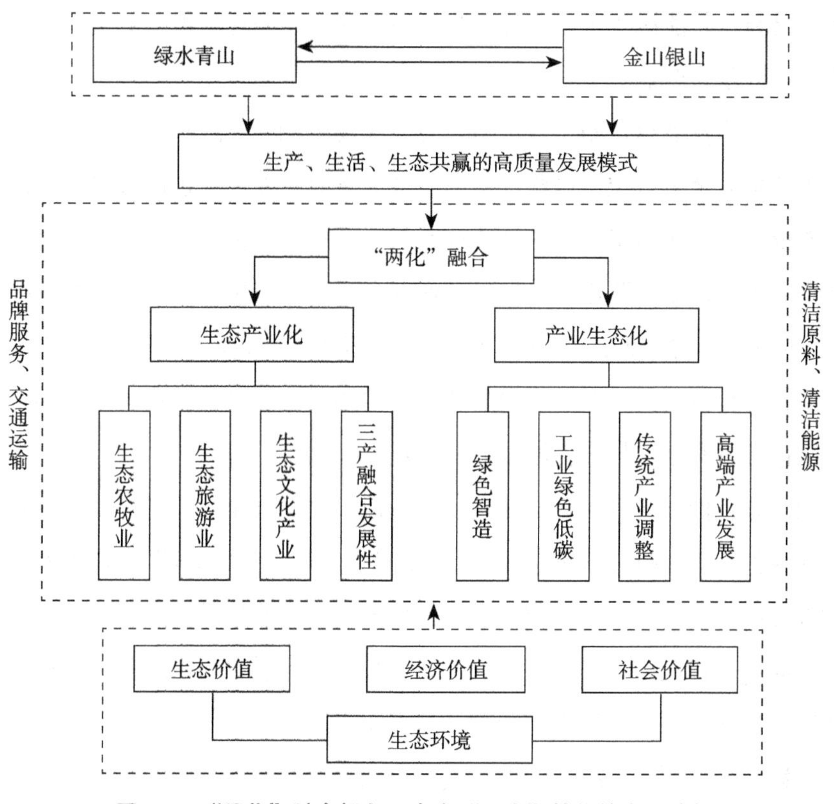

图 10-4　“两化”融合视角下青海“两山”转化的发展路径

（2）用绿色化改造加快产业转型升级。产业转型升级，是为产业加“竞争力”，为生态环境减“破坏力”。深入实施传统产业绿色化改造，加快行业转型升级步伐，不断提高绿色生产水平，大幅降低主要工业产品的单位综合能耗。通过淘汰落后产能来促进产业升级，对工业用的燃煤锅炉进行淘汰更新。通过推动数字化产业化相融合的方式促进产业升级，加快大数据、云计算、人工智能和 5G 技术等数字技术与传统产业融合，推动传统产业转型升级，推动工业经济发展质量变革、效率变革、动力变革。通过推动新兴产业和高端产业来促进产业升级，通过创新的方式着力打造青海未来主攻发展的产业新动能，即电子信息材料、新能源汽车零部件、高端装备制造、绿色环保、航空航天新材料五大战略性新兴产业。

（3）大力发展绿色制（智）造。青海水能、太阳能、风能等能源优势明显，锂资源储量居全国首位，这些优厚的条件为青海省发展绿色产业提供了源源不断的能量。加快构建工业绿色制造体系的重要举措，依托国家绿色制造发展战略和青海省绿色制造联盟，以促进工业绿色发展为目标，统筹企业推进绿色产品、绿色工厂、绿色园区和绿色供应链全面发展，全力打造高效、清洁、低碳、循环的青海绿色制造体系。集聚“政产学研用”等各方优质资源，协同推进制造业绿色转型升级，提升青海制造业绿色发展水平。

（4）绿色低碳实现工业产业高质量发展。建立健全工业低碳发展体系，稳步发展绿色工业。打造绿色工厂、实行绿色管理，将“降碳”工作落实到企业的方方面面，强化在原材料获取、产品生产、产品使用及回收处理等生产全生命周期的绿色管理，构建无害化、节能、环保、品质较高的绿色制造体系。企业实行全员绿色环保意识贯彻行动，从员工入职教育到日常生产操作，都要以节能降耗、循环利用、绿色低碳、安全环保为核心目标，对工作的各个细节都要进行绿色培训。持续推进绿色产品、绿色工厂、绿色园区建设，全力构建绿色制造体系。❶

2. 生态产业化的具体发展路径

生态产业化发展立足产业，根本任务在生态保护，只有兼顾发展与保护，才能完成生态与产业在深度与广度上的双重结合。❷

（1）大力发展生态农牧业。生态产业化的难点和重点都在农村，因此农村

---

❶ 芈峤．绿色低碳，青海工业产业高质量发展之路 [N]. 青海日报，2022-03-05.

❷ 张波，白丽媛．“两山”理论的实践路径——产业生态化和生态产业化协同发展研究 [J]. 北京联合大学学报（人文社会科学版），2021（1）：11-19，38.

生态资源的价值和质量是生态产业化转型的关键。“绿水青山”代表了优质的环境、生态资源和与其相关联的生态型农牧产品，“金山银山”则代表了经济收入及农民的民生福祉等。通过农业生态文明建设来促进农业经济发展，打造农业经济链条，关注经济链条中附加价值大的环节，实现生态价值变现。在青海省内以农业为主导功能或具有特色农业的县市地区，积极开发具有地方特色和比较优势的绿色有机农产品，将各种先进生产要素与农村生态资源相结合，严守安全关、培育优良品种、完善农产品质量追溯体系。以“生态 +”“品牌 +”“互联网 +”的方式赋能农产品，大力发展绿色食品、有机农产品和地理标志农产品，不断扩大生产规模，培育打造特色区域公共品牌，提高产品附加值，加强生态品牌认证、监管、保护等各环节的规范与管理，扩展农产品品牌营销体系，提升“青字号”品牌的金字招牌在全国的认知度，做大品牌“无形资产”[1]，助推生态产品销售增长。通过生态农牧业的大力发展，实现农村牧区生态环境保护与经济发展协同互促，形成稳定的生产体系、经营体系和质量追溯体系，不断推进青海省乡村振兴及农业现代化发展。

（2）加快生态旅游的发展。独特而又丰富的生态旅游资源是青海的财富，也是青海可以发展生态旅游产业的雄厚基础，更是青海旅游业在全国乃至国际具有独特的竞争优势。大力发展生态旅游，是青海“两山”转化实践的重要路径和突破口，也是谋求青海发展生态经济的重要抓手。青海地广人稀，无法做到像东部地区那样通过旅游人力资源的大量投入与旅游基础设施的建设来提高旅游服务质量和服务的便捷性。要尊重青海旅游资源的基本特性，充分挖掘自然人文生态资源，推进传统观光型旅游向生态体验型转变，大力发展高原极地旅游等全域生态体验游。找准方向、创造条件，做好旅游线路的规划与设计，打造青海的世界级生态旅游精品线路。对于三江源国家公园等生态保护的旅游

[1] 肖雪琳，顾城天．“两山”转化十种模式，四川如何适用？——四川省“两山”转化路径与典型模式探究 [J]. 生态文明示范建设，2021（5）：51-53.

资源开发，应采取分阶段、分区域式的管理，提供分内容的、逐渐开放式的旅游产品，并通过增加申请与准许条件提高该类旅游产品的准入门槛，作出精品与品牌。除了构建青海生态旅游的主线，还需要打通青海旅游业的整体循环。首先，将西宁打造为全域生态旅游的基地，提升西宁的城市质量，大力发展自然与人文环境，让西宁市成为全域游的“加油站”和“疗养站”。按照国际生态旅游目的地的创建标准，完善城市各项配套设施。增加西宁市内的旅游景点、休闲娱乐场所及特色民族产品交易基地，让游客有更多的旅游内容与旅游选择。其次，在乡村振兴战略背景下，建设乡村休闲旅游线路，让乡村旅游线路成为振兴乡村经济的重要手段，也成为生态大环线上重要的“补给站”。这些结合了民风民俗的乡村旅游，集农业、文化业、旅游业、服务业为一体，给城市居民以及省外游客独特的体验，可以有效地带动地方经济，为当地农民创收。再次，针对青海省环境资源突出的一些县市地区，可以结合其农业、文化、环境等优势因地制宜地发展特色产业，打造“网红”景点和线路。采用“生态环境保护＋修复＋产业发展”的模式，发展农旅融合产业和康养、高原体育产业等消费者感兴趣的产业项目。最后，大力发展与生态旅游相关的文体活动与赛事，大力发展会展旅游。青海要抓住“生态”这张王牌，在已有的“环青海湖自行车比赛”的基础上，寻找和创造与其相关的文体活动和体育赛事，通过赛事及会展等大型活动的举办，创办高水平国际性生态旅游展会活动，打造青藏高原独特的会展和赛事旅游品牌。

（3）加快生态文化产业的发展。生态文化产业以自然生态环境资源为基础，以人文历史民族文化为内涵，以科技创新为支撑，是融合了生态文化和文化产业的特征而为大众提供生态文化产品和服务的产业。生态文化产业具有丰富的内涵和多种表现形式，为消费者传递生态环保健康文明的信息和意识。[1]青海作为生态大省，应该抓住生态文化的重要发展路径线索。第一，把握青海的政策

---

[1] 赵峰．生态文化产业概论 [J]. 智库时代，2019（31）：262-263.

优势发展生态文化产业。把握青海省的重大生态战略，正如习近平总书记所说：保护好青海生态环境，是“国之大者”，作为三江之源、“中华水塔”，要加快以国家公园为主题的自然保护地体系建设，要让生态文明建设的各项工作“走在前头”，做中国自然地保护体系的引领者、贡献者和示范者。在这样的政策优势下，要大力进行宣传，为青海的生态文化产业营造优良的环境。第二，把握青海的自然生态地理环境优势发展生态文化产业。青海省地处青藏高原东北部，位于地球第三极核心区，海拔高、地形多样、气候独特，是长江、黄河和国际河流澜沧江的发源地，是全国乃至亚洲的水生态安全命脉，为流域近 8 亿各国人民提供工农业和生活用水。同时，三江源头的居民在长期与大自然的相处过程中，逐渐形成了关于自然、人生的基本观念和生活方式，保护自然、珍惜生命的朴素的生态文化。应该抓住优势挖掘其应有的环境教育价值，传承优秀文化，增强文化自信，激发出社会大众参与生态保护的内生动力。第三，把握青海的历史文物优势，发展生态文化产业。拉乙亥遗址、沈那遗址、喇家遗址、柳湾遗址、齐家文化、卡约文化、辛店文化、诺木洪文化等，都是青海独有的历史文化。还有许多红色文化遗址和革命文物，包括循化西路红军革命旧址、班玛县“红军沟”长征标语、“两弹一星”基地、青藏公路建设指挥旧址等，都是青海可以大力挖掘的生态文化宝藏。[1]这些重要的文化资源蕴含丰富的民族文化，是青海深厚的历史底蕴与人文景观，可以产生重要的经济价值和社会价值：一方面可以促进青海的文化产业和旅游产业，对于青海打造国际生态旅游目的地来说，是一个亮眼的招牌；另一方面，也可以加深人们对历史文化的深刻认知，发挥重要的教育功能。正如习近平总书记强调：让收藏在博物馆的文物、陈列在广阔大地上的遗产、书写在古籍里的文字都活起来，丰富全社会历史文化的滋养。[2]

---

[1] 秦睿 . 让历史文物“活”起来，让青海故事“热”起来 [N]. 青海日报，2022-3-21.

[2] 习近平 . 建设中国特色中国风格中国气派的考古学，更好认识源远流长博大精深的中华文明，习近平主持中央政治局第二十三次集体学习并讲话 .

加强对青海历史文物的保护和管理、研究和发掘，注入科技活力，采用“文物+旅游”“文物+教育”“文物+产品”等方式大力发展生态文化产业。第四，把握青海的地方民俗及非物质文化遗产优势，发展生态文化产业。青绣、藏毯、唐卡、泥塑、银铜器、木雕、民族刺绣等都是青海省传统工艺，历史悠久、种类繁多、民族地域特色鲜明，蕴含着各族人民的文化价值观念、聪明才智和实践经验，是青海传统文化的重要组成部分，也是当代青年创新、创业的优质资源。[1]应为文化产业搭建更多的平台，拓宽宣传和销售渠道，不断发挥其重要的价值作用。通过政策、资本、技术、人才等产业要素的介入，借助生态环保会议会展、生态旅游纪念用品、生态艺术歌舞演出等表现形式手段，进行特色文化资源创新创意，形成一个文化要素广泛参与、市场主体广泛参与的文化价值增值的文化交易系统。

（4）农、文、旅“三产”融合发展。农、文、旅融合发展不仅是发展现代化农业、释放农村活力、促进农民富裕的有益探索，同时也是实现乡村振兴和美丽乡村建设战略的创新型实践。构建农文旅融合发展，需要从更广的角度、更深的层次和更宽的领域进行思考、探索和实践，以文促旅、以旅兴农，进而实现“1+1+1>3”的效果，铺设出“绿水青山就是金山银山”的转化通道。青海拥有得天独厚的地理位置、悠久的人文历史和丰富的自然资源，江河、湖泊、雪山、草原、沙漠和戈壁，自然景色绚丽、民族风情别具一格，旅游产品更是多种多样，因而青海农、文、旅融合发展便具有了极大的优势。依托青海独特的多元民族文化资源和丰富的自然动植物资源，坚持生态保护优先原则和“两山”理念，打造青海农旅、文旅等特色品牌，实现农业、文创和旅游三产业良性互动和共赢发展，提升青海“引进来”的吸引力和“走出去”的竞争力。

[1] 咸文静，以文化人．大美青海跃动生态脉搏 [N]. 青海日报，2021-12-30.

休闲农业和乡村旅游的本质就是农、文、旅融合发展。文化和旅游部数据显示，2019 年中国旅游总收入为 6.63 万亿元，同比增长 11.06%，青海省旅游总收入同比增长 20%。据中国旅游研究院大数据平台监测数据表明，青海文化旅游的关注度位列西北之首，达到 346%。虽然受疫情影响，2020 年的旅游业形势不佳，数据显示 2020 年 1 月至 8 月中国休闲农业与乡村旅游人数减少 60.9%，但是随着生产生活秩序逐步恢复，城乡居民被抑制的需求将释放，山清水秀的乡村将比任何时候都更具有吸引力，未来休闲农业和乡村旅游必定将迎来黄金时期，农文旅发展定将更具包容性和区域特色。

农、文、旅融合创新发展是打赢脱贫攻坚战和实现乡村振兴的重要路径，也是实现“绿水青山”转化为“金山银山”的重要路径，实现农、文、旅融合创新发展的实质就是实现农文旅一体化发展。农、文、旅融合创新发展需要打造出农文旅产业链[1]，形成“吃、住、行、游、购、娱”六位一体的产业特色链条并建立健全农文旅产业市场保障机制。推进农、文、旅一体化发展应扬长避短和错位发展，避免同质化，应处理好淡旺季农、文、旅产品的生产和调节问题，尽可能满足游客不同时段季节需求，达到“人无我有，人有我新”的效果，还应做好规划方面、设施方面、产品方面、政策方面、管理方面的一体化建设。[2]

农、文、旅融合创新发展要坚持“面向社区、整合资源；政府引导、企业运作；因地制宜、合理布局；突出重点、循序渐进；文化特色、协调发展”的原则。[3]也就是说，在农、文、旅融合发展过程之中，要实际结合当地资源禀赋状况、人文历史发展、区位地缘特点、产品和产业特色、消费能力和习惯等，做好发展规划和文化内涵建设，突出产业区域特色，创新品牌经营特色，优化

---

[1] 朱焕焕．“农文旅融合”多轮驱动 促进美丽乡村建设 [J]. 蔬菜，2020（12）：1-9..

[2] 吴昌和，彭婧．对推动“农文旅”一体化发展的思考 [J]. 理论与当代，2016（6）：23-27.

[3] 廖永伦．农文旅融合发展开辟乡村振兴新路径 [N]. 贵州日报，2020-04-15（9）.

产业功能布局。青海农、文、旅融合创新发展则更需要在保护中谋求发展之道，形成生态农文旅产业链，需要坚持从实际出发，找准生态保护和经济发展的结合点与切入点，让生态环境优势转化为生态农业、生态文创、生态旅游等生态经济的优势，让绿水青山不仅发挥生态效益而且发挥经济效益，既保护好绿水青山，也同时让“绿水青山”成为致富乡村百姓的“金山银山”。

因此，产业生态化与生态产业化协同发展，必须处理好经济发展与环境保护之间的关系，着眼长远发展而不破坏生态平衡，着手价值转化而非单纯保护生态，让生态环境蕴含的生态价值、经济价值和社会价值更加充分地体现出来，更好地满足人民群众日益增长的对美好生活的需要。

10.4　加快青海“两山”双向转化的对策和建议

10.4.1　以“整体化 + 系统化”，实现青海“两山”转化科学规划与顶层设计

“两山”转化是一个社会生态经济发展的系统，各种要素之间是相互平衡、相互制约并且相互作用的。若要“两山”转化取得有效成果，就必须加强科学规划和顶层设计，关键在于落实，让“两山”转化工作可以有条不紊地进行。顶层设计，实际上就是全局意识，站在高处俯瞰，清楚了解和把握各方面具体情况，对全局工作进行整体设计、整体关照[1]，让“两山”转化从点到线再到面，有机协调、有序进行。科学的顶层设计如同一个蓝图，为“两山”实践作出重要的指导和科学的规划：一方面以发展的眼光，以动态规划的思路，将青海的发展置身于国家发展的大战略格局中，关注西部大开发战略，把青海的“两山”实践与西部大开发紧密结合起来，共同发挥作用；另一方面，以系统观部署整

[1] 把加强顶层设计和坚持问计于民统一起来 [N]. 中国纪检监察报，2020-11-26.

个社会的生态要素和经济要素,清楚地看到各方面之间的关联性。我们要让“两山”实践不断向纵深转化，坚守生态保护的底线，在生态资源上为自己设限，以保护资源、保护环境为主，以持续发展为目标；在转化模式与路径上不断创新，灵活市场机制和交易类型，让生态产品更好地以不同的方式实现价值；在转化机制上要不断严格完善，依法建设生态、保护生态，设立最严的法治体系。

10.4.2　以“基础化 + 全面化”，强化青海“两山”发展转化的基础条件

“两山”的实践与转化需要一定的物质基础条件，包括技术、经济、设备、市场、人才、道路交通、信息基础设施建设等。从“绿水青山”转化为“金山银山”需要一个通道联结与有效的支撑，要有完善的交通基础设施和信息基础设施的必要的基础条件，才能合理引导经济、产业和人才有序融入“两山”的实践，从而将资本、产业、项目引进来，将生态资源和产品推出去，并逐步创出品牌。青海的生态资源往往在交通非常不便的地区及农牧区，尤其是农村的“绿水青山”的挖掘与转化，实现生态产品的交易与市场的繁荣，就必须做好农村交通和信息等基础设施建设，进一步加强农村宽带互联网等软硬件乡村信息化建设，针对青海特色农牧产品的特点及青海地理交通的特殊性，大力发展冷链物流，完善以乡村为起点的县、乡、村三级物流配送体系，改善镇村道路交通条件，灵活物流方式，完善农村物流基础设施。整合邮政、供销社、快递等商贸物流资源，降低农牧区的物流成本。除此之外，还要从政策、技术、信息等方面提供全面的社会服务，搭建青海省生态产品交易信息系统平台，包含生态环境、资源信息数据和生态产品品类的全面信息。从产业链来看，形成一条包括材料、生产、加工、包装、存储和运输等各个环节的“网络 +”流程管理链条。确立消费场景，建立以优质生态农产品为供应端的绿色供应链体系，是整合各方资源、运用市场规则解决供需平衡的有效抓手，也是“两山”理

念切实落地的创新模式。[1]与此同时，财政金融方面加大对生态产品交易绿色金融政策的扶持，落实和完善农机补贴制度与生态产品相关环节的费用减免政策。

10.4.3 通过“绿色化＋惠民化”，实现“两山”转化的普惠富民

“两山”转化一定要坚持绿色发展与财富转化的富民惠民原则，实现“绿色、法治、富强、幸福”的实践本质。青海作为生态大省，生态敏感而脆弱，但在生态建设中仍要秉承生态扶贫的思路，保护环境、生态富民。首先，通过生态补偿的方式，通过政府补偿和市场补偿让保护地居民受益，并不断完善、创新生态补偿的方式，把横向补偿和市场化补偿、生态保护成效与综合补偿支付结合起来。扩大公益性岗位的设立，继续在更多生态区域探索公益性岗位试点，将生态红利惠及当地牧民。其次，优美的生态环境作为绿色民生的重要方面，持续宜居城市和美丽乡村建设，着力将西宁打造成为“宜居、宜游”的高原生态城市和绿色发展样板城市，吸引更多的外地游客和商业投资、置业；通过美丽乡村、数字乡村的建设逐步实现乡村振兴，减少城乡鸿沟，让城市与乡村一起共同发展。再次，青海具有丰富的生态文化资源，利用青海湖和黄河的生态文化价值，做好全域旅游的大文章，从生态文化中挖掘青海的历史文化价值、人文景观和精神内涵，让其产生巨大的文化价值和经济价值。例如，可以通过挑选一些仍保留传统特色的古村落，进行适度开发，成为极具民族、文化特色的生态附加产品；发展青绣等文化产业，实现精准脱贫和农牧民致富。最后，大力发展生态产业，找准生态与富民的契合点，初步构建起生态经济体系，坚持产业融合，以电商和区域品牌带动“青字号”农产品销售，实现生态经济富民，增强发展内生动力。“两山”的普惠富民

[1] 赵建军. 绿色供应链体系——“两山理念”实践转化的创新模式 [N]. 中国环境报，2020-07-09.

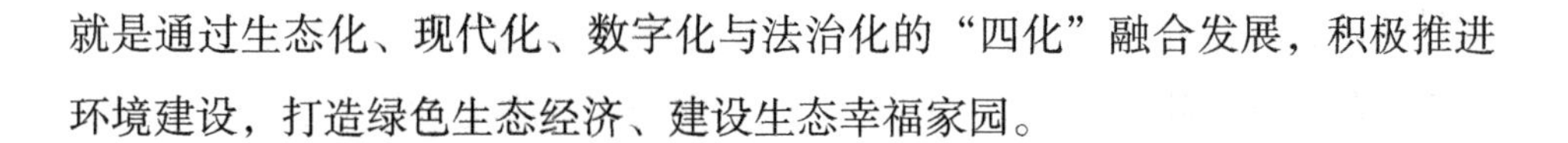
就是通过生态化、现代化、数字化与法治化的“四化”融合发展，积极推进环境建设，打造绿色生态经济、建设生态幸福家园。

10.4.4　通过“制度化＋市场化”，营造“两山”转化的活力营商环境

“两山”转化机制中强调需要多元主体协同治理，也强调需要引入民间资本参与生态建设，因此营造开放、有活力、有制度、有灵活机制的营商环境，也是实现青海省“两山”转化资源高效利用和合理配置的重要基础环境。营商环境是一个地区重要的软实力，优化营商环境可以提高该地区的综合竞争力，激发市场活力并推动经济转型升级，可以推动生态环境与生态资源的市场化，实现生态产品的市场交易与价值红利。第一，青海省政府应站在企业角度，改变政府角色，通过简政放权、放管结合、优化服务和减证便民等措施，建立服务机制，持续有效地优化营商环境。加大数字化政务，打造数字协同、高效便捷的电子政务环境。第二，要增加生态经济的比重和创新生态资源的开发模式、市场交易制度和市场分配机制，通过共同运营和利益共享的方式，吸引社会资本参与发展生态经济。尤其鼓励高科技、创新型及生态型企业的加入，实现资本市场资金的多元化渠道。第三，政府要通过各项政策、措施积极培育各种市场主体，引导和支持各类主体参与生态资源的开发和绿色经营。依靠股份制经营、企业化运营等市场化运作机制，形成专业化、规模化、标准化经营模式，建立合理的利益分配方式，促进生态资源增值在各主体间合理分配，实现共建、共营、共享。

10.4.5　打造“品牌化＋差异化”，实现“两山”转化的青海特色模式

“两山”理论已经成为中国生态文明建设的重要指导理论，各地区紧密结合实际、探索创新，在生态上与经济山之间寻找最优的契合点，实现两者的有

效转化。青海作为生态建设的“国之大者”，肩负着重要而又艰巨的生态建设使命，青海同时还应当重视生态产品“无形资产”的建设，打造具有地域特色、有效对接市场需求的生态品牌，避免同质化竞争和拥挤效应。因此，青海的“两山”实践转化必须通过差异化建设，打造具有青海特色的品牌典范，成为中国国家公园的建设样本。三江源国家公园作为青海生态文明建设中的王牌、抓手和重要标志，在此基础上，应借助三江源的品牌效应，深挖青海的生态独特性，在不同资源环境禀赋、不同生态功能定位的前提或背景下创新方式、找到方法，寻求具有青海风格、青海特色与青海经验的“两山”实践，不断形成一批富有地域特色“两山”双向转化品牌。要从转化模式和转化路径上做文章，从生态产品上做文章，实现青海特有的生态产品差异化品牌。

利用“两山”实践创新基地和生态文明建设示范区建设的有利机遇，扎实贯彻国家先进指标，按照“因地制宜、突出特色”的原则建设试点，创新青海特色的“两山”实践基地品牌，促进经济高质量发展和生态环境高水平保护协同推进。在基地和示范区，积极实行农、文、旅三产结合，引进田园综合体、现代产业园等具有示范性、辐射性的生态项目，以点带面推动生态资源与全域旅游、康养、运动、休闲等产业融合发展，从而逐渐形式青海“两山”转化的品牌的层级效用，在“转化”的青海模式品牌下，积极创建实践基地品牌、生态品牌、产业品牌和区域品牌等。

10.4.6 通过“数字化+智慧化”，实现“两山”转化数字生态建设模式

数字化与智慧化实现了生态与经济转化模式的创新，是助力“绿水青山”转化为“金山银山”的重要手段。数字智慧作为重要的技术生产力，用现代化信息技术、互联网技术及人工智能技术解决了“两山”转化中的难题，为其提供了科技通道。积极推进青海省“两山”实践中的数字化建设，实现数据共享和数据信息的互联互通，把数字智能化与协同一体化理念贯穿到青海省生态文

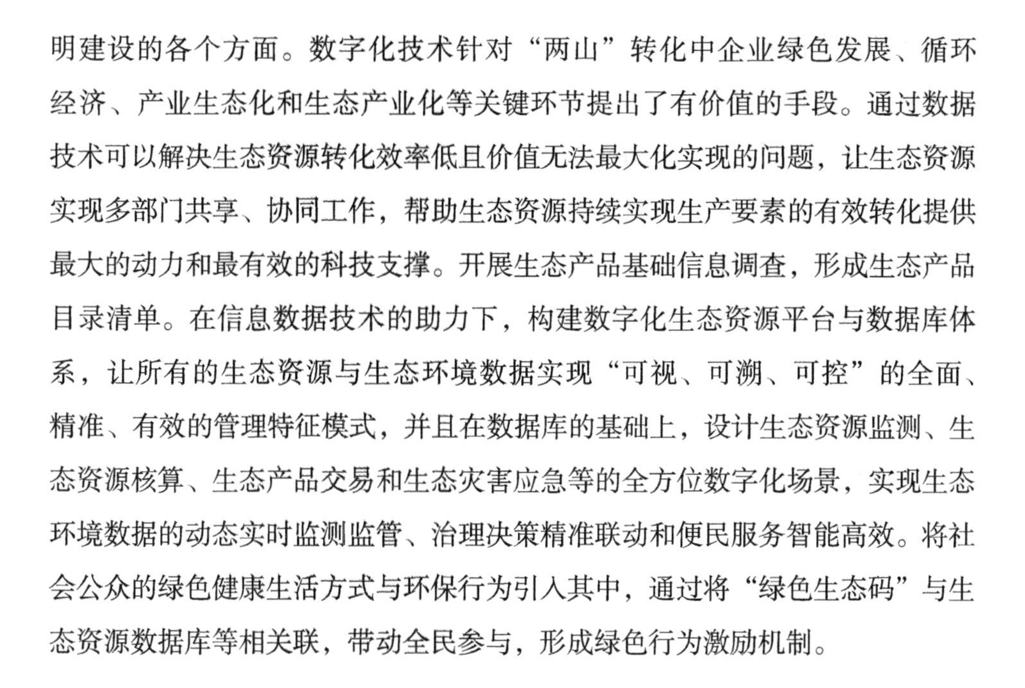

明建设的各个方面。数字化技术针对“两山”转化中企业绿色发展、循环经济、产业生态化和生态产业化等关键环节提出了有价值的手段。通过数据技术可以解决生态资源转化效率低且价值无法最大化实现的问题，让生态资源实现多部门共享、协同工作，帮助生态资源持续实现生产要素的有效转化提供最大的动力和最有效的科技支撑。开展生态产品基础信息调查，形成生态产品目录清单。在信息数据技术的助力下，构建数字化生态资源平台与数据库体系，让所有的生态资源与生态环境数据实现“可视、可溯、可控”的全面、精准、有效的管理特征模式，并且在数据库的基础上，设计生态资源监测、生态资源核算、生态产品交易和生态灾害应急等的全方位数字化场景，实现生态环境数据的动态实时监测监管、治理决策精准联动和便民服务智能高效。将社会公众的绿色健康生活方式与环保行为引入其中，通过将“绿色生态码”与生态资源数据库等相关联，带动全民参与，形成绿色行为激励机制。

10.4.7　通过“联合化 + 链条化”，实现“两山”转化的柔性化增值模式

“两山”转化的核心就是通过生态价值的实现来带动“产业生态化”与“生态产业化”的融合，以及第一产业、第二产业、第三产业的产业联动，从而建立合理的以利益为联结的机制。但是生态产品的表现形式不一，有很多生态产品都是传统的原始形态、原材料或初级产品，导致生态产品的市场链条短且产品价值低，因此在市场上的灵活性差、抗风险能力差。[1] 要增加生态产品的柔性化以降低风险，防止出现“果贱伤农”这类生态产品低价值和贬值现象。通过市场手段，纵向延长产业链条、横向通过三产融合来进行提高生态产品的经济价值。首先，纵向打造多环节、高质量的产业链来实现“绿水青山”向“金山银山”的转化。以市场需求为导向，延长产业链条对各种资源进行整合，使

[1] 孙要良 . 绿水青山向金山银山转化的实现路径 [N]. 学习时报，2019-8-23.

生态产品逐步在不同的环节进行创新与包装，从初级产品到深加工再到延伸产品，克服了产品生命周期长的缺点，让生态资源得到充分利用，资源效益最大化，使其具有更强的市场适应性和更好地抵抗市场风险能力。其次，横向打造产业交叉重组与整合。在打造农牧业生态产品长链条的基础上，实现农（牧）文旅的融合，挖掘农牧文化、体验旅游、休闲康养等新兴产业项目。通过“联合化 + 链条化”，实现“两山”转化的柔性化与增值模式。

附　录

案例一：以绿色发展样板城市打造青海生态新高地

一、基于城市空间的青海“两山”转化路径

从2016年习近平总书记考察青海时指出“青海最大的价值在生态、最大的责任在生态、最大的潜力也在生态”，到习近平总书记再次考察青海指出“保护好青海生态环境，是‘国之大者’”，无不体现出总书记对青海的殷殷嘱托和对青海发展的战略指引。五年时间，青海省在生态文明建设中的创新实践和所取得的显著成果，也是习近平生态文明思想在青海大地的具体化实践、特色化应用和持续化创新。青海省不负嘱托、担当使命，践行习近平总书记“绿水青山就是金山银山”的科学论断，以“四个转变”“一优两高”战略，以高度的责任感，一步一个脚印，扎实推进青海生态文明建设。生态文明建设是一条不断向上、不断向善、不断奋进的开拓之路，青海在已有的历史性成就的基础上，在总书记“国之大者”的引领下，把重大要求转化为推动青海高质量发展的强劲动力，在新的发展阶段构建新的发展格局，推动青海高质量发展，坚持以生态优先、绿色低碳发展为导向，打造全国乃至国际生态文明高地。这是习近平生态文明思想实践的又一次创新，也是“绿水青山就是金山银山”发展理念的延伸和深化。

把青藏高原打造成为全国乃至国际的生态文明高地，是历史使命也是历史

重任。青海的发展一定要牢记总书记的政治嘱托，坚持生态文明建设的正确方向、坚守绿色发展信念、坚定生态文明思想和"两山"理论，运用正确方法，突出青海的优势潜力。生态文明高地建设要以"八个新高地"为载体，制定新标准，寻找新内容，落实新路径。以更长远的战略眼光去积淀青海的生态文明建设，从长度、宽度和深度三个维度更稳、更扎实、更高质量地进行生态文明建设。在长度上要做好生态文明建设的持久战，为生态文明建设部署不同阶段的发展战略，让生态文明建设成为子孙后代的伟大事业；在宽度上要拓宽"绿水青山"的外延和内涵，将"两山"实践和转化理论应用到各个领域与行业，从"山水、林田、湖草、沙"的生态治理到"五大生态板块"的生态修复，再到生态环境改善，扎实开展"蓝绿空间"打造行动和西宁绿色样板城市建设，都是生态文明建设不可或缺的重要内容。青海的生态文明建设以及在三江源国家公园，不仅在美丽乡村与生态扶贫，更在居民生活的城市。城市是社会经济发展的主要空间与主体，是居民赖以生存的家园，良好的城市生态是社会进步的重要表现，也是社会发展的必然条件。绿色、生态城市已经成为新时期的城市发展方向，其根本目的就是以生态建设为抓手，实现经济、社会、环境与人的可持续性协调发展，实现从生态价值向经济价值的转化。

二、建设绿色发展样板城市是西宁市对"两山"理论的内涵延伸与创新实践

城市作为社会经济发展的主要空间与主体，是居民赖以生存的家园。良好的城市生态是社会进步的重要表现，也是社会发展的必然条件。绿色城市、生态城市已经成为新时期的城市发展方向，其根本目的就是以生态建设为抓手，实现经济、社会、环境与人的可持续性协调发展，实现从生态价值向经济价值的转化。

西宁市以1%的地理空间承载着青海省50%的人口，是青藏高原唯一人口超百万的中心城市，生态敏感、发展相对滞后，因此保护西宁的生态环境、坚持绿色发展更显得尤为重要。西宁市践行新发展理念、建设绿色发展样板城市是西宁市对“两山”理论的内涵延伸与创新实践。以建设幸福西宁为总目标，着力打造“高原绿”“西宁蓝”“河湖清”等示范性工程和骨干性项目，行动成效明显，在发展理念、产业路径、城市风貌、制度环境等领域取得了许多突破性进展和标志性成果，绿色发展样板城市的建设使西宁绿色发展水平显著提升，成为西北地区首个获得“国家园林城市”和“国家森林城市”双荣誉的省会城市，成功创建全国水生态文明城市，形成“绿水青山，幸福西宁”城市品牌，用绿色发展样板城市和绿色城市品牌书写了西宁的“绿水青山”的生态建设。

（一）绿色样板城市是“两山”理论的新实践

要打造习近平生态文明思想实践的新高地，其要旨在“高”，要走在前列。作为青海的省会城市，西宁市以1%的地理空间承载着青海省50%的人口，是青藏高原唯一人口超百万的中心城市，生态敏感、发展相对滞后，因此保护西宁的生态环境、坚持绿色发展更显得尤为重要。西宁市践行新发展理念、建设绿色发展样板城市是西宁市生态文明建设的“高”标准的体现，要在城市绿色发展的行列中成为一个标杆。西宁市以建设幸福西宁为总目标，着力打造“高原绿”“西宁蓝”“河湖清”等示范性工程和骨干性项目，行动成效明显，在发展理念、产业路径、城市风貌、制度环境等领域取得了许多突破性进展和标志性成果，绿色发展样板城市的建设使西宁绿色发展水平显著提升，成功创建全国水生态文明城市，形成“绿水青山、幸福西宁”城市品牌。

（二）西宁绿色样板城市的建设特色经验

建设绿色发展样板城市是西宁市对“两山”理论的内涵延伸与创新实践。“绿水青山”的大力建设，让西宁的绿色发展样板城市更具有内容、更富活力、也更生动。通过各项城市生态综合治理工程，构建西宁市的绿色生态体系，为绿色样板城市的发展提供了核心竞争力，打造了绿色发展的“西宁样本”。“两山”理论在西宁的绿色发展模式实践中具有如下经验。

第一，绿色发展，“两山”转化，制度先行。

将西宁的发展、改革与法治紧密结合，推动全市生态文明建设的制度体系，为绿色样本城市建设保驾护航。制定出台全国首部绿色发展方面的地方性法规《西宁市建设绿色发展样板城市促进条例》，开展绿色发展符合性评价工作；在全国率先构建县区级横向补偿为主的水量、水质一体式生态补偿机制，出台《西宁市南川河流域水环境生态补偿方案》，探索建立湟水河流域（西宁段）生态补偿制度，使生态补偿机制改革走在全国前列；开展森林生态效益分类分档补偿试点，并提出《西宁市森林生态效益分类分档补偿试点方案》；制定实施《西宁市在若干领域试行生态标签制度工作方案》，促进企业绿色生产，引导公众绿色消费。在组织机构上给予保障，坚持完善党委统一领导的绿色发展机制，成立了全国唯一一家地方党委专门负责协调推动绿色发展的职能部门——中共西宁市委绿色发展委员会，与多部门协作共抓，发挥其在绿色样板城市建设中的职能作用。

第二，找准优势，助推新兴产业。

在城市经济发展中，坚持生态产业化和产业生态化，优化产业路径，坚持绿色、低碳、循环发展，推动新产业新业态新动能不断涌现。例如，西宁以“国家公园、清洁能源、绿色有机农产品、高原美丽城镇、民族团结进步”五个示范省为载体，在节能环保产业、清洁能源产业中打造了一批战略性生态产

业，成为国家绿色有机农畜产品示范省。西宁市发挥青藏高原“超净区”优势，全市绿色农产品品牌达 161 个；建成全国首条第六代锂电池生产线，具有国际竞争力、世界一流水平的 2 万吨碳纤维项目开工建设，全国首个光伏智能工厂 200 兆瓦 N 型电池项目投入生产；3 家园区、7 家企业成功创建国家级绿色园区和绿色工厂；新能源与新材料产业的无缝对接与循环利用被列为国家循环经济示范试点项目；余热发电技术等走在了行业前列并在全国推广。

第三，优化城市空间，营造宜居环境。

通过全面实施景观提升改造，将生态景观观赏步道打造成为各具特色、生态文化鲜明、森林文化突出、自然体验真切、造林示范效果显著的生态景观观赏线路，形成了山城相融、林路相衬的城市森林景观空间布局。西宁市在南北两山现有绿化的基础上进一步打造生态景观观赏步道，使之成为展示南北两山 29 年绿化成果的重要窗口及市民体验绿色生态产品的最佳景观。推动城市功能形态品质优化提升创新“西宁式”的绿色举措，为“两山”的转化提供美丽西宁样本，将生态环境视为公共物品加以保护、整治。启动实施总面积 217 平方千米的西堡生态森林公园建设和城市重点工程造林任务，截至 2020 年 12 月，南北山森林覆盖率达到 79%，城市森林覆盖率达到 35.1%，建成区绿地覆盖率保持在 40.5%，人均公园绿地面积达到 12.5 平方米，成为西北地区唯一获得“国家园林城市”和“国家森林城市”双荣誉的省会城市。空气优良率从 2015 年的 77.5% 上升到 2019 年的 86%，连续五年在西北省会城市中排名第一，饮用水水源水质优良率达到 100%，荣获全国水生态文明城市称号，完成 21.6 平方千米海绵城市试点区建设、生活垃圾分类试点工作位居西北第一；成为国家“无废城市”、低碳城市的试点城市。

第四，自上而下，将“绿色细胞工程”渗透到全社会全员。

政府是城市的管理者，市民是城市的享有者。西宁绿色样板城市的建设中关注全员共建、全员质量共管的氛围，以“绿色细胞工程”为载体，将创建工作下沉到基层，渗透到全社会。通过出台《西宁市建设绿色发展样板城市促进条例》《西宁市民绿色生活公约》等相关制度，开展绿色学校、绿色家庭、绿色社区和绿色楼院等绿色系列活动，在全社会形成“绿色育民、绿色惠民、绿色利民、绿色为民”的绿色之风，让爱护自然、追求低碳的生活观念深入人心。绿色细胞活动的开展在建设绿色发展样板城市过程中，已创建“绿色学校”448所，评选了600户2019年度“绿色幸福家庭”，从个人到家庭到社区，让全社会更广泛地参与绿色行动。

（三）“两山”转化在西宁绿色样板城市建设中的实践路径

“绿水青山就是金山银山”证明了良好的生态环境是人类发展的财富，西宁市通过绿色发展样板城市的建设，运用生态工程建设，借助绿色生产技术突破、产业融合发展，打通生态价值转换为经济价值的通道。打造西宁特色的“绿水青山”，帮助西宁实现了生态价值、生态优势和生态竞争力。在生态价值转化过程中，宜居的城市环境为西宁吸引了更多新兴产业机会和优质资本，更好地激发城市发展的活力与动力。在“五个示范省”的契机下，西宁市的发展也构架了以生态、绿色循环、数字为主导的经济转型发展新格局。西宁市旅游总收入连续四年保持增长，为西宁市的经济发展、高质量发展注入了强劲活力，实现了“绿水青山”到“金山银山”的转化，使环境保护与经济发展相得益彰。

通过绿水青山宜人城市环境的打造，西宁市不断拓宽“两山”转化的路径，挖掘文化资源，通过文化、旅游等附加价值高的产业来反哺绿水青山，实现文旅融合发展，提升城市文化内涵。绿色样板城市的建设已经让西宁在经济欠发达、生态脆弱地区整体实现绿色发展的道路越走越宽广。

三、西宁绿色样板发展城市对生态文明“八个新高地”的内涵诠释

青海省生态文明高地建设以“八个新高地”为载体，西宁市在绿色样板城市的建设过程中也充分体现了“八个新高地”的内涵式发展。

第一，打造习近平生态文明思想实践新高地。西宁将习近平生态文明思想入脑入心，在城市风貌上保持蓝天绿水、青山常在，并依法治理，逐渐形成全市生态文明建设的制度体系，在城市经济上不断实现生态价值所带来的红利。空气优良率连续五年在西北省会城市中排名第一；饮用水水源水质优良率达到100%，荣获全国水生态文明城市称号；生活垃圾分类试点工作位居西北第一，成为国家“无废城市”、低碳城市的试点城市。

第二，打造生态安全屏障新高地。西宁形成了“治山、理水、润城”的建设模式，三大河流干流出省断面水质保持在Ⅱ类以上，湟水河出省断面Ⅳ类水质达标率100%，Ⅲ类水质占比超过50%，夯实生态安全的基石。

第三，打造绿色发展新高地。西宁市坚持生态产业化和产业生态化融合发展，优化产业路径，坚持绿色、低碳、循环发展，推动新产业新业态新动能不断涌现，在节能环保产业、清洁能源产业上打造了一批战略性生态产业，全市绿色农产品品牌达161个。

第四，打造国家公园示范省新高地。西宁作为外部到达国家公园重要的中转节点，为国家公园建设提供重要保障，成为国家公园重要的宣传平台、理论研究与建设的大后方。

第五，打造人与自然生命共同体新高地。西宁城市建设以市民为中心，以生态文明建设为核心，大力改善城市生态环境，为市民提供城市的真正价值，“生态惠民、生态利民、生态为民”，进一步提升西宁市民的幸福感、获得感、满足感。

第六，打造生态文明制度创新新高地。推动生态文明建设的制度体系，为绿色样本城市建设保驾护航。制定出台全国首部绿色发展方面地方性法规《西宁市建设绿色发展样板城市促进条例》，开展绿色发展符合性评价工作，在全国率先构建县区级横向补偿为主的水量、水质一体式生态补偿机制。

第七，打造山水林田湖草沙冰保护和系统治理新高地。启动实施总面积217平方公里的生态森林公园建设和城市重点工程造林任务，建成区绿地覆盖率保持在40.5%，人均公园绿地面积达到12.5平方米，成为西北地区唯一获得“国家园林城市”和“国家森林城市”双荣誉的省会城市。

第八，打造生物多样性保护新高地。西宁市生态环境不断改善，湿地率从47.5%提高到62.53%，野生动物的生存环境持续好转，野生动物的种类和数量不断。

四、“两山”理论指导下西宁市创新深化发展新目标与新对策

西宁市已逐渐展现出她的绿意与秀美，在下一个阶段的优质发展中，要做足“绿水青山”的文章，持续筑牢城市绿色本底，守护绿水青山，让绿水青山常在，让城市与生态自然相融合，进行城市的精细化管理和智慧增长，让生态文明建设取得新成果。

首先，思想先行，持之以恒贯彻“两山”理论。

西宁城市战略发展要牢牢把握生态安全这一基础支撑，构筑生态安全屏障。要以“两山”理论等习近平生态文明思想为指导，坚持“一优两高”战略，坚持以人为本打造宜居环境，坚持创新发展，积极推动习近平生态文明思想在西宁落地生根、开花结果，把西宁绿色发展样板城市逐步建成“两山”理论实践在生态脆弱地区的样板城市。有了思想的先行，有了理论的引导，还应该坚持一张蓝图绘到底，坚定不移走绿色、循环、低碳发展之路。在此基础上还要求质量、求持久，在西宁市绿色发展的不同时期确立不同的发展标准与发展目标，

将城市绿色发展中的各项工作要求落到实处，寻求绿色发展中的突破性进展和标志性成果，让西宁市的绿水青山颜值更高、金山银山成色更足、人民群众获得感更实更强。

其次，精耕细作，创新城市智慧化绿色发展之道。

城市管理是一个细致的工作，正如习近平同志提出的“城市管理应该像绣花一样精细”的总体要求。西宁市打造绿色发展样板城市中更应进行精细化管理。第一，要厘清城市发展中道路、桥梁、河流、住宅、人口、交通工具等各种软硬要素及其关系,以高效与便捷性为标准,提供城市的管理服务。实行“由点至线到面”城市生态环境治理和环境保护的精耕细作，以生产企业为点，建立企业档案，对企业数据进行监测和监管，形成基础企业信息；以社区为线，实现社区网格化检测，实现实时信息监控、信息共享的智慧平台；以西宁市整体环境为面，建成水、土、气为主要内容的生态环境一体化蓝图，全面掌握全市环境质量，将植被、草场、树木、河流等绿色资源数据纳入其中，并对污染物成因、种类、去向进行科学监控与监管。第二，城市绿色发展以具体项目为依托，精细化推进环境治理工作。例如在西宁市垃圾分类的落实中，应该精细化安排部署活动的各个方面工作，如宣传、教育学习、硬件支持、制度体系等。因此，在绿色发展中精耕细作，城市产业、功能、品质和魅力全面提升，全方位形成人城境业高度和谐统一的大美城市形态。

再次，创新思维，探索“两山”转换路径。

城市发展要“城”“市”结合，有城有市。“城”就是要优化城市空间布局，绿化城市环境、美化城市形象;“市”就是要发展城市产业，推动城市经济。所以西宁绿色发展中一定要发展绿色生产力，把经济生态化和生态经济化作为推动绿色发展的重要举措。从转化机制上来看，建立生态安全检测系统，防止由于生态环境的退化对经济发展的环境基础构成威胁；建立生态资产市场，健全生态市场交易机制，以市场资源配置的方法来实现生态价值的转化；完善生态补偿机制，提升生态产品和生态系统服务的价值。从转化产品来看，打造西宁市的生态资源产业，分类细化，从不同层面推出有特色的生态产品，推动自然资本的变现与增值。从转化战略来看，牢牢把握“建立以国家公园为主体的自然保护地体系”这一目标任务，实施“生态立市、生态强市”的绿色发展战略，协调推进一、二、三产业深度融合，打造绿色制造业、绿色企业和绿色供应链，实现传统企业向低排放和高效益转型。大力发展绿色农业，打造高效、安全的现代化生态农业，实现绿色农产品的优质供给，并推行绿色村镇，农旅文一体化发展。

最后，落到实处，营造幸福宜居绿色城市。

在西宁绿色发展样本城市的打造中，要将“绿色”落到实处、体现在居民的幸福生活中，采用智慧城市管理等先进的城市管理理念与方法，让绿色为居民服务，让服务为城市提效。通过绿道连接城市，以绿色城市项目打造西宁市的亮点，不断提升西宁高原城市的环境品质，从社区环境到公共环境都能上台阶，不断开发有价值的城市公共资源，为市民提供更多的可以休闲娱乐的空间；健全城市公共交通体系，使其更加人性化，方便城市出行；引导市民绿色生活理念，倡导绿色生活方式和出行方式，让城市真正“绿”起来。

打造绿色发展样板城市，是西宁学习贯彻习近平总书记考察青海重要讲话精神的实践载体，是全面落实习近平总书记重要指示要求的现实路径。未来的西宁要有更开阔的发展视野，更长远的城市规划，积极融入兰西城市群发展中，合力推动区域重大基础设施建设，共同谋划生态文明建设的整体项目，打造西宁绿色发展的新模式，把西宁打造成绿色发展的标杆和排头兵。

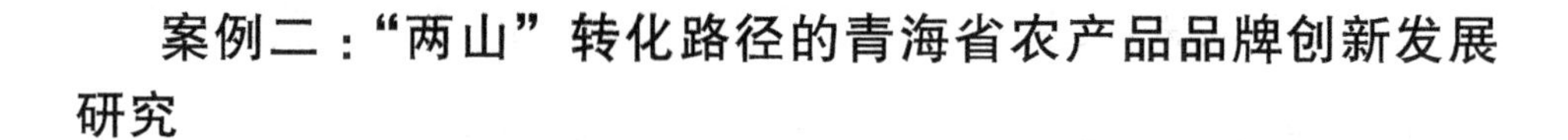

案例二：“两山”转化路径的青海省农产品品牌创新发展研究

近年来，中央一号文件中绿色和生态农业、农业农产品品牌的建设已经成为农村发展的核心问题，这为地方农业的发展引领了关键的方向。实现效益型、生态型农业、打造特色农产品品牌是青海农业发展的未来方向，是青海省农业跨越式发展的重要内容，也是青海生态发展的迫切要求，更是农民增收、乡村振兴的重要途径。绿色农牧业是缓解青海资源、经济、生态环境之间矛盾的最优方法，是青海省在“两山”转化实践中的有效路径。“青字号”农产品品牌是青海省绿色可持续农业发展的抓手，更是开启实现“绿水青山”转化为“金山银山”的一把金钥匙，可以更好地帮助青海打造未来的生态农业样板省份，因此，开拓思路，发展创新，“五做齐抓”，大力发展区域公共品牌，实现品牌兴农，把“青字号”品牌这把“金钥匙”变成“金字招牌”。

就中国目前已有“两山”理论的实践创新与绿色发展进程来看，在“两山”理论的概念、内涵、生态文明建设、实现路径以及在乡村振兴、扶贫减贫等方面均有一定的研究。就研究的地域性而言，西北民族地区的“两山”理论与相关实践的研究较为薄弱；从深度上来看，“两山”的转化、转化路径、转化模式与具体的区域性对策也是较为欠缺的，从农产品品牌发展的角度去分析“两山”的转化是一个尝试和创新。农业品品牌化是农业市场化和现代化的一种必然现象，转变农业发展方式，调整农产品生产结构，是解决“三农”问题的重要一环。乡村振兴只有从挖掘区域文化来切入，以系统化、整体化的规划设计角度，建立品牌开发、推广到终形成区域品牌产品的全产业链思维，才能落实乡村振兴战略，从而帮助农村实现由“绿水青山”向“金山银山”的转化。

一、农产品品牌是从“绿水青山”到“金山银山”转化的重要路径

（一）农产品品牌建设成为“两山”转化的“金钥匙”

“绿水青山”与“金山银山”的关系经历了“换、保、转”三个阶段。❶在明确了只有绿水青山的生态资源稳定后才可以实现“金山银山”经济发展的可能性，在厘清了两者重大关系的基础上，下一步研究的重点就是如何实现从“绿水青山”转化为“金山银山”。党中央国务院下发了一系列有关生态文明建设与“两山”建设的文件，为“两山”的建设发展严格规划了发展框架，确立了“两山”理论在生态和经济领域的指导地位，提出积极构建生态友好型、经济增长型的健康平安中国。

在乡村振兴战略中，农村成了生态价值产生的主战场，“绿水青山”代表了优质的环境、生态资源和与其相关联的生态型农牧产品，“金山银山”则代表了经济收入及农民的民生福祉等。通过农业生态文明建设来促进农业经济的发展，打造农业经济链条，关注经济链条中附加价值大的环节，实现生态价值变现。尤其以具有地域特色的品牌作为生态产品的“无形资产”，可以有效对接市场需求，避免同质化竞争和拥挤效应，有助于进一步提高产品溢价建设。❷因此打造农产品差异化品牌发展是实现“两山”转化的有效路径，并且通过建立农产品的区域公共品牌来集中性加强该地区农产品影响力，打响知名度，加快转化速度和落实转化途径（见图 2-1）。

在“两山”理论内涵的演变中，已经明确了要以“绿水青山”自然资源为底色大力保护，在保护的基础上根据不同生态环境的类型特征有针对性地进行合理开发，将生态资源优势转化成社会资源优势，寻找既保护生态环境，又保

---

❶ 王虎，段秀斌，绿水青山与金山银山的转化探析 [J]. 西南林业大学学报（社会科学），2019（10）：25-29.

❷ 胡继妹．“绿水青山”如何变成“金山银山”[N]. 学习时报，2020-07-28.

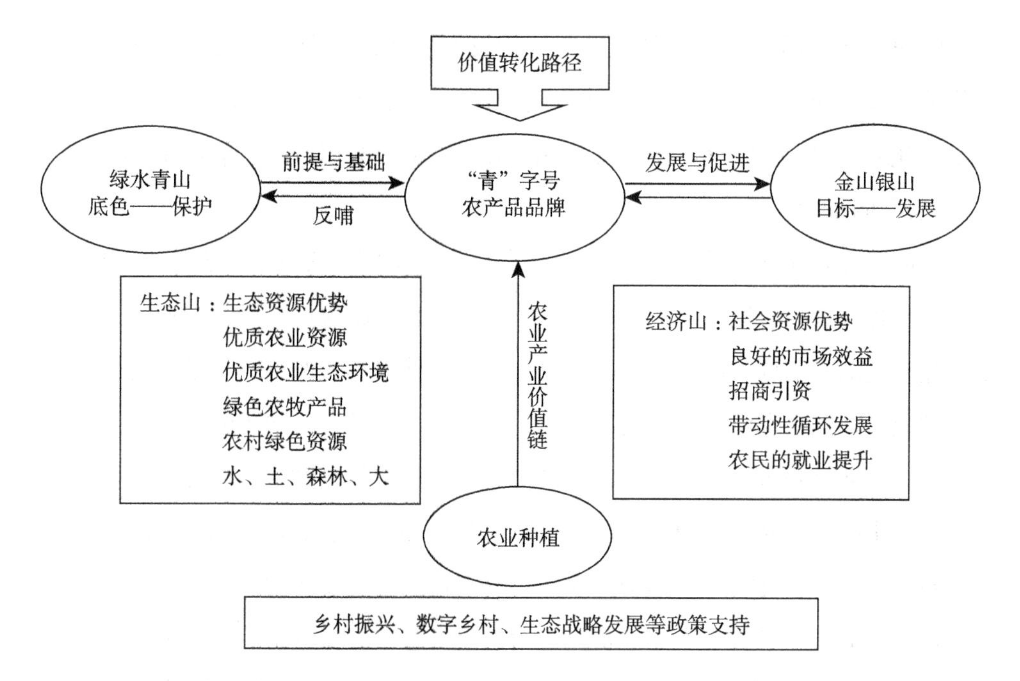

附录图 2-1　农产品品牌建设路径下的"两山"转化示意

障经济水平的双向促进方法。[1]可以以绿色农业为经济依托点，以农产品品牌化发展战略，加速发展现代化新农业，增加农产品附加值，改善居民生活水平，增加民众收入水平，提升人民生活幸福感。

（二）"青字号"农产品品牌是"两山"转化的青海实践

从"绿水青山"转化到"金山银山"需要明确生态与经济的转换点与路径，要围绕自己的比较优势做文章。"绿水青山"呼唤青海省农牧产品绿色可持续发展。从产业结构来看，绿色农牧业是缓解青海资源、经济、生态环境之间矛盾的最优方法，是实现"两山"转化的有效路径。绿色农牧业的发展又

[1] 杜艳春，程翠云，等．推动"两山"建设的环境经济政策着力点与建议 [J]. 环境科学研究，2018（6）：1489-1494.

呼唤农畜产品品牌化发展与升级。因为没有品牌，农产品就无法实现从产业优势转换成市场价值；没有品牌，消费者无法给予优质产品肯定。打造精品生态化农产品品牌，其价格会高于市场的平均价格，溢出的部分就是该地区“生态”附加值。

品牌是用来识别和记忆产品的基本标志，不同品牌代表了产品的不同特性、文化背景、心理目标。品牌是一个名片，它帮助农户获得消费者资源，没有品牌就缺失了竞争的名额。品牌也代表了一种质量的保证和承诺，代表了产品的质量、档次和信誉，常附有文化、情感内涵，具有不同程度的信任度、追随度。知名品牌可以给产品增加附加值，使其获得较高利润。[1]有了品牌，高品质的生态农产品就会脱颖而出，迅速占领市场。很多消费者都已经慢慢认可来自青海高原“青字号”招牌的农产品，它代表着纯净无污染、高品质。品牌可以让高品质生态农牧产品溢价，走出过去那种“好质量卖不出好价格”的困境，那么这种溢价的背后自然就实现了产品价值，创造了经济效益，实现了“绿水青山”向“金山银山”的转化（见图 2-2）。尤其是区域公共品牌可以让本地区的农产品都享受该品牌的红利，与此同时，该品牌还会产生产业链的纵深共享效应，可以在乡村旅游的建设中采用该区域公共品牌。例如，丽水市打造的“丽水山耕”公共品牌，所涵盖了 974 个农产品，累计实现销售额 135.20 亿元，品牌价值高达 26.6 亿元[2]，并且还将该品牌延伸至农家乐、民宿等，提升了当地旅游产业与民宿经济，该地区在生态农产品的良性发展下，形成了良好的后期经济发展投资环境，相继又吸引高新技术企业前来投资建厂，从而为带动当地的经济发展起到重要作用。青海省在创建绿色有机农畜产品示范省的契机下，将农产品品牌创建与打造再一次提档升级，着力完善和强化地理

[1] 娄向鹏：农业品牌建设需要中国道路和中国方法 [EB/OL].（2020-03-31）[2022-08-12]. https://www.peoplefarm.cn/tj/76990.jhtml.

[2] 高建华 . 丽水山耕：“两山”理论品牌赋能 [J] 中国品牌，2019（01）：50-51.

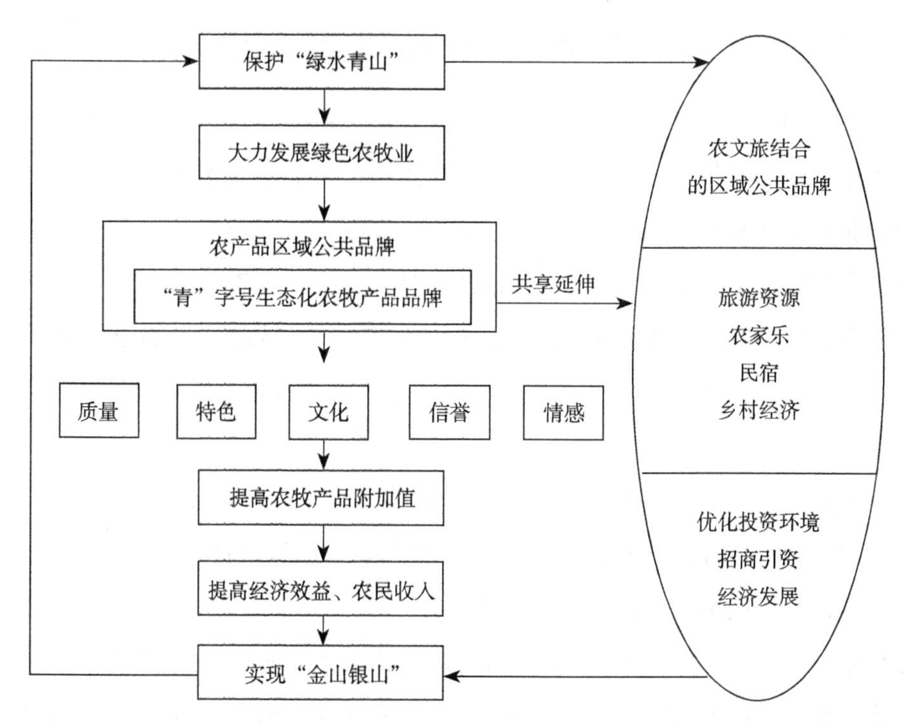

附录图 2-2 农牧产品品牌在“两山”转化中的机制

标志农产品保护工作，从品牌文化内涵上开始做文章，不断地提高了品牌示范效应。目前，全省注册农畜产品商标 8600 件，获得中国驰名商标 20 个，青海省著名商标 55 个。7 个品牌入选中国农业品牌目录，玉树牦牛、柴达木枸杞等 16 个省级农产品区域公用品牌，有效使用绿色食品、有机农产品和地理标志农产品达到 621 个。“青海牦牛”公共品牌在全国广泛推介，“青字号”品牌影响力显著提升。所以，品牌是绿色可持续发展农业的根本抓手，尤其是“生态 + 原产地”区域性公共品牌是一场关于农产品的原产地的绿色革命和原产地的特色革命，是让“绿水青山”成为“金山银山”的一把金钥匙。

二、政策背景解读青海省大力发展农产品特色化品牌大趋势

中央的一号文件就时间轨迹与文件内容来看，从 2004 年到 2019 年，15 年当中“农业品牌”一直是一个重要的关键词，且随着时代的发展，该词出现的频率越来越多。从最开始的中央已经开始部署，为区域农产品的品牌化奠定了规模基础；到整合特色农产品品牌，支持做大做强名牌产品；再到积极发展特色农业、绿色食品和生态农业，保护农产品知名品牌，培育壮大主导产业，“三品一标”建设，可以看出农业品牌是农业现代化发展的重点也是大的趋势。

尤其到了 2018 年，中央一号文件又围绕“乡村振兴战略”背景提出了更加精细的农产品品牌发展的具体要求。具体包括“质量兴农、品牌强农，提高农业绿色化、优质化、特色化、品牌化水平”。并且重点进行农业品牌建设全方位布局：重点培育一批全国影响力大、辐射带动范围广、国际竞争力强、文化底蕴深厚的国家级农业品牌，提出打造一批国家级的农产品区域公用品牌、农业企业品牌和农产品品牌。2019 年，中央一号文件提出强化农产品地理标志和商标保护，创响一批“土字号”“乡字号”特色产品品牌。打造高品质、有口碑的农业“金字招牌”。广泛利用传统媒体和“互联网 +”等新兴手段加强品牌市场营销，讲好农业品牌的中国故事。

2020 年新冠肺炎疫情突然来袭，疫情期间农产品一度滞销。2 月 5 日，中央一号文件如期而至，文件中再提品牌。继续调整优化农业结构，加强绿色食品、有机农产品、地理标志农产品认证和管理，打造地方知名农产品品牌，增加优质绿色农产品供给。因此在中央一号文件的引导下，在农业发展已进入质量兴农、品牌发展新阶段的环境下，各省市都认识到优质的农畜产品必须通过特色品牌建设走向优质市场。

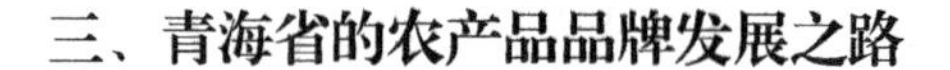

三、青海省的农产品品牌发展之路

青海省的农产品品牌发展之路是一条“起步晚，加速赶，聚焦高原绿色生态优势，弯道超车”的路径。青海省农产品品牌的建设起步较晚，与资源丰富的东部农业大省相比，具有先天的劣势，但也存在高原无污染、品种优良、反季节种植等优势。近年来，青海省以“追赶式”发展，大力发展特色高原农牧业。从最开始的意识淡薄、默默无闻、无人知晓到今天的小有名气，经历了许多改革与创新。2017 年青海省强化顶层设计，编制了《青海省“十三五”农产品牌发展规划》，针对经济总量小，市场份额小的客观现实情况，提出了青海要依托青海独特的生态环境和农牧业资源优势，加快转变农牧业发展方式，大力推进农畜产品标准化、绿色化生产，做大做强绿色有机特色产业，加快推进农牧业品牌创建，实现转型升级，提高知名度和竞争力，走“人无我有、人有我特、人特我精“的路子。2019 年，青海省迎来了农牧产业发展的新机遇，也是青海农业发展史上一次重大变革，青海省全面启动创建绿色有机农畜产品示范省的工作，这是青海省推进生态文明和“一优两高”战略的重要举措。

加快特色农产品品牌建设，是青海省农业供给侧结构性改革、转变农业发展方式、提高农业综合生产能力的重要抓手。是实现农业增效、农民增收的根本途径，是打造优势特色产业的迫切要求。为进一步促进青海省农业标准化、产业化发展，从数量型、粗放型向质量效益型、生态循环型转变，就必须要提升青海农产品质量安全水平，打造青海特色农产品品牌，增强农产品的市场竞争力，做大做强新型农业经营主体，实现品牌兴农。但总体来看，青海省农产品品牌建设还处于起步和探索阶段，品种多但品牌少，品质好但价格低，许多富有高原特色、品质优良的农畜产品仍是“深巷中的好酒”，缺少知名度；区域品牌对企业品牌的带动作用还不明显，商业化的品牌理念在农产品中的应用还不够深入，农产品营销仍停留在销售环节，没有从农产品价值链条入手，缺乏对农产品的前期定位与文化元素的融入。青海省农产品品牌的建设不够深透、不够全面，没有形成完善的品牌价值体系，缺少知晓度和营销的包装。因此，按照青海省“十三五”农产品品牌规划要求，“青字号”农产品品牌建设之路仍很漫长。如何一手抓宏观、一手抓微观；一手抓区域品牌完善，一手抓企业和农产品品牌打造；一手强化理论，一手真抓实干；一手精耕细作线下的具体运作，一手布局电子商务的网络销售，这些都是“青字号”农产品品牌发展中迫切需要解决的问题，“青字号”品牌创建任重道远。

四、“两山”的转化视角下青海省农产品品牌建设对策

青海已发展成为全国绿色有机农畜产品示范省，未来将打造成为绿色生态农牧业的样板省，在这一大好机遇下，大力发展农畜产品特色品牌是大势所趋和智慧选择，品牌可以引领农牧产业高质量发展，给青海带来更多的福祉与市场红利。在品牌的引领过程中要以优质的产品质量为基础，实现质量兴农；以绿色发展和可持续发展为模式，实现绿色兴农；以农产品品牌为抓手，实现品牌兴农、品牌强农。优化农产品产业链，在生产和加工的高质量基础上，加强品牌建设，以品牌建设促进质量提升，打响枸杞、牛羊肉、油菜籽等品牌，把“绿水青山”转化为“金山银山”。

青海的农产品品牌建设作为“两山”转换的金钥匙，符合青海高质量发展要求。从政策背景来看，顺应中央文件精神，可以放手做；从青海省丰富而又独特的高原生态农业资源来看，有条件做；从消费者对美好生活的追求来看，有动力做；从农产品带来的社会相关农产品安全问题来看，要谨慎做；从疫情等现实环境带来的农产品滞销来看，要手脑并用去做。“五做齐抓”加强青海农产品品牌建设，是发挥青海农业自然资源优势、推进农业产业转型升级、特色农业发展和促进农民增收的重要举措，也是青海巩固脱贫攻坚成效和实施乡

村振兴战略的重要支撑。青海的现代化农业发展有着巨大的发展前景,切勿“守着金饭碗”要饭，应该统筹规划做好顶层设计，真抓实干做好品牌营销、精耕细作提升农产品质量，挖掘青海本土历史人文要素、突出高原地域特色、讲好青藏高原农产品的品牌故事，把“金饭碗”变“金字招牌”。

第一，实施农产品品牌战略，讲好青海农产品品牌文化故事。

品牌是综合实力的展示，品牌是培育和稳定消费群体的重要措施。做好青海省农畜产品品牌的战略部署，培育精品，追求优质品牌数量的增长，又不单纯贪图数量的简单增长，要扎实推进，稳中取胜。从品牌的创建到品牌的打造再到品牌的保护，制定好有效的方案，实现品牌发展战略。将青海的绿色文化融入“青字号”品牌，让青海农畜产品成为“高营养、高附加值、高原特色”“健康、绿色、有机”的代名词。用“好产品、好品质”的优等质量文化理念为“青字号”品牌打通市场，它能彰显了青海人民的淳朴与务实，也能体现了新时代的青海步伐与发展精神；将富含地域特色的民族文化融入青海的农畜产品的升级中，让“越是民族的就越是世界的”的理念渗入产品品牌的打造过程中，让地域特色的民族文化传统、迁徙历史、民间故事等都可以融入农产品中，可以让消费者听着独一份的“青海花儿”，喝着绿色的“八宝茶”，品着健康营养的“青稞饼”，体验青海地域文化。

农产品品牌是“两山”转化的金钥匙，更需要找到一个实现“金山银山”的品牌载体。因此，需要在农产品品牌的内涵与表现形式上进行挖掘，要打造精品、强化链条。借助科研人员与专家的创新能力，产研大力合作，让他们在青海这个仍未被开发的宝地能够发现更多的可能，例如青海省特有的普通植物菊芋经过研发加工变成了现代都市人青睐的菊粉，专门针对肠胃健康；以产业融合实现农产品品牌的竞争力，比如可以形成油菜花景观、油菜花与花儿、油菜籽收割、菜籽油压榨、菜籽油销售等一个产业链条，把品牌引入从油菜花景观到最终的菜籽油销售整个流程，实现品牌发展的全流程化。进行农耕文明深入开发和挖掘，让青海人已经看腻的景色成为外地人眼中的美丽景观。还可以借助青海特殊的气候、土质、无污染的水土环境尝试高原蔬菜和瓜果等农作物。

第二，保护农产品区域公共品牌，提升青海农产品品牌价值。

首先，确定一个具有长远发展战略的区域公共品牌，实现“公共品牌 + 子品牌”的品牌战略体系。针对青海省的生态、地理、文化特征，在商业设计上独出心裁，筹划创立一个能够涵盖全部特色产业的全品类品牌，赋能青海经济，即确定一个有特点、有内涵的青海省区域公共品牌名称及品牌标志，且这个品牌应该具有包容性与延展性，能随着青海省农业发展的步伐不断前进。采用农产品主副品牌的策略，以区域公共品牌开拓青海省农牧产品在全国乃至全球的市场。在此基础上，所有农产品品牌都可以在前面加上公共品牌，共享区域品牌的优势与福利。作为消费者对市场上眼花缭乱的各类农产品品牌存在一定的辨别与记忆的困难，主副品牌的使用可以让品牌清晰明了。

其次，大力开发、保护区域公共品牌。区域农产品价值与知名度引领产业发展等方面，作用明显。区域公共品牌是一种公共产品，该区域的农户都会“借其势，受其益”，农产品公共品牌要“使用她、爱护她、维护她、善待她”。做农产品区域公用品牌，品种第一、品质第二、品牌第三，这是区域公用品牌做高价值走得更远的战略保障。一是要“塑金身”。从优品种、提品质上下功夫。在进行区域品牌的建设中，向消费者诉说“青字号”品牌的生长气候、土壤、品种的各种特色；以品牌符号创制为契机，对品牌形象和包装体系进行升级和重塑，形成统一的品牌形象；加强区域公共品牌的文脉利用，创造“青字号”品牌的差异化。二是要“立标准”，用统一的标准来保护区域品牌的社会与市场效应。制定标准化体系保证农产品质量，可以建立各种行业标准，让青海的区域公共品牌农产品在生产、贮藏、加工、包装、标识、营销等各个环节有标可依。三是要“强体质”。品牌建设要“有

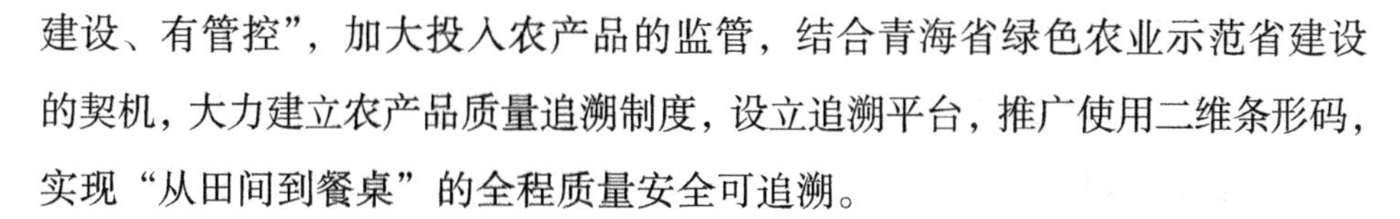
建设、有管控”，加大投入农产品的监管，结合青海省绿色农业示范省建设的契机，大力建立农产品质量追溯制度，设立追溯平台，推广使用二维条形码，实现“从田间到餐桌”的全程质量安全可追溯。

第三，秉持专业营销思维，全新打造青海省差异化特色农产品品牌。

在农产品充分饱和的时代，差异化定位是农产品品牌开疆拓土的利器，能否做好差异化定位决定着农业品牌的成败。[1]青海的特色和优势就是“生态”，因此要在生态上做足文章。品牌建设是系统工程，也是专业工程，在专业事情上，选择与专业团队合作，确保品牌建设少走弯路。打造农产品品牌，仍需扎根品牌理论中，对农产品品牌的创建、传播、促销、维护、管理、销售、公关活动等精耕细作。学习国内优秀农产品的品牌运作理念和流程。创建农产品品牌，需要在产前、产中、产后各环节全方位进行科技攻关，不断提高产品的科技含量。寻找青海的农产品品牌代言人，采用“主流媒体＋网络平台”的方式为“青字号”农产品品牌打开疆域。

要通过借力的方式实现营销共赢。可以寻找战略合作伙伴，通过各种营销活动为“青字号”农产品提供一个不同空间的营销展示窗口，例如广州茂名荔枝亮相西安大唐芙蓉园，用“杨贵妃”这一历史名人作为连接点，在大唐芙蓉园举办了一场生动的文化活动，这种活动对于农产品品牌的宣传效果是绝佳的。因此“青字号”农产品要敢于拓宽渠道，走向北上广等大城市，为农产品品牌量身打造发展战略，帮助“青字号”农产品“搭平台唱戏、着新衣亮相”。在渠道类型上要挖掘新的零售业态类型，大力发展城市社区商店，线上与线下销售模式相结合，从农产品品牌宣传、基地孵化、协会运营再到服务支撑每一个环节落实到位。

第四，建立农产品品牌的综合发展体系，夯实工作流程。

---

[1] 牛桂敏，席艳玲．实现“绿水青山”与“金山银山”的价值转化 [N] 经济日报，2019（2）：11.

农产品品牌营销的对象是农产品，与其他文旅产品的生产环境较为固定不同，农产品面临许多的不确定性因素，始终处于“变量”状态。因此要建立农产品的综合发展体系，在战略上有保障，在策略上有内容。首先，构建品牌培育体系，与优势区相结合，打造区域公用品牌；与原料基地相结合，打造企业品牌；与安全绿色相结合，打造产品品牌。建立从区域公共品牌到企业品牌的层级式品牌思路，建立青海省各市县的区域公共品牌，并以此为支撑，培育特色品牌和龙头企业。其次，完善品牌支撑体系，对于区域公共品牌的农产品质量实行标准管控，采用规范和管理标准，实现生产全过程的 TQC，完善市场准入、追溯、召回等制度；不断提升农产品品牌的增值业务，加大与科技专家的沟通力度、提供顺畅的物流配送。最后，抓实品牌认证体系，加大对地理标志农产品品牌、“名特优新”农产品和“乡字号”“土字号”品牌的认证，彰显地域特色、传承乡村价值，形成灵活的品牌营销体系。

第五，借力农村电商，实现品牌化与数字化的互相赋能。

品牌化、数字化的相互赋能可以让数字化为品牌化插上腾飞的翅膀，让品牌化以便捷有效的方式呈现在消费端的数字化出口。农村电商让青海农产品品牌获得了一个平台和抓手，数字化转型已经深入民族地区、深入到农村，截至 2019 年 6 月，青海省有 29 个县（市、区）开展国家电子商务进农村综合示范县创建工作，已建成县级电子商务服务中心 15 个、乡村服务站点 1239 个，培训人员 52210 人次，县级电子商务服务中心、乡村电子商务服务站点织网连片，特色产品上行规模不断扩大。下一步要积极响应国家发改委联合网信办联合提出的“上云用数赋智”，在创新、协调、绿色、开放、共享的新发展理念指引下，助力乡村振兴、带动农牧产品销售，让“青字号”农牧特色产品更便捷地被消费者所知晓，飞入寻常百姓家。

首先，与时俱进，实现“互联网 + 销售”的引流。借助自媒体及直播平台，更有效、直观、动态地展示产品，更方便地与消费者互动，获得市场流量。着

力打造更多的“青字号”电商品牌，先实现数量上的规模效应，再通过构建品牌梯队的形式，战略性投资，实现“青字号”品牌的发展。

其次，积极培养“青字号”品牌的四类带货人。利用名人效应，寻找流量明星为产品代言，引爆产品的知名度；同时，也要培育本土的、更懂产品、更懂文化、讲得更透彻的带货主播；培育“意见领袖”，能利用社群效应，在消费者中产生强大的示范作用；培育民族明星，通过富有民族特色的网络直播为家乡代言、为地域品牌代言。

再次，加强“智慧网络新农”计划，发挥战略联盟的优势作用，借助国内电商企业已有的坚固平台，让“青字号”品牌有一个施展自己的空间。让农村、农民、农产品与企业合作，让销售卖场深入田间地头，让电商企业能和青海特色农畜产品的企业对接，为其提供更优质的运营、推广服务，让“青字号”农牧特色产品从青海走向远方。

从次，借助电子商务平台打造产业。借助电子商务的传播效应、利用青海所特有的天然生态环境、独特的地方文化、民族元素等打造高质量产品，在品牌的宣传定位上抓住消费者关注的痛点问题，打造独特的卖点，讲让消费者感兴趣的“产品故事”，而这些故事都可以通过互联网的区块链全部可视化，从而把品牌经营做扎实，提升品牌的附加值。

最后，关注线下的产品质量与服务稳定性。从品种的研发、种植、加工生产、运输各个环节进行投入和效率的提升，保证线上销售顺畅、线下后勤有保障。相信未来的“青字号”品牌一定会因为数字化的加持，创造更多奇迹。

转变思维、敢于创新、用心经营，让“青字号”农产品品牌发展越走越远，实现品牌价值，努力探索出一条生态产品价值实现之路，它也将成为实现青海绿色发展中“绿水青山”转化为“金山银山”的金钥匙。

参考文献

Morrison R S. Ecological democracy [M]. Boston: South EndPress, 1995: 281.

Gare A. Toward an ecological civilization [J]. Process Studies, 2010, 39(1): 5-38.

查伦 . 斯普瑞特奈克，张妮妮 . 生态后现代主义对中国现代化的意义 [J]. 马克思主义与现实，2007（2）：61-63.

MAGDOFF F. Harmony and ecological civilization: Beyond thecapitalist alienation of nature[J]. Monthly Review, 2012, 64 (2): 1-9.

列宁全集（第 36 卷）[M] 北京：人民出版社，1959：467.

赵建军，杨博 .“绿水青山就是金山银山”的哲学意蕴与时代价值 [J]. 自然辩证法研究，2015，31（12）：104-109

杨娟丽，为打造全国乃至国际生态文明高地作出西宁贡献 [N] 青海日报（理论版），2021-11-1.

杨娟丽，从“绿水青山”到“金山银山”的青海路径 [N] 青海日报（理论版），2020-03-23.

卢宁 . 从“两山理论”到绿色发展：马克思主义生产力理论的创新成果 [J]. 浙江社会科学，2016（1）：22-24.

林坚，李军洋 .“两山”理论的哲学思考和实践探索 [J]. 前线，2019（9）：4-6.

杨琼 . 生态哲学视阈下的“两山”理论及其实践内涵 [J]. 内蒙古大学学报（哲学社会科学版），2018，50（5）：65-70.

侯子峰 . 哲学视域下的“绿水青山就是金山银山”理念解析 [J]. 齐齐哈尔大学学报（哲学社会科学版），2019（9）：7-10.

郭静文，胡明辉 . 习近平“两山”理论：新时代马克思主义生态文明思想 [J]. 北方经济，2019

（5）：67-70.

王玥．“绿水青山就是金山银山”的马克思生态哲学解读 [D]. 成都：西南财经大学，2019.

李好笛．“绿水青山就是金山银山”理念下的自然与社会二重性——基于区块链的唯物辩证法分析 [J]. 四川行政学院学报，2020（1）：18-26

胡咏君，吴建，等．生态文明建设“两山”理论的内在逻辑与发展路径 [J]. 中国工程科学，2019（05）：151-158.

付伟，罗明灿，李娅．基于“两山”理论的绿色发展模式研究 [J]. 生态经济，2017，33（11）：217-222.

周鑫鑫，葛晴宇等“绿水青山就是金山银山”转化路径初探 [J]. 农村经济与科技，2021（11）：23-25 .

秦昌波，苏洁琼，王倩，等．“绿水青山就是金山银山”理论实践政策机制研究 [J]. 环境科学研究，2018，31（6）：985-990.

王志平．打开“绿水青山”向“金山银山”的转化通道 [J]. 政策瞭望，2019（10）：28-30.

王虎，段秀斌，马军．绿水青山与金山银山的转化探析 [J]. 西南林业大学学报（社会科学），2019，3（5）：25-29.

马中．绿色发展：从“绿水青山”到“金山银山”的转化路径和实现机制 [J]. 环境与可持续发展，2020，45（4）：31-33

王金南，苏洁琼，万军．“绿水青山就是金山银山”的理论内涵及其实现机制创新 [J]. 环境保护，2017，45（11）：13-17.

齐骥．“两山”理论在乡村振兴中的价值实现及文化启示 [J]. 山东大学学报（哲学社会科学版），2019（5）：145-155.

罗成书，周世锋．以“两山”理论指导国家重点生态功能区转型发展 [J]. 宏观经济管理，2017（7）：62-65.

贾晓芬，焦欢．“绿水青山就是金山银山”：各地探索与实践 [J]. 国家治理，2017（36）：41-48.

周宏春，江晓军 . 习近平生态文明思想的主要来源、组成部分与实践指引 [J]. 中国人口·资源与环境，2019，29（1）: 1-10.

郑新业，张阳阳 . “两山”理论与绿色减贫——基于革命老区新县的研究 [J]. 环境与可持续发展，2019，44（5）: 51-53

韩长赋 . 大力推进农产品加工业转型升级加快发展 [N]. 农民日报，2017-06-29.

高建华 . 丽水山耕：两山理论 品牌赋能 [J]. 中国品牌，2019（1）: 50-51.

杨加猛，季小霞 . 基于“两山”理论的江苏美丽乡村建设思路 [J]. 林业经济，2018，40（1）: 9-13.

臧玉多，王成周 . 绿色振兴视角下安徽大别山区“绿水青山转化为金山银山”路径研究 [J]. 南方农业，2019，13（18）: 169-171.

姚亚玲，李青，陈红梅 . 基于“两山”理论的南疆脆弱区生态与经济系统互动效应分析 [J]. 资源开发与市场，2019，35（4）: 485-491.

赵永祥 . 从“两山”理论看青海经济社会发展战略演进及启示 [J]. 青海社会科学，2021（1）: 71-78.

赵建军 . 深刻理解促进人与自然和谐共生的内涵 [J]. 青海党的生活，2020（10）: 11-13.

陈奇 . 守住绿水青山底色，筑牢生态安全屏障 [J]. 青海党的生活，2020（10）: 7-10.

牛丽云 . 青海打造生态文明制度创新新高地研究 [J]. 青海社会科学，2021（6）: 53-61.

缪宏 . 关于两山理论的对话 [M].《绿色中国 .B》，2015，（10）: 01-02.

张修玉 . 科学揭示”两山理论”内涵全面推进生态文明建设 [J]. 生态文明新时代，2018（1）: 47-52.

刘旭东，赵梦霖，解佳琦 . “两山”理论的“转化”意蕴与绿色大学建设路径探索 [J]. 华北理工大学学报（社会科学版），2022，22（1）: 102-107.

李未名，苏百义 . 习近平“两山”理论对马克思主义的三大理论创新 [J]. 学理论，2021（12）: 7-9.

王艳超，严卿，崔艳玲 . “两山”理论：自然辩证法在当代中国的继承与发展 [J]. 大理大学学报，2021，6（9）：73-79.

杜艳春，王倩等，“绿水青山就是金山银山”理论发展脉络与支撑体系浅析 [J] 环境保护科学，2018（8）.

江小莉，温铁军等.”两山”理念的三阶段发展内涵和实践路径研究 [J] 农村经济，2021（4）.

刘旭东，赵梦霖，解佳琦.“两山”理论的“转化”意蕴与绿色大学建设路径探索 [J]. 华北理工大学学报（社会科学版），2022，22（1）：102-107.

蒋凡，秦涛.“生态产品”概念的界定、价值形成的机制与价值实现的逻辑研究 [J]. 环境科学与管理，2022，47（1）：5-10.

任耀武，袁国宝.初论”生态产品”[J]. 生态学杂志，1992（6）：50-52.

沈辉，李宁.生态产品的内涵阐释及其价值实现 [J]. 改革，2021（9）：145-155.

曾贤刚，虞慧怡，谢芳.生态产品的概念、分类及其市场化供给机制 [J]. 中国人口・资源与环境，2014（7）：12-17.

刘伯恩.生态产品价值实现机制的内涵.分类与制度框架 [J]. 环境保护，2020（13）：49-52.

尹昌斌，李福夺，王术，等.中国农业绿色发展的概念、内涵与原则 [J]. 中国农业资源与区划，2021，42（1）：1-6.

邹巅，廖小平.绿色发展概念认知的再认知——兼谈习近平的绿色发展思想 [J]. 湖南社会科学，2017（2）：115-123.

刘纪远，邓祥征，等.中国西部绿色发展概念框架 [J]. 中国人口・资源与环境，2013，23（10）：1-7.

索端智，等.青海蓝皮书：2020—2021 年青海省设计发展形势分析与预测 [M]. 北京：社会科学文献出版社，2021.

王永莉.主体功能区划背景下青藏高原生态脆弱区的保护与重建 [J]. 西南民族大学学报（人文社科版），2008（4）：42-46.

王金南，苏洁琼，万军.“绿水青山就是金山银山”的理论内涵及其实现机制创新 [J]. 环境保护，2017，45（11）：13-17

张环宙，沈旭炜，李寒凝．“绿水青山就是金山银山”的浙江实践与转化路径 [J]. 环境与可持续发展，2021，46（1）：120-125.

董战峰，张哲予．“绿水青山就是金山银山”理念实践模式与路径探析 [J]. 中国环境管理，2020（5）：11-17.

罗琼．“绿水青山”转化为“金山银山”的实践探索、制约瓶颈与突破路径研究 [J]. 理论学刊，2021（3）：90-96.

王茹．基于生态产品价值理论的“两山”转化机制研究 [J]. 学术交流，2020（7）：112-120.